普通高等院校精品规划系列教材

U0953686

基因工程

Genetic

王正朝／主编

电子科技大学出版社
University of Electronic Science and Technology of China Press
·成都·

图书在版编目(CIP)数据

基因工程 / 王正朝主编. -- 成都：电子科技大学出版社，2019.5
ISBN 978-7-5647-7035-8

Ⅰ. ①基… Ⅱ. ①王… Ⅲ. ①基因工程 Ⅳ. ①Q78

中国版本图书馆 CIP 数据核字（2019）第 104600 号

基 因 工 程
JIYINGONGCHENG
王正朝　主编

策划编辑　罗　雅
责任编辑　卢　莉

出版发行　电子科技大学出版社
成都市一环路东一段159号电子信息产业大厦九楼　邮编 610051
主　　页　www.uestcp.com.cn
服务电话　028-83203399
邮购电话　028-83201495

印　　刷　成都市火炬印务有限公司
成品尺寸　185mm × 260mm
印　　张　11.5
字　　数　295千字
版　　次　2019年5月第一版
印　　次　2019年5月第一次印刷
书　　号　ISBN 978-7-5647-7035-8
定　　价　42.00元

前　　言

基因工程学是以生物化学、分子生物学和分子遗传学等学科为基础而发展起来的一门新兴技术学科，广泛应用在医学、农业、工业、水产、环保等行业。因此，掌握和了解基因工程的基本原理和方法对于人才的培养和促进现代生物技术发展是非常重要的。

基因工程作为一门新的技术，吸引着一部分人急于想了解和掌握它。这部分人中，有的是准备今后直接参与这一领域的教学、研究和开发；有的是为了扩大知识面，提高科学素养，更有效地完成自己承担的工作；有的是政府部门和企业的决策者，他们为了更好地考察基因工程的发展动向，从国家总体发展战略出发，拟订远近发展规划。

由于编者水平有限，书中疏漏之处难免存在，敬请广大读者批评指正。

编　者

目　　录

第一章　概　　述

基因（gene）就是存在于DNA上承载遗传信息的核苷酸序列，是位于染色体上呈直线排列的遗传物质的最小单位，也是携带遗传信息的结构单位和控制遗传性状的功能单位。自20世纪50年代由于DNA分子双螺旋结构模型的确立而进入分子生物学时代以来，真可谓突飞猛进，新概念、新名词日新月异，与日俱增，基因也成为运用次数最多的字。由于基因的研究涉及遗传、变异、个体、群体、细胞、分子、核酸、蛋白质等多学科多领域的知识，从而诞生了一门新的学科——基因科学。

现在人们根据中心法则有关基因的复制、转录和翻译的功能，把基因分为三类：一是具有转录和翻译功能的基因，包括编码酶和结构蛋白的结构基因、编码阻遏蛋白的调节基因；二是只有转录功能的基因，即把tRNA和rRNA作为转录终止产物的基因；三是不转录的基因，包括启动基因和操纵基因，它对基因表达起调节控制作用，因此有时又被称为控制基因。

1972年，以分子遗传学为理论基础，以分子生物学和微生物学的现代方法为手段，DNA体外重组获得成功，从此宣告了基因工程技术的诞生。自此，人们能够在分子水平上深入认识基因的结构与功能，从而发现基因结构中存在着“等位基因”“移动基因”“断裂基因”“重叠基因”“假基因”等。科学家明确提出这些基因的结构与功能的新概念，推动了基因工程的进一步发展。与此同时，人们根据基因工程的特点，打破常规育种难以逾越的种间屏障，实现了原核生物与真核生物之间、动物与植物之间，甚至人与其他动物之间遗传信息的重组和转移，从而定向地改造生物的遗传特性以达到快速创造新生物类型的目的。

第一节　基因工程发展简史

1865年，奥地利神父Mendel根据他多年的豌豆试验结果，提出了遗传因子的分离和自由组合规律。历过一百多年，凝聚了无数科学工作者集体智慧的结晶——基因工程才宣告诞生，而其中理论上的三大发现和技术上的三大发明为基因工程的诞生起到了决定性的作用（参见表1-1）。

表1-1　基因工程发展史上的重大事件

年份	重大事件
1869	F.Miescher首次从莱茵河鲑鱼精子中分离到DNA
1909	W.Johannson创造了“基因”一词
1928	A.Fleming发现青霉素及其抑菌现象
1944	O.T.Avery等用实验证明DNA是遗传物质
1952	A.D.Hershey和M.Chase证明T_2噬菌体的遗传物质是DNA
1953	J.Watson和F.Crick发现DNA双螺旋结构
1957	A.Komberg在*E.coli*中发现DNA聚合酶
1958	M.Meselson和F.W.stahl提出DNA的半保留复制模型；Crick提出中心法则
1961—1966	破译遗传密码
1967	发现了可将DNA连接起来的DNA连接酶
1970	分离出第一个Ⅱ类限制性内切酶
1972	以H.Boyer等人为代表的一些科学家发展了DNA体外重组技术
1974	首次实现了异源真核生物的基因在*E.coli*中的表达
1975—1977	F.Sanger、A.Maxam以及W.Gilbert各自发明了快速的DNA测序技术
1978	第一次生产出基因工程胰岛素；首次实现了通过*E.coli*生产由人工合成基因表达的人脑激素和人胰岛素
1980	美国最高法院裁定基因工程产品可获专利；第一家生物技术类公司在NASDAQ上市
1981	第一只转基因动物（老鼠）诞生
1982	DNA重组技术生产的家畜疫苗首次在欧洲上市；Sanger及其合作者完成了λ噬菌体98 502 bp的基因组全序列的测定
1983	人工染色体首次成功合成
1984	美国斯坦福大学被授予关于重组DNA基本使用的专利（Cohen-Boyer专利）
1985	基因指纹技术作为证据亮相法庭；第一批转基因的家畜（兔、猪和羊）诞生
1986	第一个转基因作物获批准田间试验，基因工程生物首次在控制的情况下释放到环境中去；Powell.Abel首次获得了抗TMV的植株；第一个DNA重组人体疫苗（乙肝疫苗）研制成功
1988	PCR技术问世，Watson出任HGP首席科学家，协调人类基因组计划的实施
1989	转基因抗虫棉花获批准田间试验
1990	美国批准第一个体细胞基因治疗试验；人类基因组计划正式启动；第一个转基因动物（鲑鱼）获批准养殖
1992	欧洲共同体各国35个实验室首次发表第一个真核生物染色体（酵母染色体Ⅲ）的DNA全序列
1993	生物工程产业组织（BIO）成立

续表

年份	重大事件
1994	转基因保鲜番茄在美国上市；中国科学家在世界上首次构建了高分辨率的水稻基因组物理图谱
1997	英国培育出第一只克隆羊“多莉”
1998	人体胚胎干细胞系建立
2000	人类基因组工作框架图完成
2001	重要粮食作物——水稻基因图在中国完成
2003	人类基因组测序工作完成
2005	科学家公布人类基因组“差异图”

一、基因工程的理论基础

早在1869年，人们就从莱茵河鲑鱼的精子中首次发现DNA。但一直到了1934年，Avery才首次在美国的一次学术会议上报道了肺炎链球菌（Streptococcus pneumonias）的转化。事实上，Avery的工作不仅用实验证实了生物的遗传物质是DNA而不是蛋白质，而且还证明了DNA可以转移，即一个生物的特征性状可以在生物之间进行转移。Avery这一开创性的工作揭开了基因工程的序幕。

1953年，美国分子生物学家Watson和英国物理学家Crick合作研究，揭示了DNA分子的互补双螺旋结构模型。随后，这种模型被电镜拍摄到的直观形象照片所证实。

从1958年起，Meselson等又相继阐明了DNA分子在活体内的半保留复制机理和Crick提出蛋白质合成的中心法则以及决定氨基酸的“三联体密码”，并在这些理论发现的基础上提出了遗传信息流是“DNA→RNA→蛋白质”，阐明了核酸的复制、转录和翻译的三大遗传学核心问题，为遗传和变异提供了理论根据。

DNA是遗传物质的发现、DNA双螺旋结构的确立和中心法则的提出共同构成了基因工程的三大理论基础，也为基因工程的可操作性奠定了理论依据。

二、基因工程的技术源泉

随后，科学家经过一番艰辛的努力，在三大理论发现的基础上，面对核酸分子这种“庞然大物”（如人体基因组就达到3.3×10^{6} kb），终于在细胞外发现了能够进行有效切割DNA的系列工具酶和载体，为基因工程的实际操作奠定了基础。

首先，限制性核酸内切酶和DNA连接酶的发现，为DNA分子的切割和重组提供了技术基础。1970年，Smith和Wilcon在流感嗜血杆菌（Haemophilus influenzae）中分离纯化了第一个限制性核酸内切酶*Hind* Ⅱ（又称Ⅱ类核酸内切酶）。随后，Boyer实验室又于1972年发现了一种能够特异切割GAATTC序列、命名为*Eco*R Ⅰ的核酸内切酶。以后，大量类似于*Eco*R Ⅰ这样的能够识别特征核苷酸序列的限制性内切酶相继被发现，使科学家们能随心所欲地获得所需的DNA特殊片段的愿望成为现实。此前，能将DNA片段连接起来的DNA连接酶于1967年在世界上五个实验室几乎同时被分离，1970年，具有更高连接活性的T4 DNA

连接酶也被美国的Khorana实验室发现。1971年，美国斯坦福大学的科学家应用DNA连接酶将由限制性内切酶切开的DNA片段进行连接，构建了第一个重组DNA分子。

其次，由于体外酶切所得的大多数DNA片段不具备自主复制的能力，为了解决这个问题，从而使DNA片段能够在受体细胞内进行扩增繁殖，科学家们必须将获得的DNA片段通过连接酶的催化准确地连接到一种能自我复制的特定DNA分子上，这些DNA分子就是一些安全高效表达的基因工程载体（Vector）。从1964年开始，Lederberg着手研究细菌的性因子——F质粒。此后，其他质粒相继被发现，如抗药性因子（R质粒）、大肠杆菌素因子（Col质粒）。1973年，以Cohen为首的研究小组把两个不同的质粒拼接在一起，组合成一个嵌合质粒，并将此质粒作为基因工程的载体使用，首次获得基因克隆的成功。目前哺乳动物细胞表达载体有两种类型：病毒载体，如腺病毒、疱疹病毒、牛乳头状瘤病毒等；穿梭质粒载体，即在细菌和哺乳动物细胞内都能扩增的载体。

最后，Baltimore研究组和Temin等人同时发现了逆转录酶。逆转录酶的功能表现不仅使早期的中心法则得到了修正，更重要的是逆转录酶的使用使真核基因的制备成为可能，并打开了真核生物基因工程的新通路。

至此，在基因工程三大理论发现的基础上，结合基因工程所必需的内切酶、连接酶、逆转录酶等工具酶和系列载体的分离和应用，体外重组DNA通过Boyer和Cohen的共同努力于1973年首次获得成功。从此，基因工程经过了艰难的阶段才逐渐在生物技术、生物产业和生物经济领域中显示出其重要的地位，成为21世纪生物经济上的一颗璀璨的明星。

第二节　基因工程的内容与应用

一、基因工程的概念

基因工程是通过基因操作，将目的基因或DNA片段与合适的载体连接转入目标生物细胞，通过复制、转录、翻译外源目的基因以及蛋白质的活性表达，使转基因生物获得新的遗传性状的操作。基因工程的目标是实现转基因生物性状的定向改良，技术上包括基因或DNA的体外重组、转基因、重组子筛选与扩大繁殖等多个环节，目的性和技术性都很强，需要严密的实验设计。

基因工程具有以下几个重要特征：①打破物种的界限，实现跨物种的基因转移；②通过已知功能基因的遗传转化，可进行物种的定向改良；③可以创造出自然界中原本没有的生物。

在不严格的情况下，有时又把基因工程称为基因操作、遗传工程或基因克隆，但严格来说它们的意义是有差别的。基因操作泛指对基因进行酶切、连接、转化等分子生物学操作，是基因工程的技术基础；基因克隆是指对基因进行分离和扩大繁殖等操作，其目的在于获得大量的基因拷贝，它在技术上主要包括载体构建、大肠杆菌遗传转化、重组子筛选和扩大繁殖等环节，很多时候并不涉及动物、植物等的转化及性状的遗传改良，显然与基因工程不完全一致；广义的遗传工程是指所有能改变生物体遗传性状的技术，包括常规的有性杂交育种、染色体工程、细胞工程以及基因工程等。

二、基因工程的技术流程

基因工程的技术流程包括以下几个基本环节。

1. 目的基因克隆

从特定的生物基因组或cDNA中通过各种方法分离和扩大繁殖获得足够量的目的基因或cDNA序列。

2. 载体的准备

选择合适的载体，并对载体DNA进行克隆，制备足够量的达到一定纯度的载体DNA。

3.目的基因与载体的连接

选择适当的克隆策略，将目的基因连接于载体的多克隆位点或启动子和终止子之间，实现DNA重组。

4. 重组DNA转化/转染/转导

通过各种方法，将重组DNA转化/转染/转导进入大肠杆菌细胞、酵母菌细胞、植物外植体或动物细胞。

5. 重组体的筛选与鉴定

利用载体上提供的选择标记基因进行筛选，获得具有重组DNA分子的大肠杆菌或酵母菌等阳性克隆，或通过植株再生、胚移植等手段获得转基因植株或转基因动物。还需对所获得的转化细胞、转基因植株或转基因动物进行分子鉴定。

6. 重组体的大量培养，外源基因表达效应分析与开发应用

将经筛选和鉴定出来的大肠杆菌、酵母转化细胞进行大量构造DNA重组分子扩大繁殖，对外源基因的表达蛋白进行分离与纯化并进行后续结构与功能的研究；分析外源基因表达及其对植物和动物性状的影响（如图1-1）。

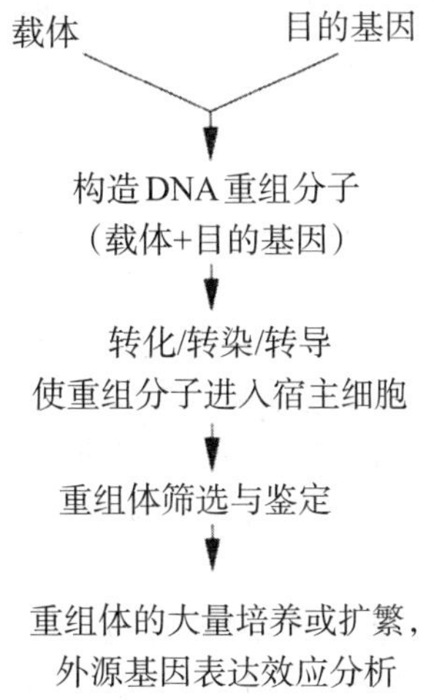

图1-1 基因工程流程图

三、基因工程的基本条件

从技术流程来看，基因工程包括四个基本条件：目的基因、载体、工具酶和宿主细胞。

（一）目的基因

目的基因是开展基因工程的目标和物质基础。生物性状在很大程度上是由遗传物质控制的，而遗传的结构和功能的基本单位是基因。因此，应根据基因工程的目标，确定基因工程的技术策略和选择特定的基因。一旦获得控制某一性状的基因，就可以应用该基因对生物性状实施定向遗传改良。基因可以分为结构基因和调节基因两种类型。研究表明，调节基因可控制多种不同的结构基因或代谢途径，对生物性状遗传改良的效果比结构基因更为显著。近几十年来，人类在对有价值基因资源进行挖掘、分离、鉴定和应用上不遗余力，各种模式的生物的基因组计划及其功能基因组学研究蓬勃开展，基因资源已成为各国竞相争夺的有限战略资源。

（二）载体

外源基因往往不能自行复制，也很难稳定存在于受体细胞，需要特殊的运载工具将其引入宿主细胞才能进行复制或表达，这种运载工具就是载体。根据其来源可分为质粒载体、噬菌体载体、cosmid载体、人工染色体载体等；根据用途可分为克隆载体和表达载体等。新载体的研制和开发是推动基因工程研究和应用不断向前发展的重要研究内容之一。

（三）工具酶

以DNA重组技术为核心的基因工程的诞生和发展是以各种核酸酶的发现和应用为基础的，特别是限制性内切核酸酶和DNA连接酶的发现和应用，才使DNA分子的体外切割与连接真正成为可能。此外，DNA聚合酶、反转录酶、外切核酸酶以及末端脱氧核苷酸转移酶、T4多核苷酸激酶、碱性磷酸酶等核酸修饰酶的发现和使用，为分子克隆和转基因技术策略的制定和实施提供了十分便利的工具。新的工具酶的研究和开发是促进基因工程技术进步的重要基础领域之一。

（四）受体细胞

受体细胞是能摄取外源重组DNA并使其稳定维持和表达，或有待于实施遗传改良的细胞。

原核生物中的大肠杆菌、真核生物中的酵母等细胞具有繁殖快、生命周期短、基因组简单、便于培养和基因操作等诸多优点，普遍被用作基因克隆、融合蛋白表达、基因组文库或cDNA文库构建的宿主菌，或者用来建立生产目标产物的生物反应器。由于大肠杆菌等原核细胞不具备对真核基因表达产物的糖基化等加工机制，一般采用酵母细胞表达真核生物蛋白质。

植物细胞也被用来转化外源DNA，利用特定的载体系统（如T-DNA等）可将外源DNA整合进入植物基因组。转化的植物细胞在合适的培养条件下可再生成完整的植株，外源基因在转基因植株及其后代株系中能够表达并稳定遗传。一般用植物的愈伤组织、器官、细胞或原生质体作为转基因的外植体，但真正接受外源基因的还是具体的细胞。基因工程在植物遗传改良上的应用已取得了较大的进展，在大豆、棉花、水稻、玉米、番茄等重要农作物上获得了大量的转基因植株或株系，棉花、大豆、番茄等作物的部分转基因品系甚至已经商品化了。

动物细胞也已被用作基因工程的受体细胞，但由于体细胞不易再分化成个体，所以通常以受精卵为受体，通过显微注射和胚胎移植相结合获得转基因动物；或以干细胞为受体，利用电击等方法将外源基因转入干细胞，再通过囊胚注射获得转基因动物；或以体细胞为受体，将外源基因转入体细胞，并将体细胞核移植到去核的卵母细胞，通过重构胚体外培养最终获得转基因动物。转基因鼠、鱼、鸡、牛等已获得了成功。此外，以动物体细胞作为基因工程受体，也已获得了转基因细胞系，这些细胞系可用作基础研究的材料，或用作生物反应器生产基因工程药物。

人的体细胞同样也可作为基因工程的受体，转基因细胞系用于病理研究。近年来，还有以异常生长的人体细胞作为受体，通过转基因使其恢复正常生长状态（基因治疗）。

四、基因工程的技术策略

（一）强化基因的表达，改善生物性状

（1）增加与目标性状有关的代谢途径中限速酶基因的拷贝数，提高相应表达酶的活性，达到改善特定代谢途径的限速步骤以提高目标产物的含量，实现目标性状的改良。

（2）使用强启动子驱动目标基因，使目标基因转录合成更多的mRNA，并翻译出更多的关键分子，进而提高目标产物的合成量。

（3）提高目标途径激活因子的表达。生物性状的形成往往涉及众多基因的表达及相应的多条代谢途径，这些基因的表达又受其上游少数重要转录因子或信号传递途径中的重要分子开关的控制。通过这些激活因子表达的增强来提高其所触发的相关基因的表达，最终实现生物性状的改良。

（二）关闭特定基因的表达，改善生物性状

（1）关闭目标代谢途径的抑制蛋白的编码基因或应用不受反馈抑制的突变基因。这种策略是去除代谢途径中具有反馈抑制作用的某些因子或这些因子作用的DNA靶位点（如操纵子），从而解除其对代谢途径的反馈抑制，提高目标代谢流。

（2）阻断与目标途径相竞争的代谢途径。细胞内各相关代谢途径彼此耦联以代谢网络的形式存在，任何目标途径必定与多个相关途径共享同一底物分子和能量形式。因此，在不影响细胞基本生理状态的前提下，阻断或降低竞争途径的代谢流，使更多的底物和能量进入目标途径，无疑对目标途径产物产量的提高是有益的。

（3）基因治疗。将正常的基因转入患者的细胞中取代病变基因，从而表达所缺乏的产物，或者通过关闭或降低异常表达的基因等途径，达到治疗某些遗传病的目的。

（三）基因的异源表达赋予生物新的功能

（1）具有特定功能的蛋白质编码基因的异源表达，使转基因生物能合成目标蛋白。大部分的生物反应器都是这种类型。例如，利用酵母工程菌、转基因植物或转基因动物合成人胰岛素蛋白，或者将苏云金芽孢杆菌的杀虫蛋白转入棉花、水稻等作物中，提高转基因作物的抗虫水平等。

（2）利用已有的途径构建新的代谢支路。例如，将白藜芦醇合成酶基因转入番茄、烟

草、胡萝卜等作物中，可利用该酶将存在于植物中的苯丙烷途径的底物转化为芪类次生代谢物，提高转基因植物的抗病水平。

（3）转移特定途径多个酶的编码基因，使转基因生物获得新的目标产物合成的能力。例如，ξ-胡萝卜素脱饱和酶、八氢番茄红素脱饱和酶和番茄红素β-环化酶是合成维生素A前体（β-胡萝卜素）所必需的关键酶，德国、瑞士、英国等科学家通过农杆菌介导法成功地将相关外源基因（*pys*、*lcy*、*crt* Ⅰ）整合到水稻基因组中，培育出胚乳中富含β-胡萝卜素（1.6μg/g）的转基因水稻品种。我国中山大学生物工程研究中心应用多个基因的转化策略，获得了几十个含有3～10个外源基因的多基因表达载体，并应用农杆菌法或基因枪法，通过转化或共转化，获得了几千个转有多个外源抗病、抗虫基因的水稻株系。

五、基因工程的作用与影响

基因工程的诞生，标志着人类打破历经数十亿年所形成的自然界固有的秩序，可跨物种进行基因交流，从源头上对生命进行控制或修饰，使人类从认识生命、探索生命奥秘的必然王国进入改造生命的自由王国。基因工程对自然界和人类社会生活的影响之广、之深，是任何其他技术所无法比拟的。

（一）基因工程为人类解决当今所面临的人口、粮食、资源和环境问题带来了曙光

20世纪经济的飞速发展使人类在取得辉煌成果的同时，也带来了严峻的人口、粮食、资源和环境等问题，危及人类的可持续发展。利用微生物、植物、动物的基因工程，在提高农业生物产量、改善品质、增强抗性的遗传改良，在环境保护、医药生产和资源的高效利用和资源的替代等方面的应用效果已经初步显现。

（二）基因工程将对生态环境带来深远的影响

当人类看到基因工程带来希望的同时，也对基因工程及其产品环境效应感到担忧。例如，基因工程对地球的生物多样性到底意味着什么?转基因生物释放到环境是否会导致“超级杂草”“超级细菌”等。由于诞生仅仅30多年，目前断然评价似乎还为时尚早，对此人类应采取审慎、科学的态度，加强安全性问题及对策的研究，建立基因工程产品的安全管理机制，促进基因工程的健康发展。

（三）基因工程将给人类生活和文化、观念产生深刻的影响

基因工程利用微生物、植物或动物作为受体，通过基因的转移和表达，将农业生产、医药生产、环境治理等方面有机地统一起来，模糊了传统的工业、农业、医药、环境保护等行业的界限，这将使人类生产活动产生深刻的变革；基因工程是生物学发展的产物，又反过来促进人类对生命起源规律、生命世界奥秘的探索；基因工程在药品生产、基因治疗以及克隆动物、克隆人方面的应用，将不仅影响到人类的身体健康水平，还会冲击人类传统的道德伦理，影响人类世界观的形成和人类文化发展。

第三节 基因工程的意义与发展前景

一、基因工程的意义

近半个世纪的分子生物学和分子遗传学研究结果表明，基因是控制一切生命运动的物质形式。基因工程的本质是按照人们的设计蓝图，将生物体内控制性状的基因进行优化重组，并使其稳定遗传和表达。这一技术在超越生物王国种属界限的同时，简化了生物物种的进化程序，大大加快了生物物种的进化速度，最终卓有成效地将人类生活品质提高到一个崭新的水平。因此，基因工程诞生的意义毫不逊色于有史以来的任何一次技术革命。

概括地讲，基因工程研究与发展的意义体现在以下3个方面；①大规模生产生物分子。利用细菌（如大肠杆菌和酵母菌等）基因表达调控机制相对简单和生长速度较快等特点，令其超量合成其他生物体内含量极微但却具有较高经济价值的生化物质。②设计构建新物种。借助于基因重组、基因定向诱变，甚至基因人工合成技术，创造出自然界中不存在的生物新性状乃至全新物种。③搜寻、分离和鉴定生物体尤其是人体内的遗传信息资源。目前，日趋成熟的DNA重组技术已能使人们获得全部生物的基因组，并迅速确定其相应的生物功能。

二、基因工程的发展前景

基因工程问世以来，显示出了巨大的活力，使传统的生产方式和产业结构发生了变化，迅速地向经济和社会的很多领域渗透和扩散，推动社会生产力的迅速发展。21世纪，基因工程的前景将更加灿烂辉煌。各国决策者从战略上竞相拟订宏伟的基因工程研究发展计划，争取主动权。一些有远见的企业家将越来越看重基因工程相关产业的发展，投入巨资开发基因工程产品。并且由于国家的重视和社会的需要，将会有一大批高学历的科技工作者参与基因工程研究。今后10年、20年或更长时间，基因工程将重点开展基因组学、基因工程药物、动植物生物反应器和环境保护等方面的研究。通过这些方面的研究、开发，将为人类生活质量的全面改善、健康水平的全面提高、人类赖以生存的环境从根本上得到优化做出巨大的贡献。

第二章　基因工程的基本技术

第一节　DNA和RNA的提取和纯化

核酸是生命有机体的重要组成部分，分为脱氧核糖核酸（DNA）和核糖核酸（RNA）两大类，各自起着重要的作用。核酸的提取与纯化是基因工程实验经常性的工作，也是开展基因克隆、结构与功能分析的前提。

一、DNA提取的基本原理与方法

（一）DNA提取的基本原理

DNA是极性化合物，溶于水，不溶于乙醇、氯仿等有机溶剂，它的钠盐比游离态更易溶于水，DNA在水中溶解度可达10g/L，呈黏性胶体溶液。在酸性溶液中，DNA易水解，在中性或弱碱性溶液中较稳定。生物细胞中大部分DNA集中在细胞核（或核质体），多以脱氧核糖核蛋白（DNP）形式存在。DNP在盐溶液中的溶解度受盐溶液浓度的影响显著。如在0.14mol/L NaCl溶液中溶解度最低，仅为在水中溶解度的1%，随着盐浓度的增加溶解度也增加，在1mol/L NaCl溶液中的溶解度很大，比纯水高2倍。而核糖核蛋白（RNP）在盐溶液中的溶解度受盐浓度的影响较小，在0.14mol/L NaCl中溶解度较大。因此，常用此法分离DNP和RNP这两种核蛋白。

提取和纯化DNA，首先必须破碎或溶解细胞，用1 mol/LNaCl将DNP抽提出来，再把其中的蛋白质、多糖、RNA及无机离子等除去，主要步骤如下。

（1）细胞裂解和DNA的溶解。一般采用机械破碎细胞（或酶解细胞）释放DNA。在正常条件下，由于细胞区隔化（compartmentalization），DNA酶、氧化酶等分布于特定区隔中，不与DNA接触。但在DNA提取过程中，细胞被破碎，DNA酶或各种氧化酶被释放出来容易导致DNA降解。因此，该步骤的主要任务是破碎细胞并对DNA快速实施保护：①利用液氮在超低温下研磨，使酶失活；②快速加入缓冲液并迅速混匀，对细胞溶浆中DNA进行保护。例如，缓冲液中的EDTA螯合DNA酶的辅助因子Mg^{2+}和Ca^{2+}，使DNA酶活性降低；SDS可使蛋白质变性并降解蛋白质，也可降低DNA酶活性；缓冲液中加入的聚乙烯吡咯烷酮PVP和β-巯基乙醇、抗坏血酸、半胱氨酸、二硫苏糖醇等抗氧化剂可降低酚类氧化对DNA的干扰。PVP不仅可与多酚形成复杂的聚合体，将多酚从核酸成分中游离出来，而且

PVP还能和多糖结合，有效去除多糖。

（2）与核酸结合的蛋白质及RNA等杂质的去除。主要是利用DNA与蛋白质、多糖等在生化性质上的差别，通过加入离子变性剂、去污剂使蛋白质或多糖类变性，核蛋白解聚。十六烷基三甲基溴化铵（hexadyltrimethyl ammomium bromide，CTAB）可溶解细胞膜，在高盐溶液中（0.7mol/L NaCl）与DNA结合形成复合物并呈溶解状态；但当浓度降低到一定程度（0.3mol/L NaCl）时，DNA即从溶液中沉淀，通过离心就可以将DNA-CTAB复合物与多糖和蛋白质分开。十二烷基硫酸钠（sodium dodecylsulfate，SDS）或二甲苯酸钠也可使蛋白质变性，核蛋白解聚，使DNA得以游离出来；再根据DNA和蛋白质在有机溶剂中溶解度的差异，用苯酚和氯仿抽提的方法除去蛋白质。苯酚和氯仿对蛋白质具有极强的变性作用，而对DNA无影响。经过苯酚/氯仿抽提，蛋白质因变性被离心沉降到酚相与水相的界面，DNA则留在水相，可有效地去除核酸中部分蛋白质杂质。少量的或与DNA紧密结合的蛋白质杂质可用蛋白酶去除。DNA中的RNA杂质极易降解，必要时可加入不含DNA酶的RNA酶以去除RNA污染。

（3）DNA的沉淀和纯化。将上述溶解在上清液中的DNA加入2倍体积的无水乙醇可使其沉淀。但在多糖、蛋白质含量高时，用异丙醇沉淀效果较好，可以有效除去残余的蛋白质和多糖。用75%的乙醇清洗去除各种离子，沉淀DNA溶于TE溶液中；或将沉淀缓冲液透析除去去垢剂和有机溶剂，也可采用CsCl密度梯度离心加以纯化，即得总DNA溶液。

（二）DNA提取的几种方法

根据细胞破碎后，分离DNA与蛋白质所采用的技术策略和试剂的差异，可分为以下几种提取方法。

1. 浓盐法

利用RNA和DNA在电解溶液中溶解度不同，将二者分离。常用的方法是用1mol/L NaCl抽提，得到的DNP黏液中加入含有少量辛醇的氯仿一起摇荡，使之乳化，再离心，使蛋白质凝胶停留在水相及氯仿相中间，而DNA位于上层水相中。回收水相，用2倍体积95%乙醇可将DNA钠盐沉淀出来。

也可用0.15mol/L NaCl溶液反复洗涤细胞破碎液除去RNP，再以1 mol/L NaCl提取DNP，然后按氯仿–异戊醇法除去蛋白。

比较上述两种方法，后者核酸降解可能少一些。以稀盐溶液提取DNA时，加入适量去污剂SDS使蛋白质变性、核蛋白解聚，从而使DNA得以游离出来。在提取过程中，为抑制组织中的DNase对DNA的降解作用，在NaCl溶液中加入枸橼酸钠作为金属离子的络合剂。通常用5.0mol/L NaCl、0.015mol/L枸橼酸钠，简称SSC溶液。

2. SDS法

将生物细胞破碎后，加入SDS使细胞膜裂解，并同时使蛋白质变性，将蛋白质和多糖等杂质与DNA分开，加入乙酸钾可使SDS-蛋白质复合物转变成溶解度更小的钾盐形式，使沉淀更加完全。

3. CTAB法

CTAB法是一种快速简便的提取植物等生物总DNA的方法。在细胞破碎后，即可加入CTAB分离缓冲液，将DNA溶解出来，再经氯仿–异戊醇抽提除去蛋白质，最后得到DNA。

4. 苯酚抽提法

苯酚作为蛋白变性剂，同时可抑制DNA酶的降解作用。用苯酚处理匀浆液时，蛋白分子溶于酚相，而DNA溶于水相。离心分层后取出水层，多次重复操作，再合并含DNA的水相，用乙醇沉淀DNA。

5. 水抽提法

利用核酸溶解于水的性质，将组织细胞破碎后，用低盐溶液除去RNA，然后将沉淀溶于水中，使DNA充分溶解于水中，离心后收集上清液。在上清中加入固体NaCl调节至2.6mol/L。加入2倍体积95%乙醇，立即用搅拌法搅出。然后，分别用66%、80%和95%乙醇以及丙酮洗涤。最后，在空气中干燥，即得DNA样品。此法提取的DNA中蛋白质含量较高，故一般不用。为除蛋白可将此法加以改良，在提取过程中加入SDS。

不同生物（植物、动物、微生物等）提取DNA的细胞或组织器官的物理机械性质、DNA酶、蛋白质、多糖以及各种次生代谢物等均有所不同。因此，其基因组DNA的提取方法也有所不同。不同种类或同一种类的不同组织，因其细胞结构及所含的成分不同，分离方法也有差异，在提取某种特殊组织的DNA时，必须参照文献和经验，选择上述基本方法建立相应的提取方法，以获得可用的DNA大分子。

（三）质粒的提取

质粒的提取也是基因工程研究中经常性的工作。通过加入SDS对宿主细胞进行裂解，使质粒DNA顺利溢出并与染色体DNA和蛋白质等分离。其中，微量碱变性法提取质粒具有简单快速、经济实惠的优点，是当前分子生物学及基因工程研究工作中最常用的一种纯化质粒DNA的方法。其基本原理是：①溶液Ⅰ[含25mmol/L Tris-HCl（pH 8.0）、50mmol/L葡萄糖、10mol/L EDTA]重悬含质粒的大肠杆菌细胞，用溶菌酶裂解大肠杆菌细胞，利用Mg^{2+}螯合剂——EDTA（10mmol/L）抑制核酸酶活性，使DNA分子不被降解；②加入溶液Ⅱ（含1.0%SDS，0.2mol/L NaOH）使宿主细胞进一步裂解，使染色体和蛋白质变性；③加入pH为4.8的3mol/L乙酸钠起中和作用，使共价闭合质粒DNA复性，而线性染色体DNA聚集成不可溶的网状复合物，并使蛋白质-SDS复合物以及高分子质量的RNA分子沉淀，通过离心收集上清液，用乙醇沉淀法收集质粒DNA。

质粒提取也可采用试剂盒进行。目前，商品化产品很多，其基本原理大多是基于碱裂解法结合硅胶膜等微型离心纯化柱。例如，Qiagen公司的QIAprep Spin Miniprep产品，先用碱裂解法获得质粒DNA的粗制品，之后将样品通过纯化柱的硅胶膜（在高浓度盐条件下该膜可以结合DNA），使之吸附质粒DNA。然后用50%乙醇洗涤滤膜，洗去杂质，最后用少量低离子强度的洗脱缓冲液或水洗脱出纯DNA。

二、RNA提取的基本原理与方法

（一）总RNA提取的基本原理与方法

1. 总RNA提取的原理

分离纯化完整的mRNA是进行分子克隆、基因表达分析的基础。真核生物RNA分子主要分布于细胞质和核仁，mRNA只占RNA总量的1% ~ 5%，其相对分子质量大小不一，由几百到几千个核苷酸组成，且大部分mRNA均与蛋白质结合在一起形成核蛋白体。

能否成功地提取真核生物的RNA，关键在于能否完全抑制或除去RNA酶活性，分离获得全长RNA。

RNA酶由一条多肽链组成，无须任何辅助因子，存在十分广泛且十分稳定，很耐热，在较宽的pH范围内都有活性。因此，在RNA制备过程中，必须注意控制RNA酶的活性。实验中必须采取下列措施：所有的玻璃器皿应置于烘箱中（186℃）烘烤4～6h，凡不能高温烘烤的材料（如塑料器皿等）皆应用0.1%DEPC（diethyl pyrocarbonate，二乙基焦碳酸盐）水溶液处理，再用洁净的蒸馏水冲洗；所有RNA提取中所用的水一般都先用0.1%DEPC 37℃处理12h以上，再经高压灭菌；全部实验过程均需戴手套操作，并经常更换；RNA电泳槽需用去污剂洗涤，用水冲洗，乙醇干燥后，浸泡于3%H_2O_2溶液中，室温放置10min后，用0.1%DEPC处理过的水彻底冲洗。

提取RNA的方法很多，但一般都包括4个关键点：①细胞的有效破碎，尤其是植物细胞有厚厚的细胞壁保护，研磨需彻底；②使核蛋白复合体充分变性、解离，使核酸释放到溶液中。采用的变性剂主要有异硫氰酸胍、*N*-十二烷基肌氨酸钠等；③有效地抑制内源及外源RNase活性，在提取液中除了加异硫氰酸胍，还要使用β-巯基乙醇等抗氧化剂减少细胞内氧化酶对RNA的可能不利影响；④将RNA与DNA、蛋白质和多糖分开，策略一是先提取总核酸，再用氯化锂将RNA沉淀出来，策略二是直接在酸性条件下的酚–氯仿混合液抽提，低pH的酚将使RNA进入水相，这样使其与仍留在有机相中的蛋白质和DNA分离。水相中的RNA可用异丙醇沉淀浓缩。进一步将上述RNA沉淀复溶于异硫氰酸胍溶液中，再用异丙醇进行二次沉淀，随后用乙醇洗涤沉淀，即可去除所有残留的蛋白质和无机盐。第一种提取方法将导致小分子质量RNA的丢失，目前很少使用。

2. 总RNA提取的方法

（1）酚–异硫氰酸胍提取法。Trizol试剂是最广泛的抽提总RNA的试剂，由Gibco公司根据酚–异硫氰酸胍抽提法设计，主要由苯酚和异硫氰酸胍组成，适用于绝大多数材料。应用该试剂提取总RNA的一般步骤是：首先在液氮下研磨组织或细胞，或使之裂解；加入Trizol试剂，进一步在保证RNA完整的基础上破碎细胞并溶解细胞成分；加入氯仿抽提，离心分离水相和有机相，收集含有RNA的水相；通过异丙醇沉淀，可获得RNA样品。

许多公司开发了基于该法的试剂盒。例如，著名的RNA公司Ambion旗下的总RNA提取试剂盒就是基于酚–异硫氰酸胍法，试剂盒内含有除异丙醇外的所有试剂，可从来源广泛、样品量较少的条件下获得高质量的总RNA。GE（原Amersham Biosciences）也采用异硫氰酸胍法，吸收了其中的优点，但利用氯化锂和三氟醋酸铯进行选择性沉淀和密度离心，可以用普通的离心机在60min内，从少至25mg的样品中分离得到RNA。

（2）离心分离法。该类方法是对酚–异硫氰酸胍抽提法的改进，利用RNA吸附硅胶或玻璃质离心管代替了有机溶剂提取步骤，可以避免使用酚、氯仿、异丙醇等有害的有机溶剂。例如，有Qiagen设计开发的RNeasy试剂盒，在对提取材料进行胍基裂解的基础上，将含有目的RNA的细胞破碎液加在含有硅胶膜的柱子上，其通过硅胶膜时，RNA被吸附，从而与其他物质分开，然后在低盐浓度下将RNA洗脱出来。简化了RNA的分离步骤。

但是，不同的生物、同一种生物的不同器官和组织中的多糖、次生代谢物等含量不同，为了获得较高的提取RNA质量，其提取缓冲液应有所调整。所以，生物技术公司开发了针对性的RNA提取试剂盒。应用时可根据材料进行选择。由于试剂盒都有提取RNA的细胞裂解、蛋白变性、核酸释放以及RNA与其他杂质分离的功能，有时采取同一个试剂盒多次重复或多个试剂盒结合使用，可取得较好的效果。

（二）mRNA的提取

从生物细胞中分离mRNA比分离DNA困难得多。mRNA在细胞内，特别在原核细胞内的半衰期很短，平均只有几分钟，而且基因的表达具有严格的时序性，目的基因的表达时序对相应mRNA的成功分离至关重要。此外，mRNA在体外也极不稳定，这对分离过程和方法都提出了更高的要求，特别要求尽可能完全抑制或去除RNA酶的活性。

真核生物mRNA的提取一般有两条途径。其一是提取细胞总RNA，经过蛋白酶K处理除去蛋白质，进一步利用寡聚脱氧胸腺嘧啶核苷酸纤维素柱层析（oligo Di-cellu-lose），把mRNA与其他的RNA（如tRNA、rRNA）分开，因为几乎所有的mRNA的3'端都带有一串长约200个腺苷酸的poly A序列，而tRNA、rRNA上没有这样的结构，这就为mRNA的分离纯化提供了极为便利的条件；其二是先提取多聚核糖体，再将蛋白质与mRNA分开，即利用抗原抗体的反应，可以将含量极微、特异的mRNA提取出来。因为没有合成完的蛋白质还停留在多聚核糖体上，这些新生的肽链能与完整蛋白质的抗体发生抗原抗体反应，因此可以选择性沉淀特异的mRNA。

三、DNA或RNA浓度、纯度和相对分子质量的测定

为了利用上述所提取的DNA或RNA进行进一步酶切、连接、转化和杂交等试验，必须了解它们的浓度、纯度及相对分子质量大小，常用的方法有紫外分光光度法和琼脂糖凝胶电泳法。

（一）紫外光光度法测定DNA、RNA的浓度和纯度

DNA或RNA链上碱基的苯环结构在紫光区具有较强吸收，其吸收峰在260nm处。DNA或RNA的光密度OD_{260}不仅与总含量有关，也因构型的变化而变化。1μg/mL DNA溶液OD_{260}等于0.02，1μg/mL的RNA或单链DNA溶液OD_{260}等于0.022～0.024。1个OD_{260}相当于50 μg/mL的双链DNA，37μg/mL的单链DNA，40μg/mL的RNA，30μg/mL的寡核苷酸（由于底物不同有差异）。可根据以下公式来计算样品中单链DNA、双链DNA和RNA的浓度：

$$[SSDNA]=33\times(OD_{260}-OD_{310})\times \text{稀释倍数}$$

$$[dSDNA]=50\times(OD_{260}-OD_{310})\times \text{稀释倍数}$$

$$[SSRNA]=40\times(OD_{260}-OD_{310})\times \text{稀释倍数}$$

蛋白质的最大吸收峰在280nm处，多糖的最大吸收峰在230nm处。纯DNA的A260/A280约为1.8，大于1.9表明有RNA污染，小于1.6表明有蛋白质、苯酚等的污染；纯RNA的A260/A280为1.7～2.0，小于1.7表明有蛋白质和苯酚污染，大于2.0表明有异硫氰酸胍残存。

（二）琼脂糖凝胶电泳鉴定

采用凝胶电泳也可以粗略鉴定DNA或RNA的含量和质量。通过比较EB染色的DNA标记和样品之间的条带亮度进行，如果DNA有降解，则在电泳图谱上表现出明显的拖尾。

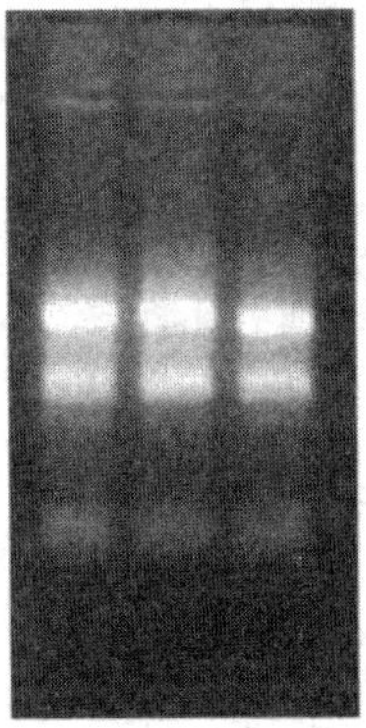

图2-1 总RNA琼脂糖凝胶电泳图

一般采用常规的琼脂糖凝胶电泳检测总RNA的质量，在凝胶电泳图片（图2-1）上，RNA应该呈现出5S、18S、28S 3条rRNA带。其中，5S最好是可见的，28S亮度是18S亮度的2倍，rRNA之间可以看到很淡的、雾蒙蒙的mRNA拖带。如果出现多于3条带，则可能是DNA污染带，或是rRNA被破坏的断裂带。琼脂糖凝胶被RNA酶处理后电泳带基本消失，没有明显的、边缘清晰的带残留，如果还有明显的条带，则表明有DNA污染。

第二节 DNA的凝胶电泳

1937年首创纸电泳技术后，电泳的种类和应用在深度和广度两方面均发展迅速，已成为分子生物技术中分离生物大分子的最重要手段之一。其中，凝胶电泳凭借其操作简单、快速、灵敏等优点，已成为分离、鉴定和提纯核酸首选的标准方法。

凝胶电泳是分析复杂DNA混合物的成分、DNA相对含量的一种常用方法，同时也是检测DNA纯度、评估DNA分子量的一种强有力的生化分析方法。该技术操作简便快速，可以分辨用其他方法（如密度梯度离心法）所无法分离的DNA片段。当用低浓度的荧光染料EtBr染色时，在紫外光下至少可以检出1 ~ 10 ng的DNA条带，从而可以确定DNA片段在凝胶中的位置。此外，还可以从电泳后的凝胶中回收特定的DNA条带，用于后续的克隆操作。

一、电泳的基本原理

将某种带电分子置于特定的电场中，它就会以一定的速度向适当的电极移动，这就是电泳。某物质在电场作用下的迁移速度叫作电泳的速率，它与电场强度和分子本身所携带的净电荷数成正比，而与分子的摩擦系数成反比（分子大小、极性、介质的黏度系数等）。在生理条件下，核酸分子中的磷酸基团是离子化的，故DNA和RNA实际上呈多聚阴离子状态(polyanion)。若将DNA、RNA放到电场中，它就会由负极向正极移动。由于核糖-磷酸骨架在结构上的重复性质，核苷酸数目相同的双链DNA分子几乎具有等量的净电荷，因此，它们能以相同的速度向正电极方向移动。当然，通过简单的推测，在实验之前就可以对实验的结果进行模拟，比如通过Vect NTI Suit 5.5、Gene Constraction Kit 2.0等软件就可以实现模拟电泳。

在凝胶电泳中，一般加入EtBr进行染色，如图2-2所示。因为扁平状的EtBr分子可以嵌入DNA或RNA相邻碱基平面之间，且该分子在300 nm紫外光激发下能够发出橘黄色荧光。染色后可通过对荧光的分析而对DNA分子所形成的条带进行定性或定量分析。

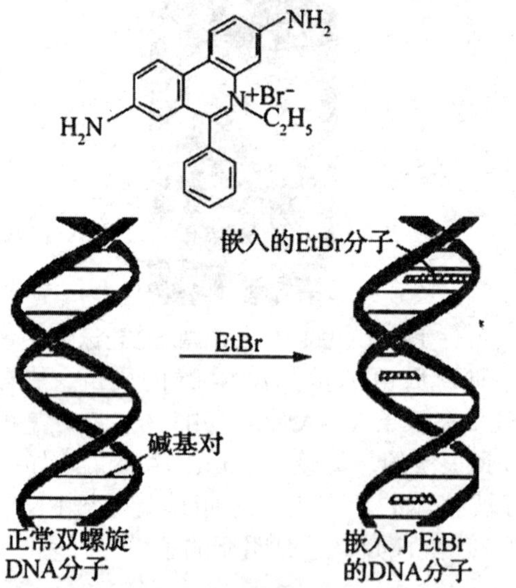

图2-2　EtBr的化学结构及其对DNA分子的插入作用

目前，实验室电泳常用的凝胶介质主要有琼脂糖（或琼脂）和聚丙烯酰胺两类。前者主要用于核酸电泳，其分辨范围从50到几千个核苷酸，后者则主要用于蛋白质和核酸分析，分离范围为1～1 000 bp，分辨率很高。

琼脂糖和聚丙烯酰胺可以制成各种形状、大小和孔隙度的凝胶。琼脂糖凝胶分离DNA片段大小范围较广，不同浓度琼脂糖凝胶可分离长度从200 bp至近50 kb的DNA片段。

琼脂糖凝胶电泳通常用水平装置在强度和方向恒定的电场下进行，如图2-3所示。聚丙烯酰胺凝胶分离小片段DNA（5～500 bp）效果较好，其分辨率极高，甚至相差1 bp的DNA片段也能分开。聚丙烯酰胺凝胶电泳通常采用垂直装置进行电泳，可容纳相对大量的DNA，但制备和操作比琼脂糖凝胶困难。

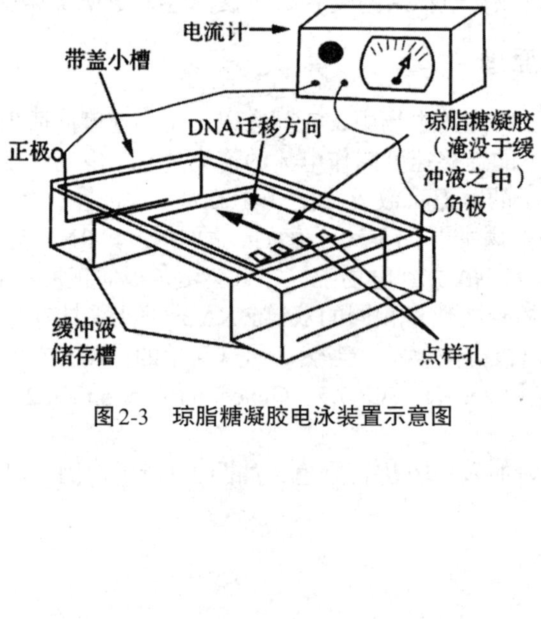

图2-3　琼脂糖凝胶电泳装置示意图

二、琼脂糖凝胶电泳

琼脂糖在DNA制备电泳中作为一种固体支持基质，其凝胶孔径的大小取决于琼脂糖的浓度。在电场中，中性pH值条件下带负电荷的DNA向正极迁移，其迁移速率由多种因素决定。

1. DNA的分子大小

线状双链DNA分子在一定浓度的琼脂糖凝胶中的迁移速率与DNA分子量对数成反比，分子越大则所受阻力越大，也越难在凝胶孔隙中蠕行，因而迁移得越慢。

2. 琼脂糖浓度

一个给定大小的线状DNA分子的迁移速度在不同浓度的琼脂糖凝胶中各不相同。DNA电泳迁移率的对数与凝胶浓度呈线性关系。凝胶浓度的选择取决于DNA分子的大小。譬如，分离小于0.5 kb的DNA片段所需凝胶浓度是1.2%～1.5%，分离大于10 kb的DNA分子所需胶浓度为0.3%～0.7%，DNA片段大小介于两者之间者则所需胶浓度为0.8%～1.0%。

3. DNA分子的构象

当DNA分子处于不同构象时，它在电场中迁移距离不仅和分子量有关，还和它本身的构象有关。相同分子量的线状、开链和超螺旋DNA在琼脂糖凝胶中移动速度是不一样的，超螺旋DNA移动最快，而线状双链DNA次之，开链DNA移动最慢。若在电泳鉴定质粒纯度时发现凝胶上有数条DNA带，且难以确定是质粒DNA不同构象引起还是因为含有其他DNA引起时，可从琼脂糖凝胶上将DNA带逐个回收，用同一种限制性内切酶分别水解，然后电泳，如在凝胶上出现相同的DNA图谱，则为同一种DNA。

4. 电源电压

在低电压时，线状DNA片段的迁移速率与所加电压成正比。随着电场强度的增加，不同分子量的DNA片段的迁移率将以不同的幅度增长。但是，在电压升高的同时，电流增强，产热量增多，容易使DNA发生扩散和弥散。要使大于2 kb的DNA片段的分辨率达到最大，可以适当提高电压，但所加电压也不宜超过5 V/cm。

5. 嵌入染料的存在

荧光染料EtBr用于检测琼脂糖凝胶中的DNA，染料会嵌入堆积的碱基对之间并拉长线状和带缺口的环状DNA，使其刚性更强，还会使线状DNA迁移率降低15%。

6. 离子强度影响

电泳缓冲液的组成及其离子强度影响DNA的电泳迁移率。在没有离子存在时（如误用蒸馏水配制凝胶），电导率最小，DNA几乎不移动；在高离子强度的缓冲液中（如误加10×电泳缓冲液），则电导很高并明显产热，严重时会引起凝胶熔化或DNA变性。对于天然的双链DNA，常用的电泳缓冲液有TAE[含EDTA（pH8.0）和Tris.乙酸]、TBE（Tris–硼酸和EDTA）和TPE（Tris-磷酸和EDTA），一般配制成浓缩母液，储于室温。

7. 电场方向

通常固定电场方向的琼脂糖凝胶电泳，在电压100 V、琼脂糖浓度0.7%～1.2%的条件下进行，开环质粒DNA的电泳迁移率比环状及直链的要小。而在比较环状及直链DNA的迁移率时，要依据分子量、凝胶浓度、缓冲液和输出电压等条件来定。

三、脉冲场电泳

在众多的DNA分离方法中，目前最好的分离技术是凝胶电泳。琼脂糖凝胶电泳适用于分离大分子DNA，但通常使用的普通琼脂糖凝胶电泳所能分离的DNA分子大小最大不过20 kb。近年来发展起来的脉冲场凝胶电泳（pulsed-fieldgel electrophoresis，PFGE），可以将50 kb以上甚至高达10 Mb的DNA大片段进行有效地分离，解决了一般琼脂糖电泳不能实现的技术难题。

脉冲场凝胶电泳原理如图2-4所示。在凝胶外围加正交电场，选择合适的脉冲时间及其他条件，使大片段DNA分子能够在交替变化的电场中通过重新调整其空间取向，从而定向地在狭小曲折的凝胶中不断向前运动而达到分离的目的。利用脉冲电泳分离大片段DNA分子，为进一步构建基因组文库并开展相关方面的研究（比如传染病的检测和分型等）提供了便利条件。

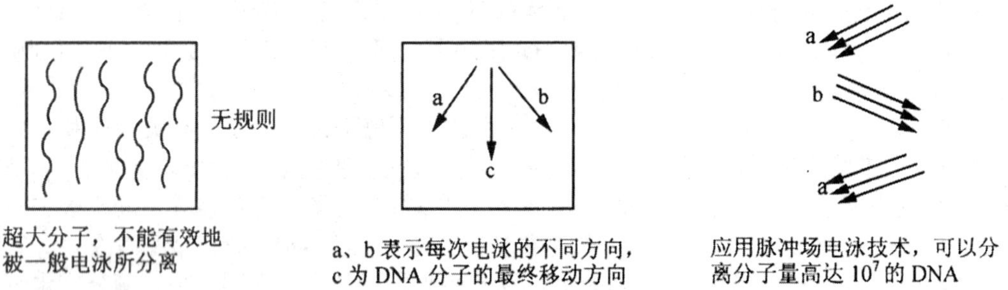

图2-4　脉冲场凝胶电泳的原理

第三节　核酸分子杂交技术

核酸分子杂交所依据的原理是带有互补的特定核苷酸序列的单链DNA或RNA，当它们混合在一起时，其相应的同源区段将通过Watson-Crick碱基配对而退火形成双链的结构。如果彼此退火的核酸来自不同的生物有机体，那么，如此形成的双链分子就称作杂种核酸分子。而形成DNA/DNA或DNA/RNA杂种分子的这种能力，可以用来揭示核酸片段中某一特定基因的位置。鉴别重组子、分离基因、分析DNA片段、研究表达等工作中都涉及核酸杂交。这种核酸杂交技术，如同DNA快速分离法以及凝胶电泳一样，都是分子生物学中DNA分析方法的基础。

通常，核酸分子杂交实验在尼龙滤膜或硝酸纤维素膜上进行，包括如下两个步骤：①将核酸样品转移到固体支持物滤膜上，这个过程称为核酸转移（nucleic acid blotting），主要的有电泳凝胶核酸印迹法、斑点印迹法、狭线印迹法（dot and slot blotting）、菌落和噬菌斑印迹法（colony and plaque blotting）；②将具有核酸印迹的滤膜用带有放射性同位素标记或其他标记的DNA或RNA探针进行杂交，所以有时也称这类核酸杂交为印迹杂交。

一、探针的制备

探针（probe）是指经放射性或非放射性等物质标记的已知或特定的DNA或RNA序列。

利用探针通过核酸杂交可检测特定的基因或转录产物。在基因克隆、筛选和分析的许多方面都涉及利用探针进行杂交，例如，鉴定cDNA和基因组DNA文库，需要用标记探针与菌落或噬菌斑杂交；分析目的基因转录和加工情况需要用标记探针与RNA杂交；定位特定目的基因在染色体上的位置，需染色体原位杂交；鉴定特定目的基因，需要Southern印迹杂交，构建限制性核酸内切酶图谱也可利用杂交。由于杂交是在目的DNA与标记探针之间进行，故在进行利用杂交的分子克隆工作中经常需要制备各种核酸探针。目前主要以同位素、生物素、地高辛或辣根过氧化酶标记核酸探针。

（一）同位素标记探针

制备核酸探针时，一般用同位素标记的核苷酸如[a^{-32} P]dNTP或[^{3} H]dNTP，通过切口平移的过程而进行的。以大肠杆菌DNA聚合酶Ⅰ处理DNA链，此酶具有5'-3'方向DNA聚合酶的两种活性。用作探针的DNA片段先以DNA聚合酶Ⅰ做轻微处理，使其形成许多缺口，随后加入大肠杆菌聚合酶和4种脱氧三磷酸核苷。由于大肠杆菌DNA聚合酶Ⅰ的外切核酸作用，DNA分子从切口处开始沿5'→3'方向发生水解，同时又将反应体系中的脱氧三磷酸核苷掺入缺失了核苷酸的部位。如果在反应体系中具有以同位素标记的一种或几种脱氧三磷酸核苷，按碱基配对的原则，就可以将同位素标记的脱氧三磷酸核苷掺入新合成的DNA互补链内，如此切口平移的结果是DNA链仍然保持其原有的序列不变，但同位素标记的脱氧三磷酸核苷已使这一DNA片段具有放射性，这段DNA即可作探针，检测未知的核酸片段。

应用核酸人工合成相应长度的核苷酸链就更简单、方便。除有已知的DNA片段，还需切口平移的其他试剂：①4种脱氧三磷酸核苷，其中1～2种是同位素标记物，其余是未标记的。②大肠杆菌DNA聚合酶Ⅰ。③DNA聚合酶Ⅰ将欲标记的DNA片段与这些试剂混合，相互作用反应之后，加入终止液停止反应，然后将整个反应液通过葡聚糖凝胶层析柱，经β-射线计数器测定，收集第一峰（第二峰是未掺入DNA片段中的游离的标记脱氧三磷酸核苷），并做适当的浓度调整后，即可供应用的同位素标记的核酸探针。

（二）非同位素探针

近年来，发展了几种用非放射性探针进行杂交筛选的方法，以避免放射性同位素对研究人员的危害和造成环境污染。目前，用非放射性标记方法制备核苷酸分子杂交探针的策略大多采用分子杂交与酶标结合的原理，即在核酸分子上，主要是在碱基上，直接或间接地与酶结合，然后再以显色方法显示被结合的酶。通过显色强度显示出酶量的多少，测出核酸探针被杂交的程度。

1. 生物素标记探针

生物素是一种水溶性维生素，它可通过烯丙键与嘧啶环的C^{5}位共价结合。生物素标记的dLTP（biotin-11-dUTP）可代替dTTP而被合成进DNA探针，这种探针能特异地与抗生物素蛋白（avidin）结合。抗生物素蛋白上结合的碱性磷酸酶可使反应中的底物产生颜色，从而表现出探针所在位置。

在适当浓度的DNaseⅠ作用下，在一双链DNA上制造一些缺口，再利用大肠杆菌DNA聚合酶Ⅰ的5'→3'外切酶活性依次切除缺口下游的核酸序列，同时将4种脱氧三磷酸核苷（其中一种生物素-11-dUTP标记）利用该酶5'→3'聚合活性补入缺口，得到生物素标记的核酸探针。

2. 地高辛标记探针

地高辛（digoxigenin）-11-dUTP是由类固醇半抗原地高辛与dUTP C^{11}位结合形成，该物质是Boehringer Y，lannheim公司的一种产品。先将地高辛苷元通过一手臂连接至dUTPC^{11}位上，用随机引物法标记DNA制成探针。平均每20 ~ 25个核苷酸中标记一个地高辛苷元，然后用抗地高辛抗体的Fab片段与碱性磷酸酶的复合物和NBT-BCIP底物显色检测，灵敏度达0.1 pg DNA，因此可做1μg哺乳动物DNA中单拷贝基因分析。

此种探针有高度的灵敏性和特异性，安全稳定，操作简便，可避免内源性干扰，是一种很有推广价值的非放射性标记探针。

3. 辣根过氧化物酶标记探针

该法是将辣根过氧化物酶（HRP）与带正电荷的聚乙烯亚胺（polyethyleneimine）交联结合，然后由这种带正电荷的复合物与带负电荷的单链或双链DNA结合，在戊二醛烯溶液作用下，HRP与DNA形成共价键，产生酶标记探针。该反应迅速可靠，平均一个HRP结合30 ~ 50 bp DNA。标记探针与待测DNA杂交并清洗后，加入显色底物，HRP可使无色底物产生颜色，因此可定位目的序列。

4. 光敏生物素标记方法

光敏生物素（photobiotin）是一种化学合成的生物素衍生物。分子中含有可光照活化的叠氮代硝苯基，它的醋酸盐很易溶于水，在水溶液中将光敏生物素醋酸盐与待标记核酸混合，在强可见光短暂照射下即能与核酸的碱基反应，生成光敏生物素标记核酸探针。

一般在规定条件下，核酸中每100 ~ 150个碱基可结合一个生物素。这种生物素标记的探针不会影响探针序列与其互补和新的靶序列之间的杂交。该标记方法的优点是简便易行，单、双链DNA和RNA都能以此法标记形成稳定的共价结合，且生成的标记探针为橙红色，便于观察反应结果。此法标记的探针稳定性好，–20℃可保存12个月，并可检出0.5 pg滤膜结合DNA。

二、核酸杂交技术

（一）Southern DNA印迹杂交

通过凝胶电泳和限制性核酸内切酶分析的结果，可以准确地绘制出DNA分子的限制性核酸内切酶图谱。但是为了进一步构建出DNA分子的遗传图，或进行目的基因的序列测定以满足基因克隆的特殊要求，还必须掌握DNA分子中基因编码区的大小和位置。有关的数据资料则要应用Southern印迹杂交技术（Southern blotting）才能获得。根据毛细管作用的原理，使在电泳凝胶中分离的DNA或RNA经转膜后与探针杂交以检测这些被转移的DNA片段，这种实验方法称作Southern DNA印迹转移技术。

研究表明，如果应用硝酸纤维素滤膜进行Southern印迹转移，那么只要当滤膜结合上DNA两条互补链之一，便能成功进行核酸杂交。具体步骤是将DNA电泳分离的琼脂糖凝胶，经过碱变性等预处理之后，平铺在已被Blotting溶液饱和了的两张滤纸上，在凝胶上部覆盖一张硝酸纤维素滤膜，接着加一叠干滤纸，最后再压上一个重物。这样由于干滤纸的吸引作用，凝胶中的单链DNA便随着电泳缓冲液一起转移，这些DNA分子一旦同硝酸纤维素滤膜接触，就会牢牢地缚结在它的上面，而且是严格按照它们在凝胶中的谱带模式，原位地被吸印到滤膜上。在80℃下烘烤1 ~ 2 h，DNA片段就会牢固地固定在硝酸纤维素滤膜上。另一种方法是通过紫外交联仪固定DNA。其基本原理是，DNA分子上的一小部分胸腺嘧啶基团同尼龙膜表面上的带正电荷的氨基基团之间形成交联键（crosslink）。然后将此滤膜移放在加有放射性同位素标记探针的溶液中进行核酸杂交。一旦探针同滤膜上的单链DNA杂交，就很难解链。因此，可漂洗掉游离的没有杂交上的探针分子。用X光底片曝光后所得的放射自显影图片，同溴化乙啶染色的凝胶谱带做对照比较，便可鉴定出究竟哪一条限制片段是同探针的核苷酸序列同源的。Southern印迹杂交方法十分灵敏，在理想的条件下，应用放射性同位素标记的特异性探针和放射自显影技术，即便每条电泳条带仅含有2 ng的DNA也能被清晰地检测出来，它几乎可以同时用于构建出DNA分子的酶切图谱和遗传图，在分子生物学及基因克隆实验中的应用极为普遍。

为了进行有效的Southern印迹转移，对电泳凝胶做预处理是十分必要的。我们知道，分子质量超过10 kb的较大的DNA片段与较短的小分子质量DNA相比，需要更长的转移时间。因此，为了使不同大小的DNA片段能够同步地从电泳凝胶转移到硝酸纤维素滤膜上，通常是将电泳凝胶浸泡在0.25 mol/L HCl溶液中做短暂的脱嘌呤处理之后，再进行碱变性。于是，由于在脱嘌呤位点发生了碱水解作用而使DNA分子断裂成短片段。而且在转移之前，DNA片段经过碱变性作用，亦会使之保持单链状态而易于同探针分子发生作用，从而被检测出来。最后，电泳凝胶需放置在中和溶液中平衡之后再做印迹转移（如图2-5所示）。

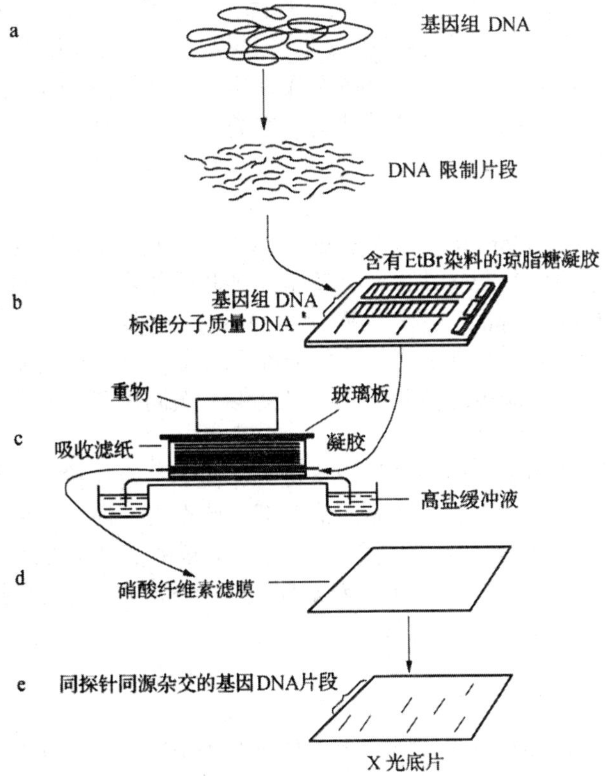

图2-5　Southem凝胶转移杂交技术

a.大分子质量的DNA经一种或数种核酸内切限制酶消化作用，形成分子量较小的DNA片段群体；b.DNA酶切消化物通过琼脂糖凝胶电泳分离；c.电泳凝胶经碱变性、酸中和，然后进行Southen转移，使凝胶中的DNA谱带原位转移到硝酸纤维素滤膜上；d.滤膜烤干后，同^{32}P标记的DNA分子探针杂交；e.曝光后，在X光底片上显现的杂交的DNA谱带

（二）Northern FINA印迹杂交

关于印迹杂交技术的应用，最初只限于DNA的转移杂交，后来逐步扩展到包括RNA和蛋白质转移杂交在内的更加广泛的领域。由于于RNA分子不能够同硝酸纤维素滤膜结合，所以Southern印迹杂交技术不能直接地应用于RNA的印迹转移。1979年Alwine等人发展出了一种新的方法，其基本步骤是将电泳凝胶中的RNA转移到叠氮化的或其他化学修饰的活性滤纸上，通过共价交链作用而使它们永久地结合在一起。由此可见，这种方法同Southern的DNA印迹杂交技术十分类似，所以称作Northern RNA印迹杂交技术（Northern blotting）。

在Northern RNA印迹杂交中，RNA分子同活性滤纸共价结合得十分牢固。所以，在杂种核酸分子呈不稳定状态的温度条件下漂洗杂交滤纸，便可以将上次杂交反应中已同RNA分子同源结合的放射性探针分子洗脱掉。因此，这类印迹转移的滤纸，是可以反复使用的。应当指出，活性滤纸不仅能够同RNA分子牢固结合，而且也能够相当有效地结合变性的DNA分子。事实上，叠氮化的活性滤纸比硝酸纤维素滤膜能够更加有效地转移并结合小片段的DNA。

1980年，Thomas发现，在适当的实验条件下，硝酸纤维素滤膜也能够直接用来转移RNA分子。之后，人们又发展出可以用来转移的适用的尼龙滤膜。因为这种形式的Northern印迹杂交技术，已不需要预先制备活性滤纸，显得简单，所以得到广泛的采用。现在关于Northern印迹杂交技术的定义是：将RNA分子从电泳凝胶转移到硝酸纤维素滤膜或其他化学修饰的活性滤纸上，进行核酸杂交的一种实验方法。

（三）斑点印迹杂交

斑点印迹杂交（dot blotting）是在Southern印迹杂交的基础上发展的快速检测特异核酸（DNA或RNA）分子的核酸杂交技术。其基本原理和操作步骤是通过抽真空的方式将加在多孔过滤进样器上的核酸样品，直接转移到适当的杂交滤膜上，然后再按如同Southern或Northern印迹杂交一样的方式同核酸探针分子进行杂交。由于在实验的加样过程中，使用了特殊设计的加样装置，使众多的待测核酸样品能够一次同步转移到杂交滤膜上，并有规律地排列成点阵。

斑点印迹杂交更适用于核酸样品的定量检测，而不是定性检测。例如，在实验中补加有已知其浓度的靶核酸序列作为对照样品的情况下，此类技术便可以用来检测核酸混合物中某种特殊DNA（或RNA）序列的相对含量。同时使用光密度测定法也可对核酸斑点印迹的相应杂交信号做定量分析。已有许多研究者都使用RNA斑点印迹杂交技术，测定目的基因在某种特定组织或培养细胞中的表达强度。

（四）菌落（噬菌斑）杂交

1975年，Grunstein和Hogness根据检测重组体DNA分子的核酸杂交技术原理，对Southern印迹技术做了一些修改，发展出了一种菌落杂交技术。1977年，Benton和Davis又发展出了与此类似的筛选含有克隆DNA的噬菌斑的杂交技术。这类技术是把菌落或噬菌斑转移到硝酸纤维素滤膜上，使溶菌变性的DNA同滤膜原位杂交；这些带有DNA印迹的滤膜烤干后，再与放射性同位素标记的特异性DNA或RNA探针杂交；漂洗除去未杂交的探针，同X光底片一起曝光；根据放射自显影所揭示的同探针序列具有同源性的DNA印迹位置，对照原来的平板，便可以从中挑选出含有插入序列的菌落或噬菌斑（如图2-6）。

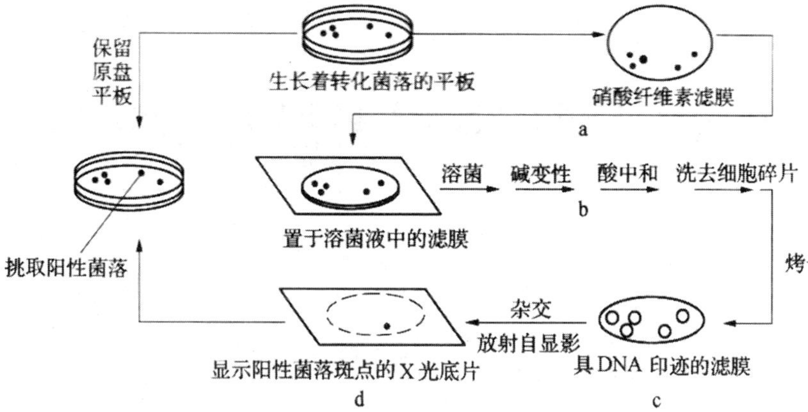

图2-6 检测重组体克隆的菌落杂交技术

a.将硝酸纤维素滤膜铺放在生长着转化菌落的平板表面，使其中的质粒DNA转移到滤膜上；b.取出滤膜，做溶菌、碱变性、酸中和等处理后，置于80℃下烤干；c.带有DNA印迹的滤膜同^{32}P标记的适当探针杂交，以检测带有重组质粒（含有被研究的DNA插入片段）的阳性菌落；d.将放射自显影的X光底片同保留下来的原菌落平板对照，从中挑选出阳性菌落供做进一步的分析研究

菌落杂交或噬菌斑杂交有时也称原位杂交（in situ hybridization），因为生长在培养基平板上的菌落或噬菌斑，是按照其原来的位置不变地转移到滤膜上，并在原位发生溶菌、DNA变性和杂交作用。要从由成千上万大量的菌落或噬菌斑组成的真核基因克隆库中，鉴定出含有期望的重组体分子的菌落或噬菌斑，菌落原位杂交技术有着特殊的应用价值。

第三章　基因工程工具酶

第一节　酶的基础知识

一、酶的概念

酶是由活细胞产生的能在体内外发挥催化作用的一类生物催化剂，具有高度专一性、高催化效率和作用条件温和等特点。一般所说的酶是指蛋白质酶，如果酶分子中只有氨基酸残基组成的多肽链（蛋白贡），这样的酶称为单纯酶。如果酶分子中除了蛋白质外，还结合着非蛋白成分，这样的酶称为结合酶。结合酶中的非蛋白成分有金属离子，或铁卟啉，或含B族维生素的小分子有机物等。结合酶只有在蛋白质与非蛋白成分结合在一起时才具有催化活性，这样的结合酶称为全酶（holoenzyme）。此外，近年来还发现了具有催化功能的核酶（ribozyme）、抗体酶（abzyme）和模拟酶（model enzyme）等其他酶类。

二、酶的命名和分类

至今已发现各种各样的酶有数百种，为了更有效地了解酶和研究酶，对每种酶进行了命名和归类。根据酶所催化的反应性质不同，将酶分成氧化还原酶（oxidoreductase）、转移酶（transferase）、水解酶（hydrolase）、裂合酶（1yase）、异构酶（isomerase）和合成酶（1igase）六大类。

实际上平时往往以酶所催化的底物和（或）酶所催化的反应类型为依据给酶命名并进行分类，如水解蛋白质的酶称为蛋白酶，催化还原反应的酶称为还原酶，催化琥珀酸脱氢反应的酶称为琥珀酸脱氢酶。此外，在上述依据的基础上再加上酶的其他特点给酶命名，如碱性磷酸酶。

酶的这种命名方法比较简单，常常被采用，已形成习惯，被称为习惯命名法。

三、酶的活性单位

酶的活性单位也称酶的活力单位，是指在规定条件下，酶促反应在单位时间内消耗一定数量底物或生成一定数量产物所需的酶量，也就是在规定条件下，1 min内能使1 μmol底物转变的酶量作为一个酶国际单位（IU），即1IU=1μmol/min。但在实际工作中，往往更看重酶的容积活性（volume activity），1μL酶液中具有的酶活性单位，即U/μL。试剂公司提供的酶包装上通常标明总的酶活性单位数和容积活性。

四、酶的特性

酶作为催化剂，具有一般催化剂的性质，也就是可以加速化学反应的进行，但是不影响反应的方向，不改变反应的平衡常数，而且其本身在反应前后没有质和量的改变。此外，酶作为生物催化剂，与一般催化剂相比还具有以下特性。

1. 酶催化反应的高效性

酶是高效的生物催化剂，如某种化学反应在不加酶时需好几个小时才能完成，而加酶后不到1 s就能完成。

2. 酶催化反应的高度特异性

酶的催化特异性或专一性表现在它对底物的选择性和催化反应的特异性两方面，也就是一种酶只能催化一种或一类底物完成某种化学反应。

3. 酶催化反应的可调节性和高度严格有序性

酶作为生物体的组成成分之一，在体内不断新陈代谢，其催化活性是受多方面因素调节的。正因为如此，虽然一个活细胞内可以同时进行数以百计的酶促反应，但是这些反应往往是相互联系又先后高度严格有序的，使细胞内的各种化学反应总是有条不紊、协调一致，完成细胞的一生。

4. 酶催化反应的温和性

酶所催化的化学反应一般是在常压、常温（35℃ ~ 50℃）和pH为4.5 ~ 8.0等温和条件下进行的。

5. 酶的易变性

如上所述，大多数酶是蛋白质或是以蛋白质为主体结合其他成分的结合体，因此酶本身易被高温、强酸、强碱等极端因素破坏，导致酶结构的改变而发生变性，失去催化活性。

五、影响酶催化反应的因素

在体外的反应系统中，酶的催化反应能得以进行，除了适量的酶和酶作用底物外，还需要满足酶催化反应的各种条件，其中任何一项发生变化都会影响酶的催化反应。此外，如果在反应系统中有意无意地多了激活剂或抑制剂，也会相应地激活或抑制酶的活性。

1. 酶浓度

酶是酶催化反应的主角，酶的浓度对催化反应的速度起着关键性的作用。当反应系统中底物的含量足够高时，在合适的温度、pH等反应条件下，酶的反应速度与酶的浓度成正相关。

2. 底物浓度

底物浓度对酶催化反应速度的影响比较复杂。在适宜的温度、pH等反应条件下，当底物浓度处在某限定范围内时，底物浓度从低到高，反应速度也随着提高，呈现出反应速度与底物浓度成正比的关系；当底物浓度超过此限定范围时，底物浓度继续提高，反应速度也会随着提高，但提高速率放慢，直至不再提高。

3. pH

酶促反应的反应系统中，pH高低会影响酶促反应的速度，其中酶促反应速度达到最高时的pH称为该酶的酶促反应最适pH（optimun pH）。但是酶的酶促反应最适pH往往会因其他因素的改变而变化，所以酶促反应最适pH，不是酶的特征性常数。多数植物和微生物来源的酶最适pH为4.5～6.5，动物来源的酶最适pH为6.5～8.0。而强酸、强碱会造成酶变性失活。反应系统中pH是由配制的缓冲液提供的。

4. 温度

酶催化的化学反应虽然是在常温下进行的，但是在一定温度范围内升温降温都会影响酶促反应的速度，随温度升高而加速，达到某一温度后反应速度反而下降。所以，以酶反应速度（v）对温度（t）作图，可得到一条钟罩形曲线。曲线顶部显示的温度称为该酶的酶促反应的最适温度。但是酶的酶促反应最适温度同最适pH一样，往往会因其他因素的改变而变化，所以酶的催化反应最适温度也不是酶的特征性常数。此外，当升温超过一定范围后可导致酶变性失活。

5. 激活剂和抑制剂

激活剂指能提高酶活性和加速酶促反应进行的物质；相反，抑制剂指能使酶活力降低的物质。在一般的酶促反应中是不添加这些物质的，只有在有特殊需要时才会使用，尤其是抑制剂。

六、其他类型的生物催化剂

1. 核酶（ribozyme）

一般指具有催化功能的RNA分子，因为在生物细胞内只发现具有催化功能的RNA，所以核酶亦称酶RNA、RNA催化剂。但是近来发现人工合成的一些DNA也具有催化活性，所以从广义上说核酶是具有酶催化功能的核酸，包括RNA核酶和DNA核酶。由于核酶的化学本质是核酸，所以核酶的发现打破了酶是蛋白质的传统观念。

核酶与化学本质为蛋白质或以蛋白质为主体的酶相比，其在细胞内的数量极少，多数参与RNA的加工，并且催化效率较低。核酶可用于RNA重组和调控基因表达等方面的分子生物学研究。并在医学上也有其用武之地，可用于切割致病基因的转录产物，阻断致病基因功能，进而控制和治疗遗传性疾病、肿瘤及病毒感染性疾病等。

2. 抗体酶（abzvme）

又称催化抗体（catalytic antibody），是一种具有催化功能的抗体分子，是将抗体的高度选择性和酶的高效催化能力巧妙结合的新型酶制剂。其实质是一类在抗体可变区赋予了类似天然酶活性的免疫球蛋白。抗体酶之所以具有催化活力，是因为它能特异性地结合并稳定化学反应的底物激态（过渡态），从而降低反应能级，加速反应的进行。

抗体酶具有极大的应用潜力，它既有酶的功能，可以催化底物，又有抗体的性质，能识别和捕获抗原，通过免疫系统产生的不同抗体酶可用来摧毁病原菌及癌细胞。

3. 模拟酶（model enzyme）

根据酶的催化活性位点只是酶大分子中的很小一部分的特性模拟酶的结构，人工合成可结合底物并具有天然酶相似催化功能的小分子，即人工模拟酶，简称模拟酶。模拟酶的特点是它的稳定性优于天然酶。至今正在研制的模拟酶有环糊精模拟酶、大环聚醚模拟酶、膜体系模拟酶、聚合物模拟酶、金属卟啉模拟酶和肽酶等。模拟酶的广泛应用将推进化学工业的深刻变革。

七、基因工程操作中应用的酶

基因工程的很多操作步骤需要相应的酶参与才能完成，举例如下。

（1）从生物材料中提取DNA或RNA的过程中，有的需用溶菌酶、纤维素酶或蛋白酶裂解细胞，有的需用DNA酶或RNA酶降解污染的其他DNA或RNA。

（2）以RNA分子为模板合成互补的cDNA链时需要反转录酶，进一步合成cDNA的第二条链时需要DNA聚合酶Ⅰ或其大片段（Klenow）。

（3）体外聚合酶链式反应（PCR）扩增DNA片段时需要耐热性DNA聚合酶或转录酶。

（4）为了切割DNA分子获得符合要求的DNA片段，需要限制性内切核酸酶。

（5）对DNA片段进行必要的修饰时需要合适的修饰酶（modification enzyme）。

（6）两个DNA片段进行连接时需要DNA连接酶。

（7）为了检测DNA或RNA，需要DNA聚合酶Ⅰ或其大片段（Klenow）制作DNA标记探针，需要多核苷酸激酶催化多核苷酸5'羟基末端磷酸化制备末端标记探针。

其实，在基因工程实际操作中使用的酶远不止这些，且随着生物科学和技术的发展，还会有新的酶用于基因工程。

在开展基因工程研究的一般实验室里，用得较多的工具酶是切割DNA的限制性内切核酸酶和连接DNA片段的连接酶。近年来随着PCR技术的广泛应用，耐热性DNA聚合酶成为越来越重要的工具酶。

现在发现的大多数基因工程工具酶源自不同的微生物，只有少数酶来自动物等其他生物。由于基因工程技术的迅猛发展，很多工具酶的基因已被克隆出来，所以目前厂商供应的工具酶基本上是用转基因大肠杆菌表达生产的。

第二节　限制性内切核酸酶

迄今为止，在生物界已发现了大量的内切核酸酶，根据各种内切核酸酶的性质将它们分为3种类型，即Ⅰ型内切核酸酶、Ⅱ型内切核酸酶和Ⅲ型内切核酸酶。而基因工程操作中真正有用的是Ⅱ型内切核酸酶，即限制性内切核酸酶（restriction endonuclease），它是一类能识别双链DNA中特殊核苷酸序列（识别序列），并在识别序列上使每条链的一个磷酸二酯键断开的内脱氧核糖核酸酶（endo-deoxyribonuclease）。

限制性内切核酸酶一般是以第一次提取到这类酶的生物的属名的第一个字母和种名的第一、二个字母命名的，有的在后面还加菌株（型）代号中的一个字母。如果从同一种生物中先后提取到多种限制性内切核酸酶，则依次用罗马数字Ⅰ、Ⅱ、Ⅲ表示，并且名称的前三个字母须用斜体，第一个字母用大写。例如，从*Hae*mophilus influenzae Rd中提取到的第三种内切核酸酶被命名为*Hin* dⅢ。

DNA能在体外重组，首先必须获得需要重组和能够重组的DNA片段。这样的DNA片段主要是用限制性内切核酸酶酶切DNA分子（片段）获得的。因此，限制性内切核酸酶成为基因工程操作中的一种极其重要的工具酶。这类酶还是生物细胞内限制性修饰系统的一部分，可切割含有限制性内切核酸酶识别序列的外来DNA，而对细胞本身的DNA不会切割，这样既可防止外来DNA的入侵，又可以保护细胞原有的遗传信息。其原因是生物在长期的演化过程中，在含某种限制性内切核酸酶的生物体的细胞内，其DNA分子或者不具备这种限制性内切核酸酶的识别序列，或者通过甲基化酶把甲基转移到识别序列的碱基上，不能被这种限制性内切核酸酶切割。

迄今为止，已分离纯化的限制性内切核酸酶有上千种。这些限制性内切核酸酶主要是从原核生物中分离得到的，其中大部分是在细菌中发现的，少数霉菌和蓝藻中也发现有这类酶。其实在真核生物细胞中也有限制性内切核酸酶，只是分离和纯化比较困难。现在实验室所用的限制性内切核酸酶主要是由转基因大肠杆菌表达产生的。

一、限制性内切核酸酶的性质

虽然限制性内切核酸酶酶切DNA的方法十分简单，但是在实验设计时如何选择和应用合适的限制性内切核酸酶却是非常复杂的，往往会因为一个酶切位点选择不当而事倍功半，甚至根本无法达到预期目标。为了能够合理选用限制性内切核酸酶，就必须深入了解限制性内切核酸酶的性质。

（一）限制性内切核酸酶的作用机制

限制性内切核酸酶以环状和线形的双链DNA为底物，在合适的反应条件下，识别一定的核苷酸序列，使两条核糖核苷酸链上特定位置的磷酸二酯键断开，产生具有3'-羟基（—OH）和5'-磷酸基（—P）的DNA片段（如图3-1）。

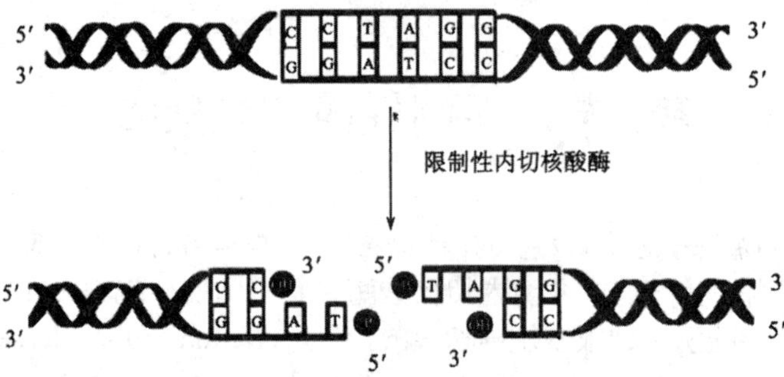

图3-1 限制性内切核酸酶作用机制示意图

（二）限制性内切核酸酶的识别序列

限制性内切核酸酶在双链DNA上能识别的特殊核苷酸序列被称为识别序列，也被称为靶序列或识别位点。不同限制性内切核酸酶各有相应的识别序列。现在发现的多数限制性内切核酸酶的识别序列由6个核苷酸对组成，如常用的限制性内切核酸酶*EcoR*Ⅰ、*Hin* dⅢ和*Bam*H Ⅰ的识别序列分别是$\frac{\text{GAATTC}}{\text{CTTAAG}}$、$\frac{\text{AAGCTT}}{\text{TTCGAA}}$和$\frac{\text{GGATCC}}{\text{CCTAGG}}$。少数限制性内切核酸酶的识别序列由4个或5个核苷酸对组成，或者多于6个核苷酸对组成的，如Sau 3 A的识别序列是$\frac{\text{GATC}}{\text{CTAG}}$，*Mae*Ⅲ识别序列是$\frac{\text{GTNAC}}{\text{CANTG}}$，*Dra*Ⅱ的识别序列是$\frac{\text{PuGGNCCPy}}{\text{PyCCNGGPu}}$，*Not* Ⅰ的识别序列是$\frac{\text{GCGGCCGC}}{\text{CGCCGGCG}}$，*Aso* Ⅰ的识别序列是$\frac{\text{GACNNNGTC}}{\text{CTGNNNCAG}}$，*Sfi* Ⅰ的识别序列是

$\frac{\text{GGCCNNNNNGGCC}}{\text{CCGGNNNNNCCGG}}$ 等（N代表A或T或G或C，Pu代表A或G，Py代表T或C）。从以上列举的各种限制性内切核酸酶的识别序列可以看出，它们具有共同的规律性，即识别序列的对称性。由偶数核苷酸对组成的识别序列，如$\frac{\text{GA}\mid\text{TC}}{\text{CT}\mid\text{AG}}$和$\frac{\text{AAG}\mid\text{CTT}}{\text{TTC}\mid\text{GAA}}$，以中线为纵轴，一侧的核苷酸序列以横线为轴旋转180°后，纵轴两侧的序列就呈左右对称，称为旋转对称或双重互补对称。$\frac{\text{GTNAC}}{\text{CANTG}}$ 和 $\frac{\text{PuGGNCCPy}}{\text{PyCCNGGPu}}$ 等奇数核苷酸对组成的识别序列，则以$\frac{\text{N}}{\text{N}}$为轴，两侧的核苷酸成180°旋转对称。为了便于书写，识别序列可以以5'→3'走向的单链核苷酸序列表示，如识别序列$\frac{5'-\text{AAGCTT}-3'}{3'-\text{TTCGAA}-5'}$则可以写成AAGCTT。

根据识别序列的规律性，不难从成千上万，甚至几千万个核苷酸组成的DNA分子中找出可能是限制性内切核酸酶的识别序列。找由偶数核苷酸对组成的识别序列，可先找GC或CG或AT或TA，然后找其两侧的核苷酸，若各有一个核苷酸是互补对称的，则是4个核苷酸对的识别序列，如AGCT；若各有两个核苷酸互补对称的，则是6个核苷酸对的识别序列，如AAGCTT；找由奇数核苷酸对组成的识别序列，可先找出GNC或CNG或ANT或TNA，然后找其两侧的核苷酸，若各有一个核苷酸互补对称的，则是5个核苷酸对的识别序列，如GTNAC；若各有两个核苷酸互补对称的，则是7个核苷酸对的识别序列，如PuGGNCCPy。现在可以用电脑非常容易地从很长的DNA分子中准确地找出所有可能是限制性内切核酸酶的识别序列。不过至今还有很多识别序列相对应的限制性内切核酸酶还没有找到，随着对不同生物的限制性内切核酸酶的深入研究，逐渐会找到那些识别序列相对应的限制性内切核酸酶。

一般说来，同一种DNA分子中，识别序列短的出现概率大，识别序列长的出现概率小。原则上有n个核苷酸对的识别序列的出现概率为$1/4^n$。例如，Sau 3 A的识别序列只有4个核苷酸对GATC，则间隔256（4^4）个核苷酸对就有一次机会出现这个识别序列；*Not* Ⅰ的识别序列有8个核苷酸对GCGGCCGC，则需间隔65 536（4^8）个核苷酸对才有一次机会出现这个识别序列。在一个DNA分子中，识别4个核苷酸对的识别位点太多，识别8个核苷酸对的识别位点又太少。换句话说，识别4个核苷酸对的限制性内切核酸酶将DNA切得太短，识别8个核苷酸对的限制性内切核酸酶将DNA切得太长，而识别6个核苷酸对的限制性内切核酸酶无论是酶切位点还是酶切后的DNA片段长度都处于中等。因此，要获得不同长度的DNA片段，就得选用识别序列长短不同的限制性内切核酸酶进行切割。

但实际上未必所有的限制性内切核酸酶识别序列出现的概率都符合以上规律。往往是富含AT的识别序列在富含AT的DNA分子中出现的概率高，在富含GC的DNA分子中出现的概率低；相反，富含GC的识别序列在富含AT的DNA分子中出现的概率低，在富含GC的DNA分子中出现的概率高。由于那些长的识别序列和富含GC或富含AT的识别序列在DNA分子中出现的概率很低，所以把这些识别序列相应的限制性内切核酸酶称为稀切酶（rare cutting enzymes）。为了获得大的片段，有时需采用稀切酶切割。已发现多种限制性内切核酸酶属稀切酶。除表中所列的稀切酶外，富含GC识别序列的稀切酶还有*Apa* Ⅰ（GGGCCC）、*Bgl* Ⅰ（GCCN$_5$ GGC）、*Bss* HⅡ（GCGCGC）、*Ecl* Ⅺ和*Xma* Ⅲ（CGGCCG）、*Ksp* Ⅰ和*Sac* Ⅱ

（CCGCGG）、*Nat* Ⅰ（GGCGCC）和*Sma* Ⅰ（CCCGGG）；富含AT识别序列的稀切酶还有*Asn* Ⅰ和*Ase* Ⅰ（ATTAAT）、*Dra* Ⅰ（TTTAAA）和*Ssp* Ⅰ（AATATT）。

有的限制性内切核酸酶可识别两种以上的核苷酸序列，如Acc Ⅰ既可识别GTATAC，又可识别GTCGAC；Dde I可识别的核苷酸序列有CTAAG、CTTAG、CTGAG和CTCAG。这样的限制性内切核酸酶为获得多种酶切片段提供了方便。

另有一些限制性内切核酸酶虽然来源不同，但是具有相同的识别序列。这样的限制性内切核酸酶被称为同裂酶（isoschizomer）。例如，*Barn*H Ⅰ和*Bst* Ⅰ为同裂酶，具有相同的识别序列GGATCC。同裂酶可以具有不同的切割位点，也可以具有相同的切割位点。前者肯定是两种不同的限制性内切核酸酶，而后者往往是从不同生物中提取到的同一种限制性内切核酸酶。

（三）限制性内切核酸酶切割DNA的位点

DNA在限制性内切核酸酶的作用下，使多聚核苷酸链上磷酸二酯键断开的位置称为切割位点，用↓或/表示，如 $\begin{matrix}5'-\mathrm{C\,TGCA}\downarrow\mathrm{G}-3'\\3'-\mathrm{G}\uparrow\mathrm{ACGT\,C}-5'\end{matrix}$ 。为便于书写，限制性内切核酸酶在双链上的切割位点，可用CTGCA↓G表示；$\begin{matrix}5'-\mathrm{AG}\downarrow\mathrm{CT}-3'\\3'-\mathrm{TC}\uparrow\mathrm{GA}-5'\end{matrix}$ 可用AG↓CT表示。

限制性内切核酸酶在DNA上切割的位点一般在识别序列内部，如G↓GATCC、AT↓CGAT、GTC↓GAC、CCGC↓GG、AGCGC↓T等；少数在识别序列的两侧，如↓GATC、CATG↓、↓CCAGG等。

在一个环状DNA分子上，若某种限制性内切核酸酶只有一个识别序列，用这种酶酶切后产生一个线形DNA片段，类推有*n*个识别序列，经过完全酶切后就可以得到*n*个DNA片段。在一个线形DNA分子上若某种限制性内切核酸酶有*n*个识别序列，经过完全酶切后可得*n*+1个DNA片段。

DNA分子（片段）经限制性内切核酸酶酶切产生的DNA片段末端，因所用限制性内切核酸酶的不同而不同，通常有两种形式。其一，两条DNA链上磷酸二酯键断开的位置是交错的，酶切结果使DNA片段末端的一条链多出1至几个核苷酸，可同另一DNA片段互补核苷酸末端黏结，这样的DNA片段末端称为黏性末端。如果DNA片段末端的3'端比5'端长的称为3'黏性末端（如图3-2A）；同样，DNA片段5'端比3'端长的称为5'黏性末端（如图3-2 B）。其二，两条DNA链上磷酸二酯键断开的位置处在识别序列的对称结构中心，酶切割产生的DNA片段末端是平齐的，称之为平末端（如图3-2 C）；核苷酸对为奇数的识别序列被相应的限制性内切核酸酶切割后，产生的末端都是黏性末端（如图3-2 D）。

有些限制性内切核酸酶虽然识别序列不同，但是酶切DNA分子所得的DNA片段具有相同的黏性末端，这样的一组限制性内切核酸酶称为同尾酶（isocaudamer）。例如，*Taq* Ⅰ、*Cla* Ⅰ和*Acc* Ⅰ为一组同尾酶，它们的识别序列和切割位点分别是T↓CGA、AT↓CGAT和GT↓CGAC，这3种限制性内切核酸酶分别酶切各自识别序列的DNA分子，均产生5'CG黏性末端。同尾酶在基因重组操作中有特殊的用途，当两种准备连接重组的DNA分子中没有相同的限制性内切核酸酶识别序列时，或者虽然有相同的识别序列，但不宜采用时，如果分别在这两种DNA分子的合适部位存在同组同尾酶的识别序列，就可以采用同尾酶酶切，会产生互补的黏性末端，同样可以连接重组。

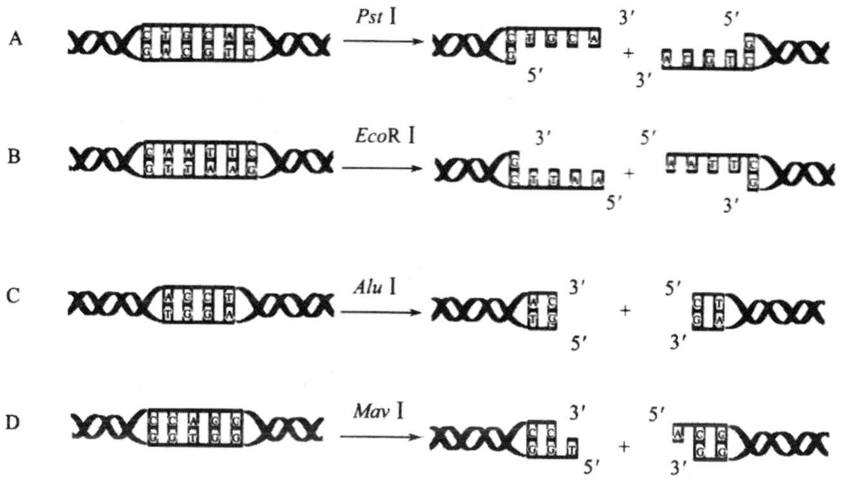

图3-2 DNA分子经限制性内切核酸酶切割产生的DNA片段末端

二、限制性内切核酸酶的质量鉴定

从供应商那里新购买的限制性内切核酸酶，或者在冰箱保存了一段时间的限制性内切核酸酶，在使用之前最好先对其进行质量鉴定，质量鉴定内容包括活性鉴定和纯度鉴定。

（一）限制性内切核酸酶的活性鉴定

限制性内切核酸酶的催化活性单位是根据某种内切酶在最适反应条件下完全酶切一定量底物DNA所需的最小酶量来定的。一般是把某种限制性内切核酸酶在最适反应条件下，60 min内完全酶切1μg λDNA所需的最小酶量定为1个活性单位。测定方法如下。

从待测限制性内切核酸酶液中取1μL，加随酶提供的缓冲液4μL（稀释5倍），混匀后取1μL再加随酶提供的缓冲液4μL（稀释25倍），如此进行系列稀释。然后从系列稀释酶液中各取1μL，分别移入大小合适、带盖的一系列Eppendorf管（EP管）中。各管中再加1μg λDNA和随酶提供的缓冲液至总体积50 μL。混匀后，在该酶最适反应温度的恒温水浴锅中反应60 min后，立即终止反应，从各管中吸取一部分进行琼脂糖凝胶电泳。电泳结束后，比较凝胶上显示的酶切DNA条带图谱，其中开始出现与该酶标准条带图谱一样，且非常清晰而没有拖尾的那个酶量，就是完全酶切底物DNA所需的最小酶量（如图3-3）。然后根据用于酶切反应的酶的稀释倍数换算该待测内切酶的总活性单位。如果完全酶切底物DNA所需的最小酶量的稀释倍数为125倍，则待测限制性内切核酸酶的催化活性在125 U以上。为进一步测定待测限制性内切核酸酶液，使比较接近其真实催化活性，可继续取稀释125倍、150倍、175倍、200倍、225倍的酶液，按上述方法进行酶切反应和电泳。如果从凝胶上显示的系列酶切DNA条带图谱中，稀释150倍的酶液可完全切割底物DNA，则待测限制性内切核酸酶酶液的催化活性应为150 ~ 175U。

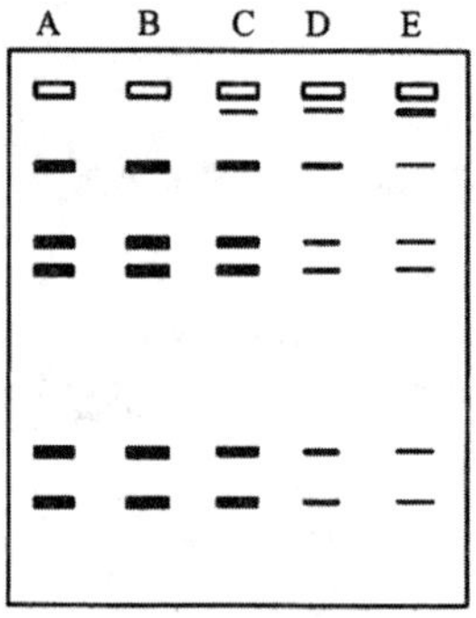

图3-3　测定限制性内切核酸酶酶液催化活性的示意图
A.稀释125倍；B.稀释150倍；
C.稀释175倍；D.稀释200倍；
E.稀释225倍

（二）限制性内切核酸酶的纯度鉴定

限制性内切核酸酶的纯度直接关系到酶切获得的DNA，片段是否符合后续实验操作和分析的要求。影响限制性内切核酸酶纯度的原因主要是混杂了核酸外切酶、磷酸酶、核酸酶和其他内切核酸酶等。鉴定限制性内切核酸酶纯度的方法有DNA酶切片段的凝胶电泳图谱鉴定法、酶切DNA片段连接鉴定法、底物DNA的降解鉴定法和非特异性内切酶污染鉴定法等。

1. DNA酶切片段的凝胶电泳图谱鉴定法

这是鉴定限制性内切核酸酶产品纯度的简单有效方法。取过量待鉴定的限制性内切核酸酶，在该内切核酸酶最适的酶切条件下，酶切有已知该内切核酸酶酶切位点的DNA分子，然后进行琼脂糖凝胶电泳。电泳结束后，在凝胶上显示的条带图谱同用纯的该内切核酸酶酶切相同DNA分子的条带图谱进行比较，如果两者的条带图谱一样，表明待鉴定的限制性内切核酸酶产品是纯的（如图3-4 B1）；如果出现了额外的条带，表明待鉴定的限制性内切核酸酶产品中存在其他内切核酸酶（如图3-4 B2）；如果出现了“火箭拖尾”现象，表明待鉴定的限制性内切核酸酶产品中存在外切核酸酶和（或）核酸酶（图3-4 B3）。

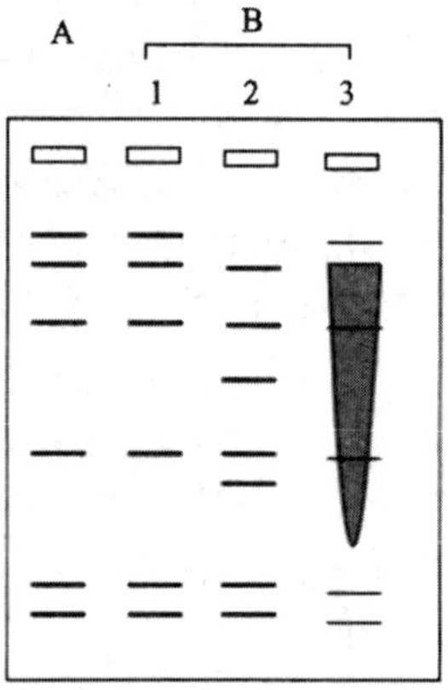

图3-4　DNA酶切片段的凝胶电泳图谱鉴定示意图
A.纯限制性内切核酸酶酶切某种DNA分子的条带图谱；
B.待鉴定的限制性内切核酸酶酶切同种DNA分子的条带图谱

为了鉴定限制性内切核酸酶样品是否受非特异性内切酶的污染，更简单的方法是在两个Ep管内，分别加入1μg底物DNA和随酶提供的缓冲液至50μL，再加入适量待鉴定的限制性内切核酸酶，在适宜的温度下分别酶切1 h和过夜，并进行琼脂糖凝胶电泳检测。然后比较该酶酶切过夜的条带图谱和酶切1 h的特征条带图谱。若两者的条带图谱都很清晰，并且完全一样（如图3-5），则表明待鉴定的限制性内切核酸酶样品中不存在非特异性的DNA酶。

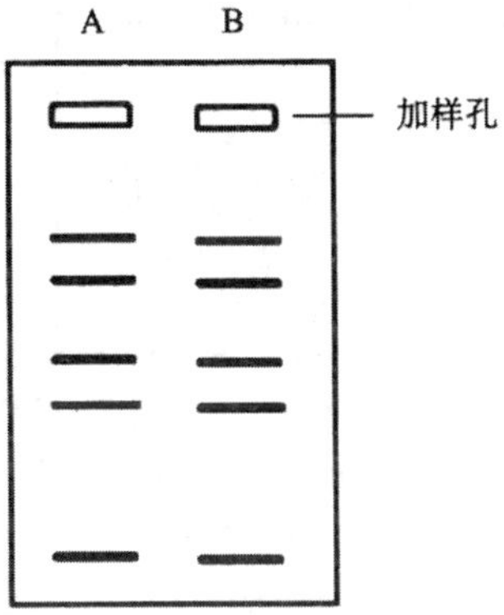

图3-5　检测非特异性内切酶污染示意图
A.酶切1 h的特征条带图谱;B.酶切过夜的条带图谱

此外，为了鉴定限制性内切核酸酶样品是否受非特异性内切核酸酶的污染，也可用待鉴定的限制性内切核酸酶酶切无该酶识别序列的超螺旋DNA，并进行琼脂糖凝胶电泳检测。如果电泳检测结果出现了与原超螺旋DNA不同的条带，表明待鉴定限制性内切核酸酶样品中存在非特异性内切核酸酶；相反，则表明鉴定限制性内切核酸酶样品中不存在非特异性内切核酸酶。因为超螺旋DNA被非特异性内切核酸酶作用后容易变成具有单一非特异性缺口的开环状DNA，在琼脂糖凝胶电泳时迁移率变慢（如图3-6）。不过导致超螺旋DNA开环的因素，除了非特异性内切核酸酶外，高温也可以导致超螺旋DNA开环。

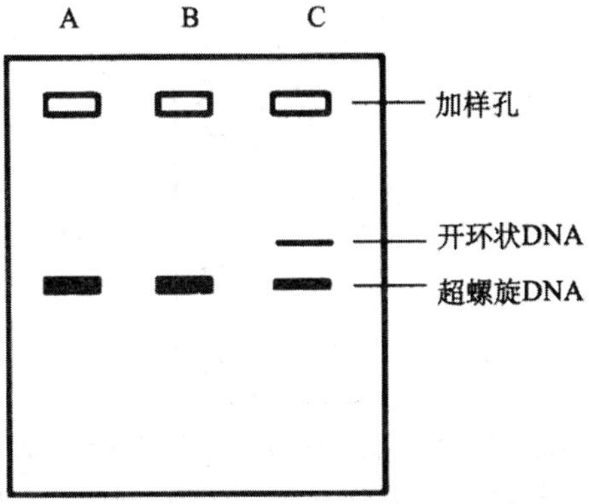

图3-6　检测非特异性内切核酸酶污染示意图
A.未被内切核酸酶酶切的超螺旋DNA图谱;
B.未被非特异性内切核酸酶污染的限制性内切核酸酶酶切的图谱;
C.被非特异性内切核酸酶污染的限制性内切核酸酶酶切的图谱

为了鉴定限制性内切核酸酶样品是否受外切核酸酶的污染，可用待鉴定的限制性内切核酸酶酶切无该酶识别序列的DNA片段，如果待鉴定的限制性内切核酸酶被核酸外切核酸酶污染，则DNA片段会随着酶切作用时间的延长而缩短；如果待鉴定的限制性内切核酸酶未被核酸外切核酸酶污染，则DNA片段长度不变（如图3-7）。

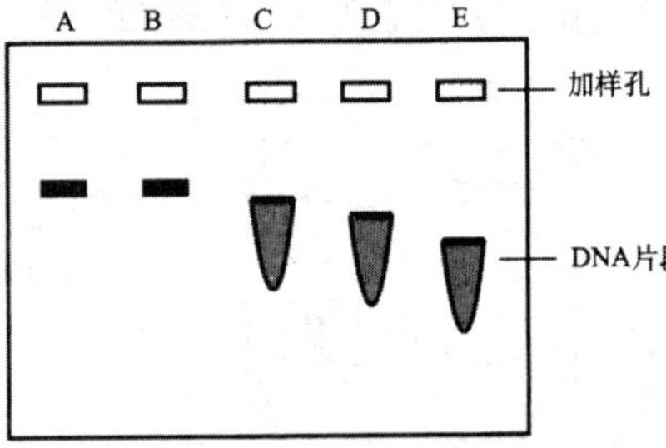

图3-7　检测外切核酸酶污染示意图

A.未被限制性内切核酸酶酶切的图谱；B.被限制性内切核酸酶酶切的图谱；

C～E. 被外切核酸酶污染的限制性内切核酸酶酶切的图谱

2. DNA酶切片段末端完整性鉴定

鉴定新购买限制性内切核酸酶质量好坏的一个标志是DNA酶切片段末端的完整性，可用DNA酶切片段连接法进行鉴定。一种比较简单的方法是，先用待鉴定的内切核酸酶酶切底物DNA获得的DNA片段用过量的T4 DNA连接酶连接，连接后的DNA再用待鉴定的内切核酸酶酶切，然后用琼脂糖凝胶电泳鉴定酶切、连接、再酶切的效果（如图3-8）。如果底物DNA被待鉴定的内切核酸酶酶切后获得的DNA片段都保留完整的3'和5'端，这样的DNA片段都能重新连接成同原底物DNA一样的DNA，原来的识别位点完全恢复，可以被待鉴定的内切核酸酶重新酶切。如果DNA被待鉴定的内切核酸酶酶切后获得的DNA片段的3'端和5'端发生了变化，则这样的所有DNA片段就不能重新连接成同原底物DNA一样的DNA，也无法再用待鉴定的内切核酸酶酶切。

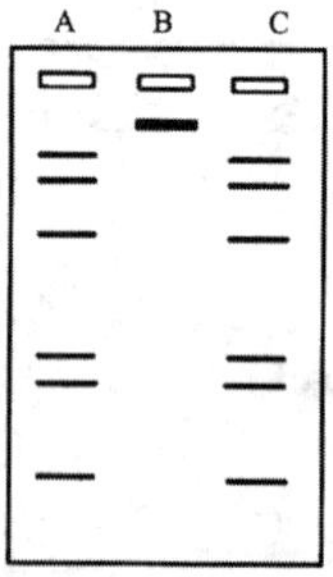

图3-8　DNA酶切片段的连接鉴定示意图

A.待鉴定的内切核酸酶酶切底物DNA；B.DNA片段用T4 DNA连接酶连接；

C.待鉴定的内切核酸酶重新酶切连接后的DNA

三、限制性内切核酸酶的反应系统

限制性内切核酸酶同其他酶类一样，反应系统除酶外还应包括底物和反应缓冲液，并且还需要合适的反应温度。

（一）底物DNA

如上所述，限制性内切核酸酶的底物是双链DNA分子（或片段），但是其对DNA分子（或片段）上识别序列的切割效率与DNA样品纯度、DNA分子构型、识别序列两侧序列长短及识别序列碱基是否甲基化等密切相关。

1. DNA纯度

在DNA样品中若含有蛋白质，或者没有去除干净制备过程中所用的乙醇、EDTA、SDS、酚、氯仿和某些金属离子，均会降低限制性内切核酸酶的催化活性，甚至使其不起作用。因此，用于酶切的DNA样品应尽可能进行有针对性的纯化。如果受到条件限制，必须在DNA纯度不高的情况下进行酶切，就需要增加酶的用量，扩大反应系统体积，延长反应时间和添加亚精胺（spermidine）。

2. DNA分子构型

限制性内切核酸酶酶切线形DNA分子的效率明显高于酶切超螺旋质粒DNA和环状病毒DNA的效率。

3. 识别序列的两侧序列

大多数限制性内切核酸酶对只含识别序列的寡核苷酸链是不具催化活性的，如仅含GAATTC的寡核苷酸链不会被*Eco*R Ⅰ酶切，只有在GAATTC寡核苷酸链两侧各延长一个或几个核苷酸后，才能被*EcoR* Ⅰ有效酶切。因此人工设计合成的*Eco*R Ⅰ连杆不是GAATTC，而是GGAATTCC。然而在这种情况下，完成酶切反应仍需要较多的酶量和较长的反应时间。只有当两侧序列增加到一定长度后，才能达到正常的酶切效率。同样的原因，在设计合成PCR引物时，若在PCR产物末端需要有某种限制性内切核酸酶的识别序列，则处于末端的识别序列的一侧应该有一个或几个“保护”的核苷酸，例如，设计合成的引物5'-GGGCATG-CAAGGATCCGACGCAGCT-3'中，GCATGC是*Sph* Ⅰ的识别序列，为了保证*Sph* Ⅰ的有效识别和酶切，在其5'端加上了两个核苷酸GG。但也有例外，*Sal* Ⅰ和*Sac* Ⅰ等限制性内切核酸酶的识别序列两侧不加“保护”核苷酸，同样可以被识别和酶切。

4. 位点偏爱（site preferences）

不仅两侧序列长短与限制性内切核酸酶的酶切效率有关，而且发现两侧序列的核苷酸组成与切割效率也有关系。例如，在pBR 322 DNA分子上有限制性内切核酸酶*Nae* Ⅰ的4个识别序列，在未经过特殊位点甲基化修饰的情况下，其中两个识别序列可迅速被*Nae* Ⅰ酶切，第3个识别序列稍缓酶切，而位于1285处的第4个识别序列，酶切的效率只有其他识别序列的1/15。这意味着，在反应系统中作用一定时间后，3个识别序列（403、771和931的3个位置）完全被*Nae* Ⅰ酶切时，1285位置的识别序列只是部分被酶切。*Eae* Ⅰ、*Nat* Ⅰ、*Sac* Ⅱ和*Xma* Ⅲ也存在类似的“低效”切割识别序列。这种现象被认为与识别序列两侧的核苷酸组成有关，称为位点偏爱。

5. DNA甲基化

用生物材料制备的DNA样品，有些核苷酸的碱基往往被甲基化。一旦在识别序列中的核苷酸被甲基化，就会影响限制性内切核酸酶的酶切效率。

（二）限制性内切核酸酶的用量

反应系统中限制性内切核酸酶的用量，主要取决于酶本身的催化活性和底物DNA样品。当酶切反应系统中被酶切的DNA样品确定后，为了完全酶切此DNA样品，酶的用量视酶的催化活性而定。酶活性高的用量少，反之则多。

如上所述，对于能被高效酶切的DNA样品，用酶量少；反之则多。但是限制性内切核酸酶有效作用的不是DNA分子（片段）的全序列，而是其中特定的识别序列。因此，等量的两种DNA样品，由于含同种限制性内切核酸酶识别序列的密度不同，用酶量也不同。密度大的用酶量多，密度小的用酶量少。

（三）限制性内切核酸酶反应缓冲液

每种限制性内切核酸酶只有在适宜的反应缓冲液中才具有最强的催化活性。限制性内切核酸酶的反应缓冲液中一般含有50 ~ 100 mmol/L NaCl、10 ~ 50 mmol/L Tris-HCl（pH 8.0，25℃）、10 mmol/L $MgCl_2$、1 mmol/L DTT（二硫苏糖醇）和0.1 mg/m L BSA。少数情况下，在反应缓冲液中加有低于0.1%的Triton X-100，或者用KCl替代NaCl，Tris-Ac替代Tris-HC1。不过厂家提供某种限制性内切核酸酶时，一般同时提供一种相应的反应缓冲液，其浓度是反应缓冲液的5倍或10倍，使用时只需分别加反应总体积的1/5或1/10。

不管采用何种反应缓冲液，反应缓冲液的pH对酶的催化活性起着十分重要的作用，多数限制性内切核酸酶酶切反应的最适pH为8.0。

（四）限制性内切核酸酶反应温度

大多数限制性内切核酸酶的最适反应温度是37℃，而少数最适反应温度高于或低于这个温度。

（五）限制性内切核酸酶酶切反应操作步骤和注意事项

1. 操作步骤

限制性内切核酸酶酶切反应的操作步骤视其要求不同而略有差异，最常用的是用一种内切核酸酶酶切底物DNA，即单酶切法，其操作步骤如下。

（1）在清洁干燥并经灭菌的具盖微量离心管（0.5 mL）中依次加入用灭菌双蒸水或TE缓冲液（10 mmol/L Tris-H C1，1 mmol/L EDTA，pH 8.0）溶解的酶切底物DNA约1 μL（约0.2 ~ 1 μg）、随酶提供的10 ×酶切缓冲液5 μL、1 ~ 2 μL限制性内切核酸酶（1 ~ 2 U），最后加灭菌双蒸水至反应体系总体积50μL。

（2）离心管盖严后，在振荡器上温和振荡几秒钟，或用手指轻弹离心管底部，使整个反应体系混合均匀，然后低速离心数秒钟，使可能沾在管盖和管壁上的液体集中于管底。

（3）混匀反应体系后，将离心管固定在适当的支持物上，置于所用限制性内切核酸酶反应最适温度的恒温水浴中处理2 ~ 3 h，使酶切反应完全。

（4）酶切反应到预定的时间后，将离心管转移到65℃的水浴中处理10 min.，以终止酶切反应；或者在反应体系中加入1/10体积0.5 mol/L的EDTA溶液（pH 8.0）以终止酶切反应。终止酶切反应也可采用乙醇沉淀处理，或者先用酚处理后再用乙醇沉淀处理，除去酶蛋白。终止酶切反应后把离心管置于冰箱中保存备用。

酶切反应结束后，为了了解酶切效果，一般采用琼脂糖或聚丙烯酰胺凝胶电泳检测酶切是否完全，产生的DNA片段大小是否与预知的一致。

2. 注意事项

（1）由于限制性内切核酸酶容易失活，一般是在-20℃的冰箱中保存，使用时应尽量减少其离开冰箱的时间，并且离开冰箱后应立即放在冰上（特别是夏天），用后把剩余的马上放入冰箱。当购买的酶包装量较大时，在使用前可进行分装保存。如果酶的浓变很高时，最好先用酶反应缓冲液（1×）进行稀释。此外，市场销售的酶液中含50%甘油，所以-20℃保存时不会冻结，但高浓度甘油会影响酶活性，因此，反应体系中，加酶液的量除了达到需要的酶活性单位外，还应控制反应体系中的甘油浓度低于10%。

（2）如果酶切的目的是为了回收酶切片段，应扩大反应体系的总体积，如200μL，相应增加反应体系各组分。

（3）从装有限制性内切核酸酶的容器中吸取酶液加到反应体系中时，必须用无菌吸头，并且操作尽可能快，用完后马上把装酶的容器放回-20℃冰箱中。如果容器中的酶液已很少，则弃之。

（4）对于那些最适反应温度较高的限制性内切核酸酶，终止酶切反应不宜采用热处理的方法。热处理不一定使酶完全失活，而需要用苯酚/氯仿/乙醇方法除去酶蛋白；电泳回收酶切片段也是一种常用的除酶手段。

（5）作为酶切底物的DNA样品中不能含有干扰限制性内切核酸酶活性的污染物，如制备DNA样品时采用的苯酚、乙醇等有机溶剂，这些物质会使酶变性或产生Star活性（星号活性）。如果DNA样品是用含EDTA的Tris缓冲液溶解的，则在反应体系中所加DNA样品的体积不能太大，否则DNA溶液中的EDTA会干扰酶切反应。如果反应体系中DNA浓度过高，使溶液黏度过大，会影响酶的有效扩散，导致酶切效果不好；相反，当反应体系中DNA浓度过低，也会影响酶活性。对于DNA浓度过高者，应该在DNA样品使用前先用无菌蒸馏水稀释；对于DNA浓度过低者，应该在DNA样品使用前先进行浓缩。此外，对于-20℃冰箱冻结保存的DNA溶液，使用前必须待其完全融化混匀后才能吸取。

（六）限制性内切核酸酶的Star活性

某些限制性内切核酸酶在特定条件下，可以在不是原来的识别序列处酶切DNA，这种现象称为Star活性，或称星号活性。Star活性出现的频率，因采用的限制性内切核酸酶、底物DNA和反应条件的不同而不同。几乎所有限制性内切核酸酶都具有Star活性。

由于限制性内切核酸酶的Star活性，会导致在DNA的切割反应过程中出现非特异性DNA片段，甚至不能获得预计的DNA片段，影响进一步的DNA连接重组。因此，为了避免产生Star活性，即使降低酶的切割效率，也要尽可能排除产生Star活性的条件。如可降低反应系统中甘油含量，控制在pH中性和高盐浓度下进行反应。

四、限制性内切核酸酶的酶切方法

无论是用生物材料制备的天然DNA，还是化学合成的DNA，往往需要用限制性内切核酸酶进行酶切，使其成为可用的DNA片段，即DNA分子的片段化。常用的酶切方法有单酶切、双酶切和部分酶切等。

1. 单酶切法

这是DNA片段化最常用的方法，用一种限制性内切核酸酶酶切DNA样品。若DNA样品是环状DNA分子，完全酶切后，产生与识别序列数（n）相同的DNA片段，并且DNA片段的两末端相同。若DNA样品本来就是线形DNA分子（片段），完全酶切产生n+1个DNA片段，其中有两个片段的一端仍保留原来的末端。

2. 双酶切法

这是用两种不同的限制性内切核酸酶酶切同一种DNA分子的方法。DNA分子无论是环状DNA分子，还是线形DNA片段，酶切产生的DNA片段的两个末端是不同的（用同尾酶酶切除外）。环状DNA分子完全酶切的结果，产生的DNA片段数是两种限制性内切核酸酶识别序列数之和。线形DNA片段完全酶切的结果，产生的DNA片段数是两种限制性内切核酸酶识别序列数加1。

双酶切的两种限制性内切核酸酶可以先后分别在不同的反应系统中酶切DNA样品。采用这种方法，应先用需要较低盐浓度缓冲液的酶进行酶切，然后调节缓冲液的盐浓度，再加入需要较高盐浓度缓冲液的酶进行酶切。如果两种限制性内切核酸酶的最适反应温度不同，则应先用最适反应温度较低的酶进行酶切，升温后再加入第二种酶进行酶切。若两种限制性内切核酸酶的反应系统相差很大，会明显影响双酶切结果，则可以在第一种酶酶切后，经过凝胶电泳回收需要的DNA片段，再选用合适的反应系统，进行第二种限制性内切核酸酶的酶切。

为了便于操作，双酶切也可以同时在同一反应系统中进行。如果双酶切的两种限制性内切核酸酶在某种缓冲液中均具有较高的催化活性，则可以考虑采用这种方法。若最适反应温度相差较大，还须采用先后分别切割的方法。如果最适反应温度高的那种限制性内切核酸酶的热稳定性强，则两种酶同时加入反应系统，待最适反应温度低的那种限制性内切核酸酶完全酶切后，升温至第二种酶的最适反应温度，完成第二种酶的完全酶切。

3. 部分酶切法

部分酶切指选用的限制性内切核酸酶对其在DNA分子上的全部识别序列进行不完全酶切。导致部分酶切的原因有底物DNA的纯度低、识别序列的甲基化、酶用量的不足及反应缓冲液和温度不适宜等。反应时间不足也会导致酶切不完全。部分酶切会影响获得需要的DNA片段的得率。但是从另一方面说，根据DNA重组设计的需要，专门创造部分酶切的条件，可以获得需要的DNA片段。当某种限制性内切核酸酶在待切割的DNA分子上有多个识别序列，并且其中一个识别序列正好在切割后需要回收待用的DNA片段上，若完全酶切，势必将此待用的DNA片段从中切断。在此情况下，对DNA样品进行部分酶切，经过凝胶电泳，根据待用DNA片段的大小，可回收待用的DNA片段（如图3-9）。

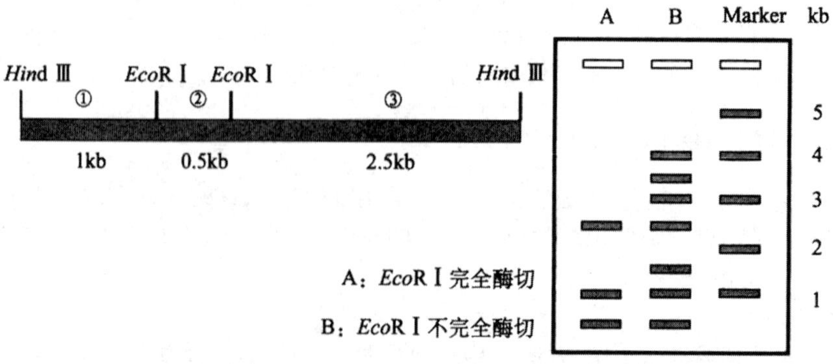

图3-9　DNA部分酶切片段凝胶电泳示意图

五、限制性内切核酸酶的应用

限制性内切核酸酶在分子生物学研究中是一种极其重要的工具酶。如上所述，用限制性内切核酸酶可以使DNA分子片段化，进而用于DNA分子的体外重组、建立DNA分子的限制性图谱（物理图谱）、限制性片段长度多态性分析及DNA序列分析等多个方面。

（一）用于DNA的体外重组

在基因工程操作中，限制性内切核酸酶是使用最频繁的工具酶，为DNA体外重组提供了可用的种种DNA片段。可以这样说，如果没有限制性内切核酸酶，就不会有现代的基因工程技术。因此，有3位科学家曾因发现限制性内切核酸酶而获1978年诺贝尔生理学或医学奖。

（二）用于绘制DNA分子（DNA片段）的限制性图谱

DNA分子（DNA片段）的限制性图谱（restriction map）也称为物理图谱（physicalm-ap），是指DNA分子上各种不同限制性内切核酸酶识别序列（酶切位点）有序分布、排列的图谱，它显示出各酶切位点之间的距离和基因组结构的真实情况。如果某种DNA分子的限制性图谱（物理图谱）只是显示一部分限制性内切核酸酶的识别序列，则将其称之为部分限制性图谱（物理图谱）（如图3-10）。

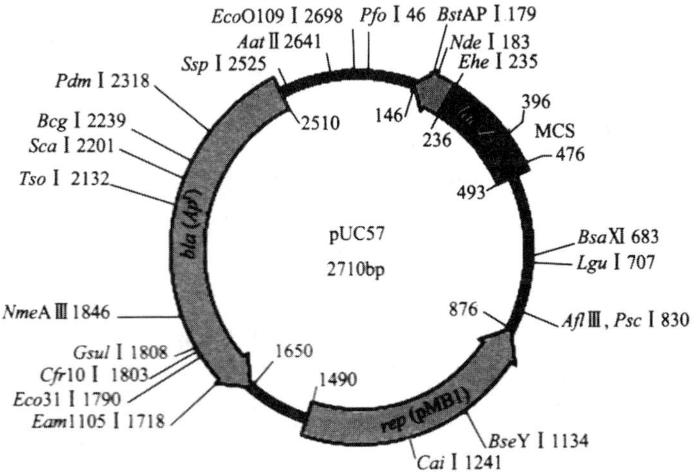

图3-10　pUC57部分限制性内切核酸酶的限制性图谱

1. 限制性图谱的绘制方法

当一种DNA分子的核苷酸序列被全部测定后，意味着此DNA分子上所有的限制性内切核酸酶识别序列也已全部知道，就可以绘制出该DNA分子的限制性图谱。对于未测定核苷酸序列的DNA分子来说，则可以采用限制性内切核酸酶酶切DNA分子的方法绘制出DNA分子限制性图谱。用限制性内切核酸酶绘制限制性图谱的方法介绍如下。

（1）双酶切法。

双酶切法是绘制限制性图谱的一种比较简单的方法，一般实验室都能完成。此方法适用于绘制未测定核苷酸序列的DNA分子的限制性图谱，现以质粒pPbS为例介绍绘制限制性图谱的程序。

①用一系列限制性内切核酸酶分别切割pPbS，确定在pPbS上有识别序列的限制性内切核酸酶及其在pPbS上的识别序列数目，并且用凝胶电泳检测估算出各切割片段的大小和整个pPbS的大小，以千碱基对（kb）表示。进一步用双酶切法酶切pPbS，经凝胶电泳检测估算出各切割片段的大小。

②根据酶切结果在pPbS环形图上任意确定一点，作为只有单一识别序列的限制性内切核酸酶*Eco*RⅠ的切割位点，以此作为pPbS DNA的核苷酸序列的起点（如图3-11 A）。

③根据*Eco*RⅠ和*Hpa*Ⅰ双酶切所得片段大小为1.4 kb和0.1 kb，可以确定*Hpa*Ⅰ的识别序列在*Eco*RⅠ识别序列上游0.1 kb处或下游1.4 kb处（如图3-11 B）。再根据*EcoR*Ⅰ和*Alu*Ⅰ双酶切所得片段大小为0.8 kb、0.4 kb和0.3 kb，以及*Hpa*Ⅰ和*Alu*Ⅰ双酶切所得片段大小为0.7 kb、0.5 kb和0.3 kb，符合酶切片段大小要求。*Hpa*Ⅰ的识别序列应该在0.1 kb处，*Alu*Ⅰ的识别序列应该在0.8 kb处和1.1 kb（1.5 ~ 0.4 kb）处（如图3-11 C）。由于待绘制限制性图谱的DNA分子的核苷酸序列是未知的，所以只能反映出各限制性内切核酸酶识别序列的相对位置。

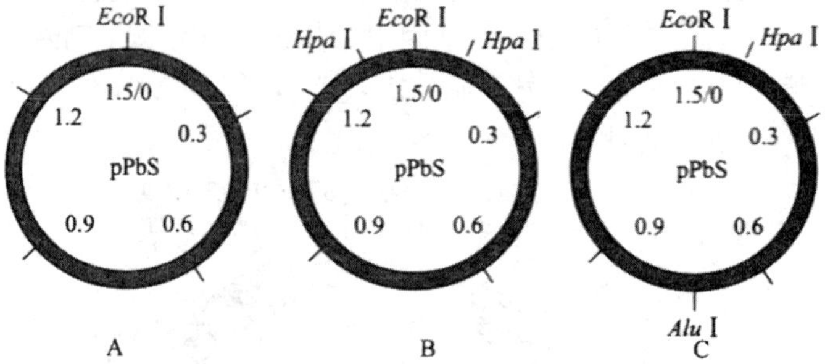

图3-11　绘制质粒pPbS DNA分子部分限制性图谱示意图

（2）部分酶切法。

采用部分酶切法也可以绘制未测定核苷酸序列的DNA分子的限制性图谱，绘制程序如下。

①同双酶切法一样，在环状DNA上确定有识别序列的限制性内切核酸酶及其在DNA上的识别序列数目，并且用凝胶电泳检测估算出各酶切片段的大小和整个DNA分子的大小。

②在环状DNA上任意确定一点作为只有单一识别序列的限制性内切核酸酶（如*Hin* dⅢ）的切割位点，以此作为该DNA分子核苷酸序列的起点。并用此酶进行切割，得线形DNA分子。

③任选一种在此DNA上有多个识别序列的限制性内切核酸酶（如*Cla*Ⅰ）进行部分酶切，结果得大小为0.5 kb、1.0 kb、1.5 kb、2.0 kb、2.5 kb、3.0 kb、3.5 kb、5.0 kb和5.5 kb的DNA片段，其中0.5 kb、1.0 kb、1.5 kb和2.5 kb这4种DNA片段是*Cla*Ⅰ完全酶切产生的片段。根据完全酶切和部分酶切所得片段大小，通过分析比较，*Cla*Ⅰ在此DNA上符合酶切结果要求的3个识别序列的排列是在0.5 kb、2 kb和3 kb处，但是也可以是在2.5 kb、3.5 kb和5.0 kb处（如图3-12 A、B）。

④选用另一种在此DNA上只有单一识别序列的限制性内切核酸酶（如*Bam*HⅠ）先同*Hin* dⅢ一起双酶切DNA得1.2 kb和4.3 kb片段，设*Barn*HⅠ位点在1.2 kb处。再用*Bam*HⅠ同

Cla Ⅰ一起双酶切DNA如得0.5 kb、0.7 kb、0.8 kb、1.0 kb、2.5 kb，则可断定这3种酶的排列顺序应如图3-12 C所示。

根据上面酶切结果和分析就可以绘制此DNA分子的限制性图谱。

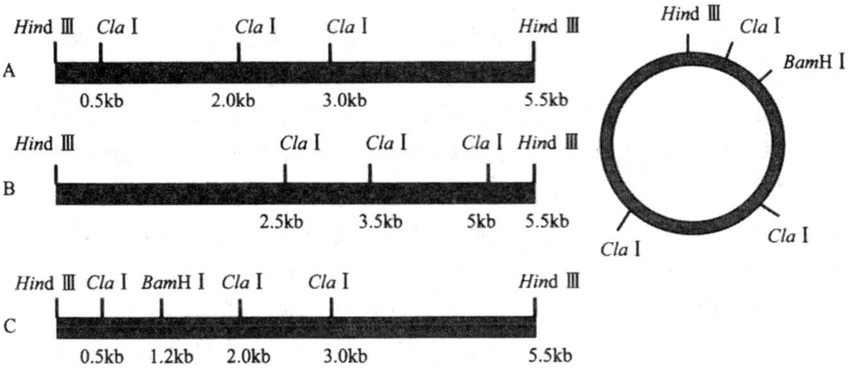

图3-12　部分酶切法绘制质粒DNA分子限制性图谱示意图

如果一个DNA片段的两端各有一个单一识别序列的限制性内切核酸酶酶切位点，为了绘制这两种酶识别序列之间的第三种酶的限制性图谱，可仿照上述部分酶切法，先用第三种酶进行部分酶切，再同两端只有单一识别序列的限制性内切核酸酶一起进行双酶切，根据产生的各片段的大小，确定这3种酶的排列顺序。

如果先对线形DNA分子一端用^{32}P标记，再用限制性内切核酸酶进行部分酶切，得到一系列带标记的酶切片段。根据这些片段的大小可直接确定这两种酶在DNA分子上识别序列的相对位置（如图3-13）。

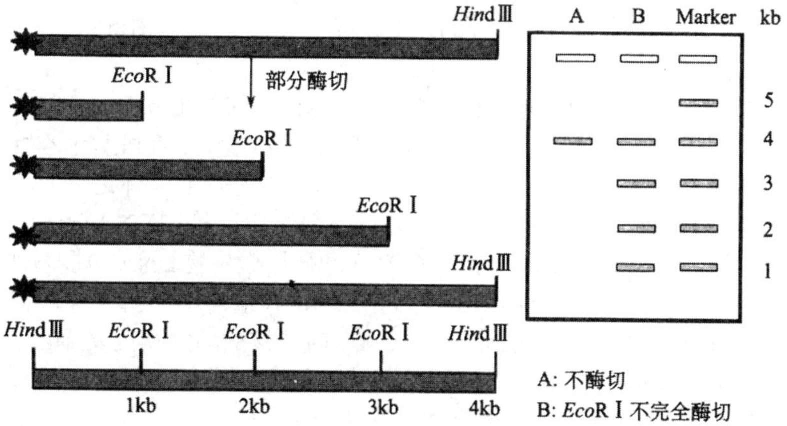

图3-13　末端标记DNA片段限制性图谱绘制示意图

此外，在简单绘制限制性图谱的基础上，进一步通过对各限制性酶切片段进行基因和基因构件分析，构建成全基因组物理图谱，显示出基因组不同基因和基因构件的有序分布和排列。

2. 限制性图谱的用途

（1）作为设计基因重组的依据。

限制性图谱，尤其是全基因组物理图谱不仅显示出各种限制性内切核酸酶酶切位点的有序分布和排列，而且还显示出各种基因和基因构件的有序分布和排列，这为设计基因重组提供了可靠的依据。当基因重组的目标确定后，可根据选定的相关DNA分子的限制性图谱（物理图谱），选择合适的限制性内切核酸酶酶切DNA分子，获得重组需要的DNA片段。

（2）作为检测病原微生物DNA的依据。

由于病原微生物，尤其是病毒的基因组比较简单，所含基因少，核酸的碱基数仅为3～300 kb，因此其中不少病原微生物已构建了全基因组限制性图谱（物理图谱），可作为检查病原微生物的种名、株型和变异的精确依据，为正确诊断病原微生物引起的疾病及进行流行病学研究等奠定了扎实的基础。用合适的系列限制性内切核酸酶酶切待检查病原微生物的DNA，并进行琼脂糖凝胶电泳检测，根据检测结果绘制的限制性图谱若与已知的某病原微生物的基因组限制性图谱（物理图谱）相符，表明被检测的病原微生物即是此种病原微生物。如果待检查的样品已鉴定为某种病原微生物，但是根据检测结果绘制的限制性图谱与那种病原微生物的标准基因组限制性图谱（物理图谱）比较出现了差异，表明待检查的某种病原微生物发生了变异。因为病原微生物的基因组DNA的核苷酸序列中出现突变，会使某些限制性内切核酸酶位点发生改变，结果导致这种病原微生物的限制性图谱发生变化。

（三）用于限制性片段长度多态性分析

生物界从低等的原核生物到最高等的人类，在自然因素或人为因素作用下，其基因组DNA中的某些核苷酸发生突变，或者缺失、重复，甚至插入外源DNA片段，结果导致不同生物群体DNA的核苷酸序列千差万别，当同一种限制性内切核酸酶酶切这些DNA时，就可出现长度千变万化的一系列酶切片段。把这种用限制性内切核酸酶酶切产生的DNA片段长度多样性称为限制性片段长度多态性（restriction fragment length polymorphism，RFLP）。如果这种多态性是由单个核苷酸发生改变引起的，称为单核苷酸多态性。相反，如果这种多态性是因为DNA内出现了一个片段或多个片段的缺失、重复和插入引起的，称之为DNA结构重排多态性。

限制性片段长度多态性已成为分析生物群体遗传特性的常用方法。用同一种限制性内切核酸酶酶切不同生物群体的DNA，然后通过琼脂糖凝胶电泳分离和溴化乙啶染色，检测各群体DNA酶切片段长度，然后根据片段数量和大小分析鉴别各群体之间DNA的相似程度，达到从遗传特性上划分类群的目的。但是此方法一般适用于检测DNA分子较小的限制性片段长度多态性，如检测线粒体DNA、叶绿体DNA和病原微生物DNA的多态性。而高等生物的核DNA分子很大，酶切后进行琼脂糖凝胶电泳时，大量的不同酶切片段很难分开，那些大小相似的酶切片段更难以分辨。因此，在限制性内切核酸酶酶切的基础上，再结合Southern杂交方法，就可以克服单凭限制性内切核酸酶酶切方法进行限制性片段长度多态性分析的缺陷，使限制性片段长度多态性分析更加精确和完善。

（四）用于DNA序列分析

在进行DNA序列分析时，总是先将庞大的DNA分子用限制性内切核酸酶酶切成一系列小片段，分别测定各个小片段的核苷酸序列，然后再将各片段的核苷酸序列有序地连接在一起，成为待测DNA分子的全核苷酸序列。

第三节 DNA连接酶

重组DNA分子的构建是通过DNA连接酶在体内或体外完成的。这种酶催化DNA上切口（nick）两侧（相邻）核苷酸裸露的3'-羟基和5'-磷酸之间形成共价结合的磷酸二酯键，使原来断开的DNA裂口重新连接起来。由于DNA连接酶具有修复单链或双链的能力，因此，它在DNA重组、DNA复制和DNA损伤后的修复中起着关键作用。特别是DNA连接酶具有连接平齐末端或黏性末端DNA片段的能力，这就促使它成为重组DNA技术中极有价值的工具。

一、大肠杆菌和T4噬菌体的DNA连接酶

DNA连接酶已从许多原核生物和真核生物及其病毒中提取成功。所有这些酶都具有如图3-14所示的催化断裂DNA连接的功能。大肠杆菌DNA连接酶是一种相对分子质量为74 000的蛋白质，利用这种酶起催化反应时，需要NAD^+（烟酰胺腺嘌呤二核苷酸）作为辅助因子，辅助因子裂开后先形成酶–腺苷酸（AMP）复合物，并释放出NMN（烟酰胺单核苷酸），然后复合物接合到裂口上，在裂口处形成共价的磷酸二酯键，并释放出AMP（如图3-14）。酶-AMP复合物同具有3'-羟基和5'-磷酸基团的切口结合，AMP同磷酸基团反应，并使其同3'-羟基基团接触，产生出一个新的磷酸二酯键，从而使切口封闭。

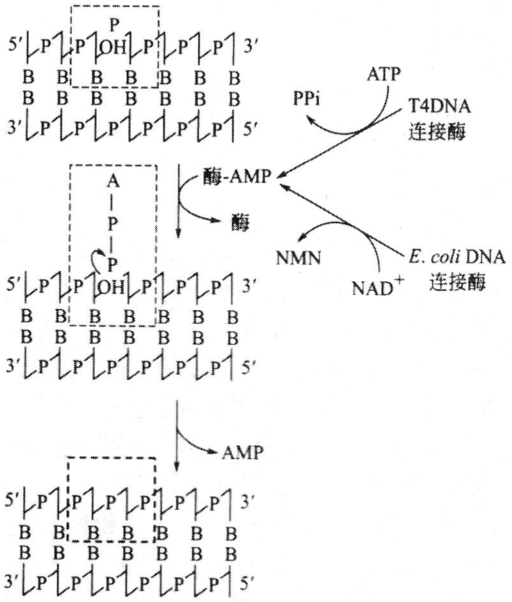

图3-14 DNA连接酶的作用机理

T4噬菌体DNA连接酶作用时需要ATP作为辅助因子，其功能是在本身放出双磷酸后与酶结合成酶–腺苷酸（AMP）复合物，然后此复合物结合到裂口上，在裂口处形成磷酸二酯键，并释放出AMP。

在上述两种情况下，其共同之处在于都是先产生酶–腺苷酸复合物，然后这种复合物结合到DNA的裂口上，在那里，腺嘌呤核苷酰基与裂口处的5'-磷酸发生反应，产生Ad-P-P-DNA的结构，最终导致DNA的修复。

T4噬菌体由其基因30编码它本身的DNA连接酶，相对分子质量约为60 000，需要ATP作为能量来源。与来自大肠杆菌的DNA连接酶仅能连接黏性末端不同，T4 DNA连接酶既能连接黏性末端，又能连接平齐末端（如图3-15）。这种酶虽然最初来自受T4噬菌体侵染的大肠杆菌细胞，但现在T4 DNA连接酶的提纯已明显简化，主要通过构建一种溶源性的大肠杆菌株系，在这种株系的染色体上包含着一个重组的XDNA噬菌体，其上含有T4 DNA连接酶基因。这种株系在限制温度（42℃）下生长，可以产生大量的T4 DNA连接酶。由于在温度诱导的细胞中存在着大量的酶，因此纯化过程较为容易。目前的纯化手段可以快速而又简便地获得大量具有高度专一活性的酶。

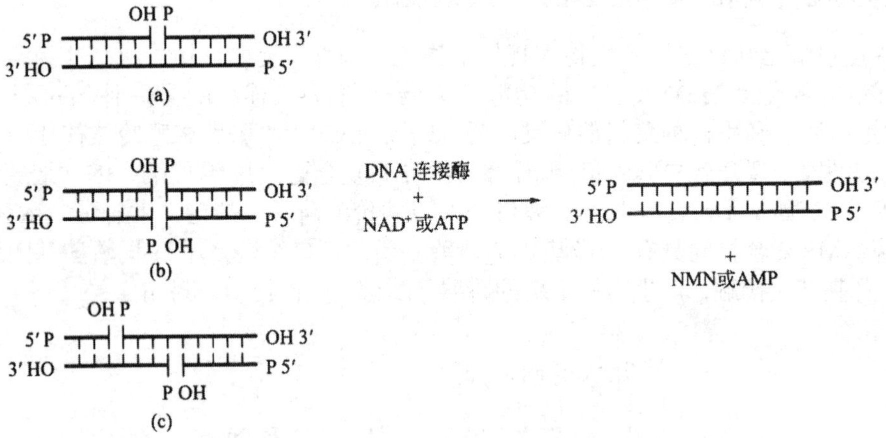

图3-15　DNA连接酶分别对平齐末端和黏性末端DNA的连接作用

二、影响连接反应的因素

连接反应是一个取决于几个参数的过程，包括温度、离子浓度、DNA末端的特性（黏性末端或平齐末端）、DNA末端的相对浓度、DNA片段的浓度和分子量等。当考虑带有黏性末端的DNA片段时，会发现末端的单链部分仅包含有少数核苷酸（如*Eco*RⅠ、*Hin* dⅢ、*Pst* Ⅰ处理的黏性末端）。对于受*Eco*RⅠ内切酶处理产生的四核苷酸AATT而言，黏性末端退火的温度是5℃。虽然T_m值随着黏性末端的长度和碱基成分而变化，但是大多数由限制性内切酶产生的黏性末端的T_m值在15℃以下。为了使连接最佳化，反应条件应处于允许末端退火的条件下。然而保持DNA连接酶活性的最适温度却是37℃，在5℃以下，活性将大为减小。因此，黏性末端连接的最适温度是黏性末端的T_m值和DNA连接酶作用的最适温度的折中。如在黏性末端连接反应中，经常采用的一种反应温度是12.5℃。

除温度外，为了提高连接反应的效率，产生较多的重组体，还可采用下列方法：①使外源DNA片段的浓度比载体DNA浓度高10～20倍，这样可以增加不同分子之间的接触机会，减少载体自身连接现象；②用碱性磷酸酶（alkaline phosp hatase）预先处理质粒载体。碱性磷酸酶可以去除开环质粒的5'-P，使其转换成5'-OH。DNA连接酶需要5'-P存在才能发挥功能。虽然黏性末端本身能够退火，但并不能封闭裂口，只有通过连接酶的作用，才能完全连接，形成闭环。图3-16表明了碱性磷酸酶的作用。内切酶切割后的开环载体经过处理后，就不再会自身连接形成环状单体或直线的多聚体。当用相同内切酶处理的第二种DNA片段加入这种由碱性磷酸酶处理过的载体的溶液中时，黏性末端将退火。由目标序列提供的5'-P可作为DNA连接酶的底物，因此在含有目标序列末端的5'-P的两个切口能得到封闭，而含有目标序列的3'-OH的两个切口依然存在。这样的重组DNA分子可用于转化细菌细胞。转化以后，切口将在宿主体内得到修复，产生有活性的重组质粒。

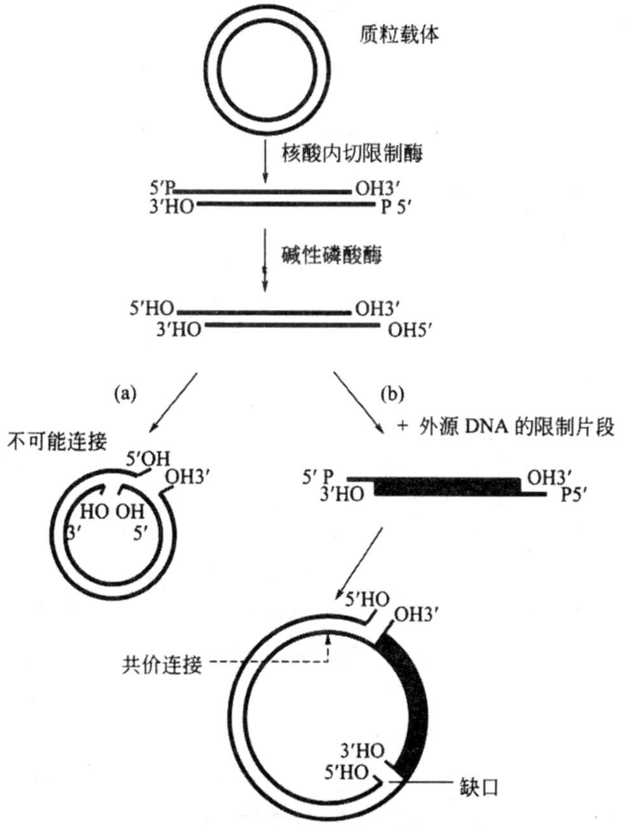

图3-16 碱性磷酸酶的脱磷酸作用阻止线性的质粒DNA分子再环化

三、DNA片段在体内和体外的连接——黏性末端的连接

重组质粒的构建是生物分子的反应。首先是一个环状分子从一处打开（酶切）而线性化，它的一端连上目标DNA片段，然后通过其他两个末端的连接而环化（如图3-17）。这种环化过程可通过两种途径来完成：在细菌细胞内完成连接反应；在细菌细胞外完成连接反应，即用在体外连接好的重组体分子对细菌进行转化。如果打算利用细菌细胞的连接能力，DNA片段必须具有合适长度和互补碱基组成的单链末端，以便在生理条件下，DNA片段的末端能够退火。通常可以用限制性酶（如 *Eco*R Ⅰ）切割DNA或利用末端转移酶增加同聚物（ho nlopoly-ntcleotide）的办法，使不同的DNA片段两端得以退火。一旦在细胞内互补末端发生退火，细胞封闭了DNA的裂口，就产生了理想的重组分子。虽然过去曾用过这种方法，但此法不仅形成重组分子的效率低，而且还可能伴随着末端核苷酸的缺失。

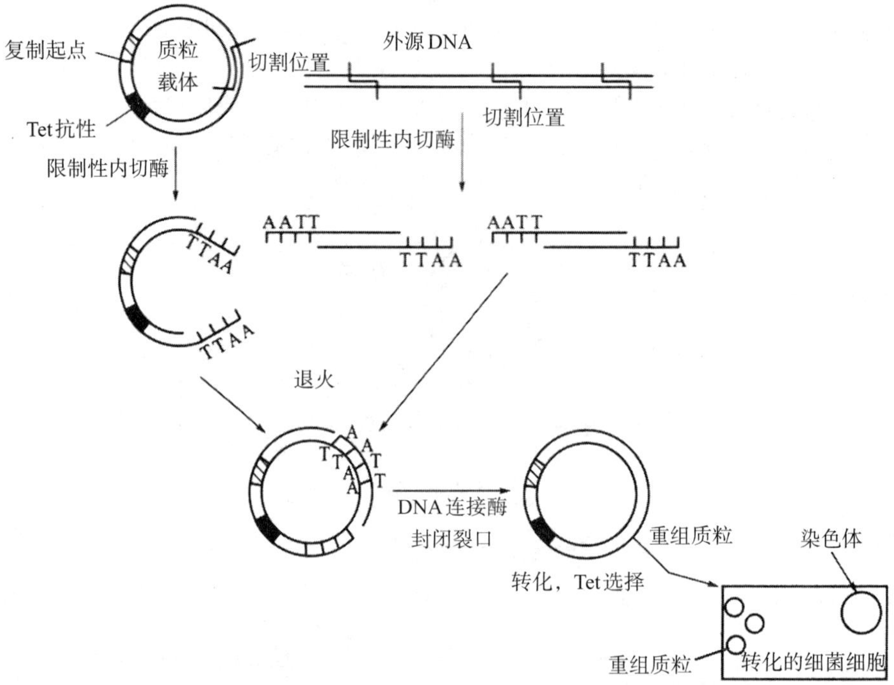

图3-17　用DNA连接酶构建重组DNA分子

如果转化前用DNA连接酶构建DNA重组分子，有下列几方面的优点：①DNA的体外连接减小了DNA分子进入细胞后遭受降解的危险，增加了转化效率；②由限制性内切酶产生的黏性末端在体外连接将保护原来识别序列的完整，有利于外源DNA片段的分离；③可以控制连接反应时的条件，有利于形成环状分子或几个DNA片段头尾相连的直线多连体。

四、平齐末端的连接

T4 DNA连接酶既可催化DNA黏性末端的连接，也能催化DNA平齐末端的连接。不过，在没有黏性末端的条件下，连接反应更为复杂，速度显著减慢。黏性末端的连接，也就是指通过连接酶作用封闭裂口的反应，比平齐末端的连接大致快100倍。其原因在于两个平齐末端相遇，无退火现象发生，从而使5'-磷酸基团与3'-羟基处于并列的时间显著减少。有人认为，平齐末端的连接反应至少需要两个连接酶分子——一个分子托住平齐末端，使其并列；另一个分子则催化磷酸二酯键的形成。因此，要使平齐末端和黏性末端的连接速度相等，需要多用10～30倍T4 DNA连接酶。此外，增加DNA平齐末端的浓度，也可增加DNA分子末端并列的数目。退火的黏性末端依赖于温度的稳定性，而平齐末端的连接则无须考虑这个问题。与黏性末端的连接反应相比，平齐末端受温度影响小得多。作为一般原则而言，平齐末端连接反应的最适合温度应该接近反应中最小片段的T_m值，但不要超过37℃。例如p BR322，经*Hae*Ⅲ切割后的数个限制片段可以在23℃连接成功。

平齐末端DNA分子的连接方法除了直接用T4 DNA连接酶连接外，还可以先用末端核苷酸转移酶给平齐末端DNA分子加上同聚物尾巴之后，再用DNA连接酶进行连接。现在基因克隆实验中，常用的平齐末端DNA片段连接法有同聚物加尾法、衔接物连接法及接头连接法。

（一）同聚物加尾法

这种方法是1972年由美国斯坦福大学的P.Labban和D.Kaiser联合提出来的。这种方法的核心是利用末端脱氧核苷酸转移酶转移核苷酸的特殊功能来完成的。末端脱氧核苷酸转移酶是从动扬组织中分离出的一种异常的DNA聚合酶，它将核苷酸（通过脱氧核苷三磷酸前体）加到DNA分子单链延伸末端的3'-OH基团上。这个过程的一个十分有用的特点是，它并不需要模板的存在。所以在反应物中只存在一种脱氧核苷酸的条件下，便能够构成由同一类型的核苷酸组成的尾巴，典型的情况下长度可达100个核苷酸。但为了在平齐末端的DNA分子上产生出带3'-OH的单链延伸末端，需要用5'特异的核酸外切酶或是像*Pst* Ⅰ一类的核酸内切酶处理DNA分子，以便移去少数几个末端核苷酸。在由核酸外切酶处理过的DNA以及dATP和末端脱氧核苷酸转移酶组成的反应混合物中，DNA分子的3'-OH末端将会出现单纯由腺嘌呤核苷酸组成的DNA单链延伸。这样的延伸片段称之为*poly*（dA）尾巴（如图3-18）。图中：①用5'末端特异的核酸外切酶处理DNA片段A和B，形成了延伸末端；②对片段A和片段B分别加入dATP和dTTP，以及共同的末端脱氧核苷酸转移酶，各自形成*poly*（dA）和*poly*（dT）尾巴；③混合退火，通过*poly*（dA）和*poly*（dT）之间的互补配对，形成重组体分子；④转化大肠杆菌，挑选重组体克隆。反过来，如果在反应混合物中加入的是dTTP而不是dATP，那么这种DNA分子的3'-OH末端将会形成*poly*（dT）尾巴。*poly*（dA）尾巴同*poly*（dT）尾巴是互补的，因此任何两条DNA分子，只要分别获得*poly*（dA）和*poly*（dT）尾巴，就会彼此连接起来。所加的同聚物尾巴的长度并没有严格的限制，但一般只要10 ~ 40个碱基就足够了。上述这种连接DNA分子的方法叫同聚物加尾法（homopolymer-tail-joining）。

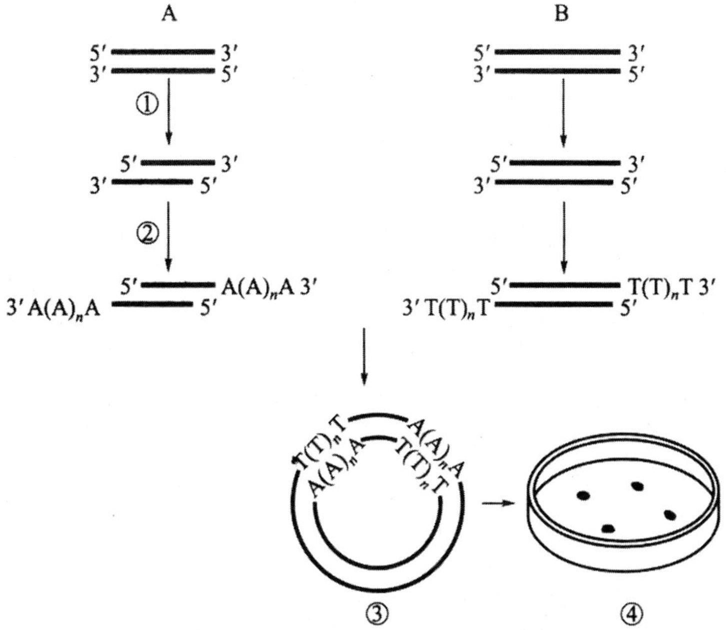

图3-18 应用互补的同聚物加尾法连接DNA片段

（二）衔接物连接法

所谓衔接物（linker）是指用化学方法合成的一段由10～12个核苷酸组成、具有一个或数个限制酶识别位点的平齐末端的双链寡聚核苷片段的5'末端用多核苷酸激酶处理使之磷酸化，然后通过T4 DNA连接酶的作用使两者连接起来。接着用适当的限制酶消化具有衔接物的DNA分子和克隆载体分子，这样的结果使两者都产生出了彼此互补的黏性末端。于是可以按照常规的黏性末端连接法，将待克隆的DNA片段同载体分子连接起来（如图3-19）。将含有*BamH* Ⅰ限制位点的一段化学合成的六聚体衔接物用T4 DNA连接酶连接到平齐末端的外源DNA片段的两端。经*BamH* Ⅰ限制酶消化之后就会产生出黏性末端。这样的DNA片段，随后便可以插入由同样限制酶消化过的载体分子上。

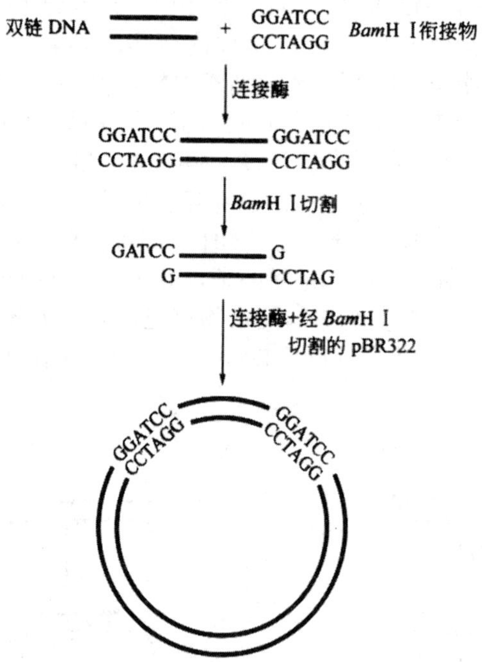

图3-19　用衔接物分子连接平齐末端的DNA片段

这种经由化学合成的衔接物分子连接平齐末端DNA片段的方法，兼具有同聚物加尾法和黏性末端法各自的优点，因此可以说是一种综合的方法。而且它可以根据实验工作的不同要求，设计具有不同限制酶识别位点的衔接物，并大量制备，以增加其在体外连接反应混合物中的相应浓度，从而极大地提高了平齐末端DNA片段之间的连接效率。此外，采用双衔接物技术（double linker）还可实现外源DNA的定向克隆。总之，衔接物连接法是进行DNA重组的一种既有效又实用的方法。

（三）接头连接法

DNA衔接物连接法尽管有诸多方面的优越性，但也有一个明显的缺点，那就是如果待克隆的DNA片段或基因的内部也含有与所加的衔接物相同的限制位点，这样在酶切消化衔接物产生黏性末端的同时，也就会把克隆基因切成不同的片段，从而给后续的亚克隆和其他操作带来麻烦。当然，在遇到这种情况时，可改用其他类型的衔接物，然而，若要克隆的外源基因片段较长时，则往往难以得到恰当的选择。或者是用甲基化酶对DNA进行修饰，但这个步骤十分难掌握，因为它涉及数种酶催化反应。因此，一种公认的较好的替代办法是改用DNA接头（adapter）连接法。接头是指一类人工合成的一头具某限制酶黏性末端，另一头为平齐末端的特殊的双链寡核苷酸短片段。图3-20显示的是一种具*Bam*HⅠ黏性末端的典型的DNA接头分子。当它的平齐末端与外源DNA片段的平齐末端连接之后，便会使后者成为只有黏性末端的新的DNA分子而易于连接重组。这种连接法看起来是十分简单的，但在实际使用时也遇到了一个新的麻烦。因为处在同一反应体系中的各个DNA接头分子的黏性末端之间会通过碱基配对作用，形成如同DNA衔接物一样的二聚体分子，尤其是在高浓度DNA接头分子的环境中更是如此。此时，尽管可加入限制酶进行消化切割，使其重新产生出黏性末端，然而这样做无疑有悖于使用DNA接头的初衷，失去了它的本来意义。

```
5'—P—G—A—T—C—C—C—G—G—OH—3'
                 |  |  |  |
         3'—OH—G—G—C—C—P—5'
|___________________|
   BamHⅠ黏性末端
```

图3-20　一种典型的DNA接头分子的结构

目前，用于解决这个问题的办法是对DNA接头末端的化学结构进行必要的修饰与改造，使之无法发生彼此间的配对连接。天然的双链DNA分子的两端都具有正常的5'-P和3'-OH末端结构，修饰后的DNA接头分子的平齐末端与天然双链DNA分子一样，具有正常的末端结构，而其黏性末端的5'-P则被修饰移走，结果为暴露出的5'-OH所取代。这样一来，虽然两个接头分子黏性末端之间仍具互补碱基配对的能力，但最终因为DNA连接酶无法在5'-OH和3'-OH之间形成磷酸二酯键，而不会产生出稳定的二聚体分子。

这种黏性末端被修饰的DNA接头分子，虽然丧失了彼此连接的能力，但它们的平齐末端照样可以与平齐末端的外源DNA片段正常连接。只是在连接之后，需用多核苷酸激酶处理，使异常的5'-OH末端恢复成正常的5'-P末端，让其可以插入适当的克隆载体分子上。

五、连接反应的注意事项

（1）连接失败往往是载体的酶切不完全而影响后续操作的缘故，而不是连接反应本身的问题。

（2）T4 DNA连接酶的缓冲液所含的ATP，反复冻融很容易失效，刚买来的试剂应按照每次连接反应的用量将缓冲液分装而保存。

第四节　DNA聚合酶

DNA聚合酶（DNA polymerase）是催化以DNA或RNA为模板合成DNA的一类酶的总称。经常使用的DNA聚合酶有大肠杆菌DNA聚合酶Ⅰ（全酶）、Klenow酶、T4 DNA聚合酶、T7 DNA聚合酶、耐高温的*Taq* DNA聚合酶以及反转录酶等。这些DNA聚合酶的共同特点是：它们都能够把脱氧核糖核苷酸（dNTP，包括dATP、dTTP、dCTP和dGTP）连续的加到双链DNA引物链的3'-羟基末端上，催化核苷酸的聚合，形成新的DNA链，如图3-21所示。

$$\underset{\text{DNA}}{(\text{dNMP})_n} + \text{dNTP} \xrightarrow{\text{DNA 聚合酶}} \underset{\text{Lengthened DNA}}{(\text{dNMP})_{n+1}} + \text{PPi}$$

图3-21 DNA聚合酶催化的DNA的合成反应

一、DNA聚合酶 I

从大肠杆菌中分离纯化的三种DNA聚合酶中，DNA聚合酶Ⅰ、Ⅱ参与复制DNA的校对与修复，而DNA聚合酶Ⅲ是主要的复制酶，在基因工程操作中主要使用的是DNA聚合酶Ⅰ。

DNA聚合酶Ⅰ具有三种活性，即5'→3'聚合活性、5'→3'外切活性和3'→5'外切活性。DNA聚合酶Ⅰ要发挥作用需满足以下三个条件。

①底物和激活剂：DNA聚合酶Ⅰ催化聚合反应需要四种dNTP（dATP、dCTP、dTTP、dGTP）作为底物，同时Mg^{2+}是不可缺少的激活剂。

②带有3'-端羟基末端的引物：DNA聚合酶I所催化的聚合反应总是在引物的3'-OH末端基团和掺入的dNTP之间发生的，且只能沿引物末端由5'→3'方向延伸。

③DNA模板：可以是ssDNA或dsDNA，后者只有在其主链上有一至数个断裂的情况下才能成为有效的模板。

实验室中，利用DNA聚合酶Ⅰ，通过DNA缺口平移的方法制备DNA探针，可以用于核酸杂交分析。双链DNA的单链缺口在DNA聚合酶Ⅰ的5'→3'外切作用下，从缺口的5'端逐步水解核苷酸时，酶的聚合活性则利用缺口的3'端游离羟基逐个加上相应的单核苷酸，使得缺口向下游移动，这种缺口移动的现象就称为缺口平移。如果反应中使用的是用同位素标记过的单核苷酸底物，则合成产生的DNA分子即可作为带放射性标记的DNA分子杂交探针。

二、Klenow片段

大肠杆菌DNA聚合酶Ⅰ全酶经过枯草杆菌蛋白酶的处理得到大小不同的两个片段（分子量分别为76 kD和34 kD）。其中大片段称为Klenow片段，又被称为Klenow酶，它具有两种活性：一是5'→3'聚合酶活性，可以合成DNA；二是3'→5'外切酶活性。Klenow酶没有5'→3'外切酶活性，在基因工程中主要用于切口平移法标记DNA，同时也可用于DNA的缺口补平和延伸。

三、T4 DNA聚合酶

由T4噬菌体感染后的大肠杆菌培养物分离而来的T4 DNA聚合酶，由噬菌体基因43编码，分子量114 kD，具有5'→3'聚合酶活性和3'→5'外切酶活性。尤其是3'→5'外切酶活性对单链DNA的作用比对双链DNA作用更强。

T4 DNA聚合酶的主要用途是标记DNA的平齐末端或隐蔽的3'末端。

四、T7 DNA聚合酶

T7 DNA聚合酶是从受T7噬菌体感染的大肠杆菌寄主细胞中纯化出来的一种复合形式的核酸酶。它由两种亚基组成：一种是T7噬菌体基因5编码的蛋白质，其分子量为84 kD；另一种是大肠杆菌编码的硫氧还蛋白（thioredoxin），其分子量为12 kD。T7 DNA聚合酶是目前已知的持续合成能力最强的DNA聚合酶，能连续合成数千个核苷酸。除聚合活性以外，T7 DNA聚合酶还具有单链和双链的3'→5'外切酶活性，它的活性也很强，约为Klenow酶的1000倍。T7 DNA聚合酶不具有5'→3'外切酶活性。

由于T7 DNA聚合酶的高度续进性和不受DNA二级结构的影响，在分子生物学中常被用于长模板DNA的引物延伸反应。同时，经修饰的T7 DNA聚合酶还是双脱氧终止法对长片段DNA进行测序的理想工具酶。

五、反转录酶

商品化的反转录酶有两种，一种来自禽成髓细胞瘤病毒（AMV），另一种来自大肠杆菌中表达的Moloney鼠白血病病毒（Mo-MLV）。它们均具有：①依赖于RNA的DNA聚合酶活性；②RNase H活性（即持续地、特异地降解DNA-RNA杂交链中的RNA链的活性）；③依赖于DNA的DNA聚合酶活性。AMV及Mo-MLV反转录酶在许多方面有差别，如RNase H活性强弱、最适反应温度及pH等。反转录酶的主要作用是将mRNA转录成双链cDNA，并可用反转录的cDNA进行序列分析，再推导出RNA序列。

六、Taq DNA聚合酶

Taq DNA聚合酶是一种热稳定DNA聚合酶，因从生存在热泉水中的耐热的水生嗜热菌（Thermus aquaticus）体内分离得到而命名。*Taq* DNA聚合酶最适反应温度是72℃，但能够耐受96℃，即使在100℃处理5 min也能具有一半活性。这种热稳定DNA聚合酶的发现解决了早期PCR反应中所存在的DNA聚合酶在DNA变性温度下也会变性的问题，使PCR反应实现了自动化循环反应。这也是PCR技术能被广泛应用的重要原因。

现在市场销售的*Taq* DNA聚合酶是将这种酶的基因转入*E.coli*细胞中表达的产物。*Taq* DNA聚合酶的分子质量为95kD，有强的5'→3'DNA聚合酶活性，同时也具有5'→3'外切酶活性，但缺乏3'→5'外切酶活性，能扩增长达几千个碱基对的DNA片段。

第四章　基因克隆载体

第一节　克 隆 载 体

用于携带DNA片段进入宿主细胞进行复制或保存的载体必须满足以下基本条件：①具有对受体细胞的可转移性，能携带外源基因进入宿主细胞；②能在宿主细胞中自主复制，并实现外源基因的增殖；③具有由单一限制性内切核酸酶识别位点组成的多克隆位点（mulfiple cloning site，MCS），可供外源基因插入；④具有合适的选择性标记，用于含有重组质粒的宿主细胞筛选。克隆载体目前主要有质粒载体（plasmid vector）、噬菌体载体（phage vector）、黏粒载体（cosmid vector）及人工染色体（artificial chromosome）等。

一、质粒载体

质粒是存在于多种宿主细胞中、独立于染色体外的可自主复制闭合环状的DNA分子。质粒的长度为1～200kb，多数在10kb左右。作为一种遗传因子，质粒并不是宿主细胞生命活动所必需的，但它带有特殊的基因，可赋予宿主细胞抗生素抗性、产生抗生素、降解复杂有机化合物等抵御外界环境不利因素的能力。

（一）质粒的基本性质

1. 复制

质粒DNA携带有自己的复制起始区（*ori*）以及与此相关的顺式作用元件（ciselement）。它们使质粒独立于宿主细胞的染色体外自主复制并保持其固有的遗传信息及相对稳定的拷贝数。

不同质粒在宿主细胞内的拷贝数可以是不同的，根据其数量可将质粒复制方式分为严谨型和松散型。严谨型质粒在细胞中的拷贝数较少，大约1至数个；松散型质粒拷贝数较多，一般10个以上，甚至多达数百个。一般而言，小质粒多为松散型的，大质粒多为严谨型的，但它们无严格的界限。某种质粒属于严谨型质粒或松散型质粒，与宿主也有关系。一般说来，松散型的质粒有利于提取等操作。

2. 质粒的不相容性

两种质粒在同一宿主细胞中不能共存的现象称为质粒的不相容性（incompatibility），相反则称为相容性。亲缘关系密切的不同质粒一般属于不相容质粒。例如，野生型质粒及其衍生的重组质粒往往属于不相容质粒。这些质粒利用同一个复制系统，具有相同的复制子，如果被导入同一个细胞中，由于不同质粒的拷贝数不同，它们在复制及随后分配到子细胞的过程中彼此竞争，在单细胞中的拷贝数也会有差异，拷贝多的复制更快。结果在细菌繁殖几代之后，细菌的子细胞中绝大多数都只含有占优势的质粒，因而这两种质粒中一般只能有一种长期稳定地留在细胞中。

3. 质粒的转移性

部分质粒含有tra基因，指令宿主细胞产生菌毛、合成细胞表面物质，促使宿主细胞与受体细胞接合，使质粒从一个细胞转移到另一个细胞中，这种类型质粒称为接合型质粒（conjugative plasmid）。一般来说，接合型质粒的分子比较大，拷贝数比较少，并且宿主广，比较不安全。

不含tra基因的质粒则不具备转移性，它们的分子质量小，拷贝数多，不会自动转移，比较安全。用于构建克隆载体的质粒一般是非接合型质粒（如ColE 1等）。

部分质粒虽不含*tra*基因，但含有*born*位点（*ori*T位点），当宿主细胞内同时存在含有*mob*基因的辅助质粒（helper plasmid）时，*mob*基因的产物可打开非接合型质粒的*ori*T位点，借助接合型质粒*tra*基因的产物，使非接合型质粒被动迁移到受体细胞中，这种现象称为迁移作用（mobilization）。

（二）质粒载体的构建

天然质粒往往存在这样或那样的缺陷，不适宜直接用作克隆载体，需要进行人工改造，这些改造主要有以下几个方面。

（1）选择合适的复制起始位点。为了使构建的质粒克隆载体能在受体细胞中进行有效复制，且获得足够数量的拷贝数，需要改变复制起始位点，一般选择组装松散型质粒复制起始位点。

（2）加入合适的选择标记基因。为了便于重组子筛选，需要在质粒克隆载体上加入合适的标记基因，主要有β-半乳糖苷酶基因（*lac*Z）和抗生素抗性基因。前者用于克隆子蓝、白斑筛选；当外源DNA片段插入克隆位点后，可导致抗生素抗性基因失活。常用的抗生素抗性基因主要有氨苄青霉素抗性基因（ampicillin resistance gene，amp^r）、四环素抗性基因（tetracycline resistance gene，tet^r）、氯霉素抗性基因（chloramphenicol resistance gene，cm^r）、卡那霉素抗性基因（kanamycin resistance gene，kan^r）和新霉素抗性基因（neomycin resistance gene，neo^r）等。

（3）增加或减少酶切位点。质粒载体利用限制性内切核酸酶识别位点来作为外源DNA片段插入的克隆位点，这种位点必须是单一酶切位点，而且数量越多越便于多种类型末端的DNA插入。可通过删除天然质粒中的部分重复的限制性内切核酸酶识别位点使之成为单一酶切位点，可通过增加新的单一限制性内切核酸酶位点，在特定的部位（如在筛选标记基因上）组装一个含有多种单一限制性内切核酸酶识别序列的多克隆位点（MCS）。

（4）缩短长度。质粒转化受体细胞的效率同质粒DNA分子大小相关，小分子质量质粒转化效率较高。可通过切去质粒上不必要的片段，提高转化宿主细胞的效率，提高其外源DNA片段的装载量。

（三）常用的质粒载体

载体的改进和创新是基因工程发展的重要内容和标志，先后构建和应用了pSC 101、ColE 1、pBR 322、pUC 18和pUC 19等载体，总的趋势是载体越来越小，容量越来越大，工作效率越来越高，及使用越来越方便。

1. pBR 322质粒载体

pBR 322质粒载体由ColEl质粒衍生的pMB 1作为出发质粒构建而成。复制起始位点来自pMB 1，拷贝数15～20，其长度为4361 bp，具有*tet*^{r}和*amp*^{r}。含有24种限制性内切核酸酶的单一识别位点。其中，*tet*^{r}含有*Eco*RⅤ、*Bam*HⅠ、*Sph*Ⅰ和*Sal*Ⅰ等限制性内切核酸酶识别位点，*amp*^{r}含有*Pst*Ⅰ等限制性内切酶识别位点，在上述位点插入外源DNA片段都会导致基因失活（如图4-1）。

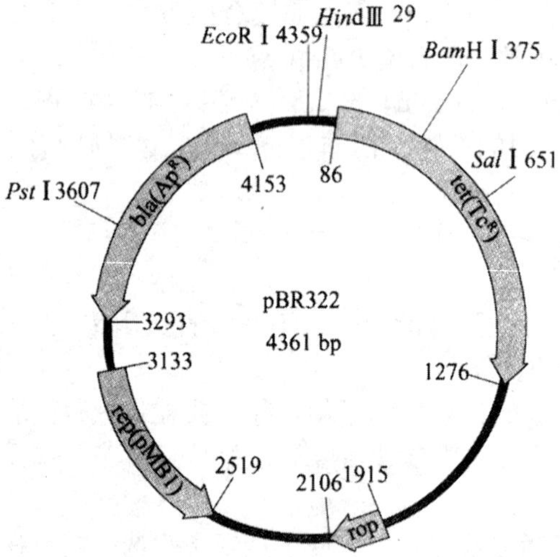

图4-1　pBR 322质粒载体

2. pUC 18和pUC 19质粒载体

pUC 18和pUC 19均由pBR 322改造而来。两个质粒结构几乎一样，只是多克隆位点的排列方向相反。它们的复制起始位点为突变的pMB 1，缺乏控制拷贝数的*rop*基因，其拷贝数多达500～700。这两个质粒的大小只有2686 bp，结构组成紧凑，几乎不含多余的DNA片段。

pUC 18和pUC 19只保留了pBR 322的*amp*^{r}基因（序列已改变，无限制性内切核酸酶识别位点）。pUC系列载体含有一段来自M1.3mpl8/19的*lac*Z基因5'末端的编码序列（*1ac*Za或*lac*Z'），在特定的受体细胞中可表现a-互补作用，形成的蓝、白菌落可用于筛选重组质粒。

与pBR 322相比，pUC 18和pUC 19具有以下优点：①质粒拷贝数多达500～700个；②在固体培养基中添加amp、X-gal和IPTG，重组子的鉴定可一步完成，节约了时间；③其多克隆位点适于多种具有不同黏性末端的DNA片段的插入，而不必连接接头；④多克隆位点与M13mp系列的载体是相同的，因此插入pUC系列的DNA可以直接转入M13mp载体，用于DNA测序和体外定点突变。

3. TA载体

耐热聚合酶可在PCR产物的3'端加上一个非配对的脱氧腺嘌呤核苷（A）。根据这一特点研制出线性TA质粒载体，其5'端各带有一个不配对的脱氧胸腺嘧啶（T），用该载体可进行PCR产物的直接克隆。

TA载体可在一般质粒载体的基础上构建成，可先采用限制性内切核酸酶酶切使质粒载体线性化，再通过Klenow片段将酶切的线性载体末端补平；或者利用产生平末端的限制性内切核酸酶酶切产生平末端，最后将线性化钝末端质粒载体加T反应形成。

目前有很多公司推出了TA质粒载体。图4-2为TaKaRa公司的pMDl8-T载体。

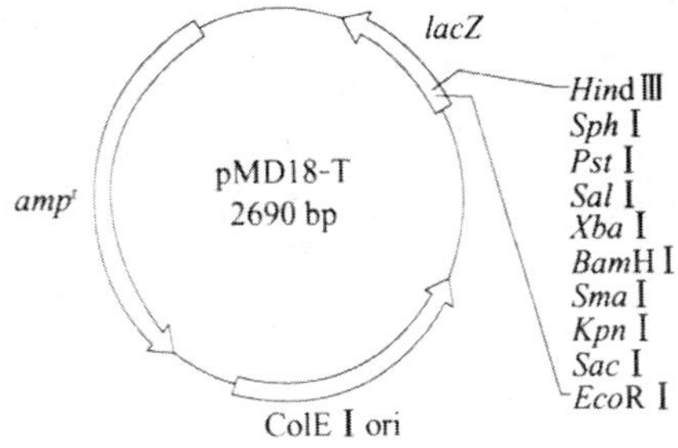

图4-2 pMDl8-T载体

二、噬菌体载体

基因克隆另一类重要的载体是病毒载体。病毒主要由DNA（或RNA）和外壳蛋白组成（如图4-3）。通过感染，病毒颗粒可进入宿主细胞，在宿主细胞内进行DNA（或RNA）的复制和外壳蛋白的合成，实现病毒颗粒的增殖。根据病毒与宿主的关系，可以把病毒分为温和性病毒和烈性病毒。温和性病毒感染宿主细胞后，其DNA与宿主染色体整合，一起复制和传代，无感染其他细胞的能力，带有这种病毒的宿主细胞称为溶源性细胞。但是溶源性细胞在一定的诱导因子作用下，其中的病毒DNA可脱离染色体DNA重新包装成病毒颗粒，释放到宿主细胞外，再去感染其他细胞。烈性病毒感染宿主细胞后，其DNA不插入染色体DNA，经过一定时间的潜伏期再大量增殖新的病毒颗粒，使宿主细胞破裂，释放出来的病毒颗粒又感染其他细胞，这个过程称为溶菌性增殖途径。温和性病毒不会导致宿主细胞死亡，而且溶源性细胞可以传代，是构建病毒克隆载体的好材料。其中，噬菌体载体在大片段DNA克隆和文库构建上已经得到广泛的应用。

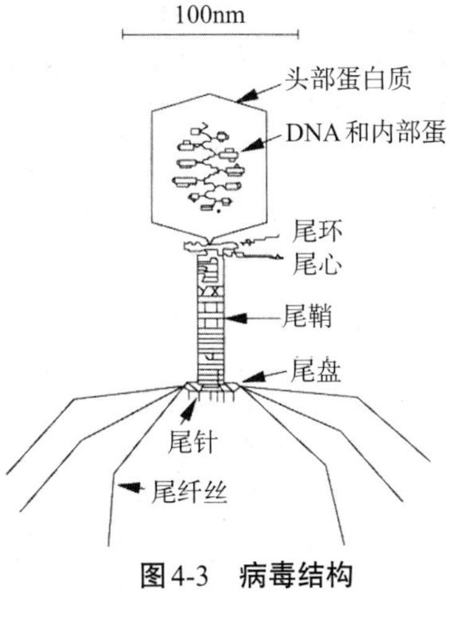

图4-3 病毒结构

（一）λ噬菌体载体

1. 九噬菌体的性质

λ噬菌体是感染大肠杆菌的病毒，由λ DNA和外壳蛋白组成。λ DNA是长度为48 502 bp的双链DNA，在噬菌体颗粒内呈线性，其两端的5'末端各带有12个碱基的互补单链（5'-GGGCGGCGACCT-3'）（cohesive end site，*cos*）。λ DNA被外壳蛋白包装后，在COS位点切开，λ DNA又呈线性，其中一端靠近A基因，另一端靠近R基因。λ噬菌体有溶菌和溶源两条生长途径，含有50个以上基因，功能相近的聚集成簇。所有的编码外壳蛋白的基因都聚集在左端1/3处；控制基因组整合到寄主染色体的基因位于分子中央；右端是负责裂解宿主细胞、DNA自主复制以及调控的基因；相关基因的聚集使它们一起启动或关闭，而不是单独起作用，对λ噬菌体基因组的表达是非常重要的。J基因到N基因之间的区域对于噬菌体生长不是必需的，也称为可替代区，它约占整个λ噬菌体基因组的1/3，如果用外源DNA片段替代这个区域，不会影响噬菌体颗粒的形成，正是这一特性构成了λ噬菌体作为外源DNA片段克隆载体的基础。P基因到Q基因缺失也不影响噬菌体（如图4-4）。λ噬菌体DNA有56种限制性内切核酸酶的识别位点。

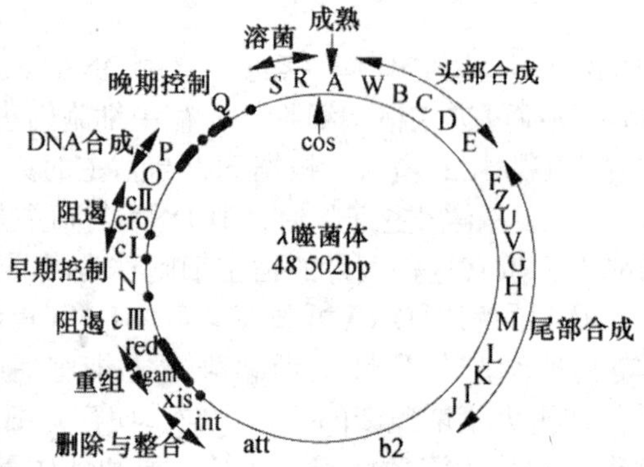

图4-4 λ噬菌体载体

2. 噬菌体载体的构建

野生型λ DNA必须经过改造才能成为理想的载体，改造主要有以下几个方面。

（1）去除非必需区，建立外源DNA片段的克隆或替换位点。λ噬菌体的感染能力与包装在衣壳内的DNA长度有关。通常，野生型λ DNA长度为48.5 kb，具有很强的感染力。当DNA长度为野生型λ DNA长度的75%或105%时，λ噬菌体虽然能够包装成具有感染性的颗粒，但感染效率明显降低。若DNA长度短于野生型λ DNA长度的75%或超出105%，则不能形成具有感染性的噬菌体颗粒。因此，野生型λ DNA太长，必须删除其非必需区，以增加承载外源DNA片段的容量。

分析λ DNA限制性内切核酸酶识别位点的分布，选择合适的酶切位点去除λ DNA的非必需区，确定1~2个单酶切位点作为克隆位点，用来插入（或替换）外源DNA片段。λ DNA共有5个*Eco*R Ⅰ酶切位点，可把λ DNA切割成6个片段，以A、B、C、D、E和F表示（如图4-5），各个片段的长度分别为2 1.6 kb、4.9 kb、5.5 kb、7.5 kb、5.9 kb和3.3 kb，其中片段B对λ噬菌体的生长是非必需的；片段C的缺失会阻断λ噬菌体的溶源生长途径。因此，用

*Eco*R Ⅰ切割λ DNA，切去片段C而保留片段B及其两侧的*Eco*R Ⅰ的识别序列；用点突变或甲基化酶处理使片段E两侧处于必需区内的*Eco*R Ⅰ识别序列失效，并使片段E内不影响溶菌生长途径的min5序列（2.6kb）缺失。构建成的载体λgtWES·λB长度由原来的48.5 kb减少为40.4kb。而且，利用非必需区的片段B及其两侧的*Eco*R Ⅰ识别序列，可通过*Eco*R Ⅰ的完全酶切的外源DNA片段的替换，用于替换的外源DNA片段可长达15.5 kb。

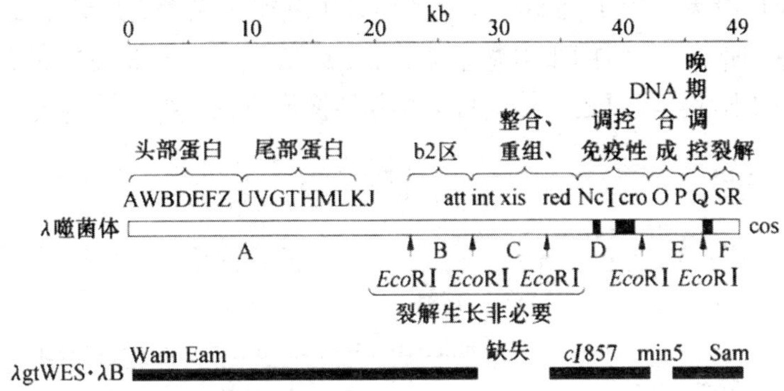

图4-5 λ噬菌体载体的构建

（2）在λ DNA的非必需区内插入选择标记基因。在构建λ噬菌体载体时，最好在非必需区内插入新的选择标记基因，主要有*cI*基因失活、Spi筛选和*LacZ*蓝白斑筛选等。

*cI*基因失活。*cI*基因是λ噬菌体的抑制基因，它的表达可促使λ噬菌体进入溶源状态，而*cI*基因的活性降低则使λ噬菌体进入裂解循环。在带有高频溶源化（high frequency of lysogenization，hfl）的大肠杆菌中，λ噬菌体可高频率地进入溶源状态。而在hfl突变的大肠杆菌中，*cI*基因表达产物增加，使裂解生长受到抑制，高效进入溶菌状态。因此，如果外源DNA片段插入*cI*，将使hfl突变的大肠杆菌高频率进入裂解生长状态。

Spi筛选。野生型λ噬菌体不能在P2噬菌体溶源性细胞内生长（Spi^+），这是受λ噬菌体red和gain产物控制的。因此，red和gain被外源DNA取代后，获得的Spi^-表型能够在P2噬菌体溶源性细胞内生长，这成为red和gain替换型载体正选择标记。但这种标记的局限是只能用P2噬菌体溶源性细胞作为受体菌。

*lacZ*基因。通过插入（或替换）载体中的*lacZ*片段，在IPTG/X-gal平板上可通过蓝、白噬菌斑筛选重组噬菌体。

（3）建立重组λ DNA分子的体外包装系统。在试管中重组的λ DNA分子，必须经过体外包装成噬菌粒后才能有效地感染受体细胞，因此λ噬菌体载体还必须有相应的体外包装系统。建立体外包装系统的关键是筛选获得D基因和E基因缺失的λ噬菌体突变株D^-和E^-。当两个突变株分别感染受体细胞时，两者均能复制λ DNA分子，但由于分别缺少了D蛋白和E蛋白，两者都不能把复制合成的λ DNA包装成噬菌粒，当这两个受体菌细胞合成的蛋白质混合后，则D蛋白和E蛋白互补，能有效地包装λ DNA分子。因此，上述突变株的受体菌经诱导培养后制备用于包装的全部蛋白质，成为λ DNA的体外包装系统。

3. 代表性λ噬菌体载体

λ噬菌体载体有插入型载体（insertion vector）和置换型载体（replacement vector）两种类型。

（1）插入型载体。插入型载体主要有λgt l0、λgt 11和λZAP载体等。其中，λgtl 0载体大小为43 340bp，与λ DNA相比，缺失了含有溶源整合att位点的片段*b*527，N基因至*c*Ⅱ基因的区域被φ434噬菌体片段imm434所替代，仅保留了*cI*基因中一个*Eco*RⅠ位点供外源DNA插入，外源DNA片段的插入可使λgt10变为cI^-，很容易用hlfA150突变的宿主菌筛选重组体，形成噬菌斑，而cI^+则形成溶原菌，产生浑浊噬菌斑。该载体主要用作cDNA文库的构建，允许插入的片段大小为0～6 kb。λgt11插入了乳糖操纵子的启动子及*lac*Za，可提供对重组子的蓝白斑筛选。λ ZAP则将噬菌粒（phagemid）pBluescript SK的全序列插λ噬菌体，含有外源cDNA的阳性克隆可通过体内自动删除转换成质粒重组子的形式（如图4-6）。

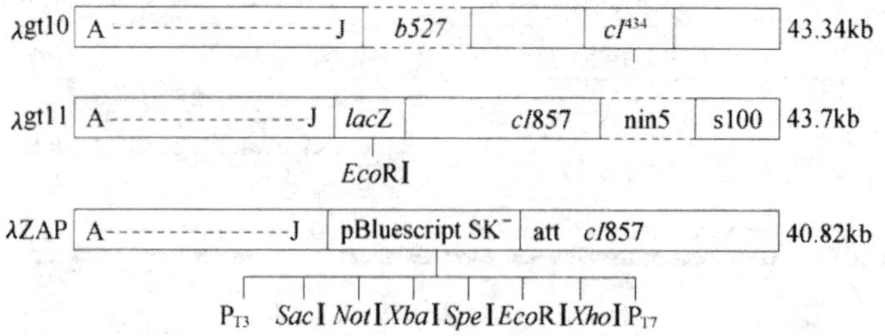

图4-6 几种插入型λ噬菌体载体

（2）置换型λ噬菌体载体。λ DNA进一步去掉大多数的非必需片段形成置换型载体，可以克隆较大的外源DNA片段（9～23 kb）。这类载体由左臂（含有与包装蛋白有关的基因）、右臂（含有与裂解生长有关的基因）以及左右臂之间的一段填充片段（替换了λ DNA溶源循环有关的基因）所组成（如图4-7）。在克隆外源DNA片段时，填充片段被外源DNA片段置换，经体外包装并感染大肠杆菌后，进入裂解生长并形成噬菌斑。这类载体主要用来构建基因组文库。

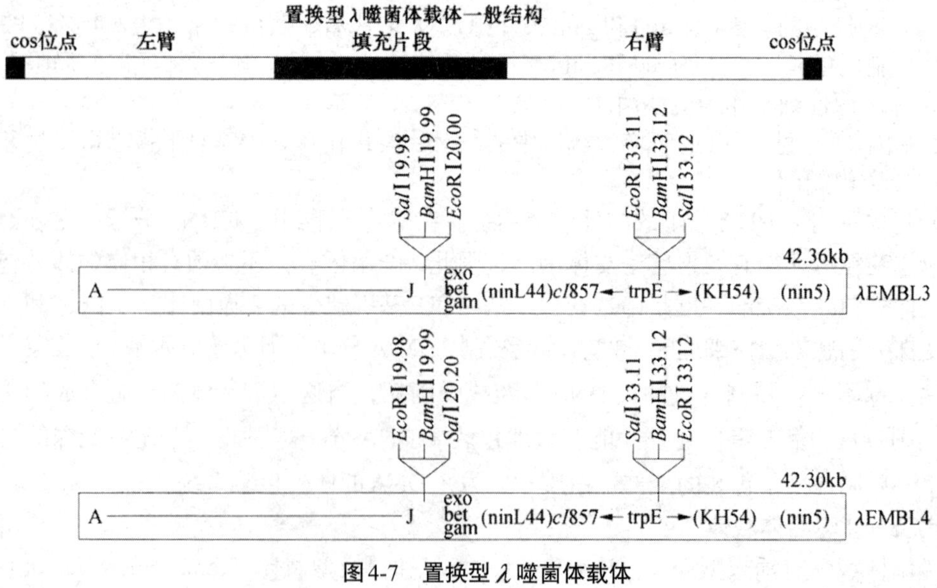

图4-7 置换型λ噬菌体载体

EMBL3和EMBL4载体，长度均为43 kb，其左臂、右臂、填充片段长度分别为

20kb、9kb和14kb，它们克隆的外源DNA片段范围为9 ~ 23 kb。填充片段的两端带有对称的多克隆位点，两个载体的多克隆位点排列位置相反。其中，*Bam*HⅠ位点适合克隆用*Sau*3 AⅠ部分消化的外源DNA片段（如图4-7）。当外源DNA片段替换填充片段后，重组体变成red⁻gain⁻，同时载体上还含有chi位点，可用P2噬菌体的溶源性大肠杆菌进行spi⁻筛选重组体。在得到阳性克隆后，可用*Sal*Ⅰ（或*Eco*RⅠ）将外源片段从重组载体上切割下来。

（二）M13噬菌体载体

基因工程中常常对单链DNA进行测序、制备探针或实施有效的定点突变，应用M13噬菌体载体可获得单链DNA。

1. M13噬菌体的增殖

M13噬菌体是一种丝状噬菌体，内含有一个环状单链DNA分子（“+”链DNA），长6407 bp，其中含有1个长度为507 bp的基因间隔区（IS）（5489 ~ 6005 bp），该区域含有复制起始位点，部分核苷酸即使发生突变、缺失或插入外源DNA片段，也不会影响M13 DNA的复制，是实施改造、构建人工载体的重点区域。

M13噬菌体感染雄性大肠杆菌后，M13的“+”链DNA进入细胞内，指导复制“–”链DNA，并与之互补形成M13复制型DNA（replicative form DNA，RF-DNA）。RF-DNA按一般环状双链DNA进行θ型复制。同时，以“+”链DNA为信息链转译出一系列与包装相关的蛋白质。当细胞内的RF-DNA达到100 ~ 200个拷贝时，细胞内产生并积累足够的单链DNA结合蛋白表现抑制翻译的活性，并与新合成的“+”链DNA结合，阻止其转化成RF-DNA。此时，DNA的合成几乎只产生子代“+”链DNA，新合成的“+”链DNA立即被细胞内的壳蛋白包装成新的噬菌体颗粒，并且不断被挤出宿主细胞。被感染的细胞一个世代可释放大约1000个子代噬菌体颗粒，而不导致宿主细胞的溶菌生长。

M13 DNA在宿主细胞中以双链形式存在，但是，释放到细胞外的M13噬菌体颗粒中却以“+”链DNA的形式存在。因此，通过梯度离心可以分别获得双链RF-DNA和单链DNA。不管是双链RF-DNA还是单链DNA，均可转染大肠杆菌受体细胞。所以，M13噬菌体载体可以直接转染宿主，而不需要烦琐的体外包装。

2. M13噬菌体载体

虽然野生型M13 DNA可直接转染宿主细胞，但它缺少选择标记和克隆位点。要开发成为载体，还需要进行以下改造：在IS区内插入选择性标记基因，在选择标记基因区组装合适的多克隆位点衔接物（linker）。利用RF-DNA的IS区内的，BsuⅠ酶切位点，插入*lac*Za选择标记基因，再在*lac*Za区插入多克隆位点衔接物。为了获得外源DNA片段两条链的单链，需要构建成对的M13克隆载体，在它们的*lac*Za区插入一对多克隆位点连杆，这对衔接物上具有相同的一系列克隆位点，但多克隆位点的排列相反。例如，M13mp8/pUC8、M13mp9/pUC9、M13mp10/pUCl2、M13mpl.1/pUCl3、M13mpl8/pUC l8和M13mp19/pUC19（如图4-8）。

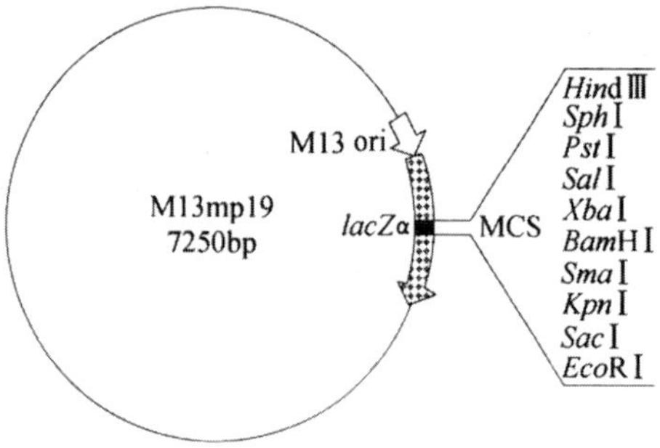

图4-8 M13mpl9载体

三、噬菌体-质粒杂合载体

（一）黏粒载体

噬菌体载体可容纳较大的外源DNA片段，但包装限制仍然较大；质粒载体具有在转化宿主细胞中自动进行复制和维持的能力，但承载外源DNA片段的容量有限。黏粒载体（Cosmid Vector）针对噬菌体载体和质粒载体的不足而构建成的兼具两者优点的一类载体，提高了承载外源DNA片段的容量，并大大简化了操作。

1. 结构特征

黏粒载体由质粒和含有*COS*位点的λ DNA片段所组成，大小一般在5～7 kb，包括质粒的复制起点、抗性标记基因、多克隆位点和λ DNA的*COS*位点，既可以转化大肠杆菌并按质粒复制的方式进行复制，又可以承载40kb左右的外源DNA片段。由于黏粒载体带有噬菌体的包装序列，可以用包装蛋白包装，不带外源DNA片段的载体因为包装下限而不能被包装，具有很强的选择性。包装产物通过感染宿主菌高效地将重组DNA导入宿主细胞。黏粒载体被用于构建基因组文库。

2. 黏粒载体的使用程序

使用黏粒载体的程序与λ噬菌体载体有所不同。线性重组λ DNA两端必须各有一个*COS*末端，而黏粒载体却只有一个*COS*位点。因此，使用时首先须对黏粒载体进行适当处理，构成具有两个*COS*位点的二联体线性DNA分子，当外源DNA重组进入二联体线性DNA分子，而且两个*COS*位点之间的核苷酸序列足够长且与包装蛋白混合时，两个*COS*位点可被A蛋白所切割，并将两个同方向*COS*位点之间的片段包装到λ噬菌体颗粒中去。这些噬菌体颗粒感染大肠杆菌时，线状的重组DNA就像λ噬菌体DNA一样被注入细胞并通过*COS*位点环化，能像质粒一样自主复制并使宿主获得抗性，最后获得大肠杆菌菌落，而不是噬菌斑。

（二）噬菌体载体

M13噬菌体载体虽可以方便地制备带有外源DNA片段的单链DNA，但是M13噬菌体载体最大只能克隆1.5 kb的DNA片段，这在很大长度上限制了载体的使用。噬菌体载体是在综合质粒载体和M13噬菌体载体优点的基础上建立起来的，含有*Col*E 1复制起始位点、抗生素抗性选择标记和丝状体噬菌体DNA间隔区（含有噬菌体DNA复制起始、终止以及噬菌体颗粒形态发生所必需的全部顺式作用元件)。噬菌粒载体既可以作为常规的质粒载体使用，也可以作为载体用于克隆外源DNA片段获得单链。

pUC118和pUC119。它们是成对的、功能比较完善的噬菌体载体，大小为3162 bp，它们分别在pUC 18和pUC 19质粒载体的基础上插入M13噬菌体载体的间隔区构建而成。当含有这些质粒的细胞被适当的丝状噬菌体感染时，可以合成质粒DNA的其中一条链，并包装在子代噬菌体颗粒中。pUC 118和pUC 119的唯一差异是多克隆位点的排列相反（如图4-9、图4-10)。

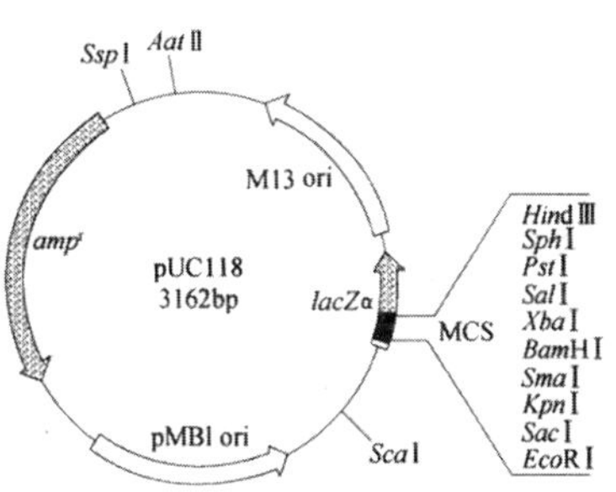

图4-9　pUCl18载体

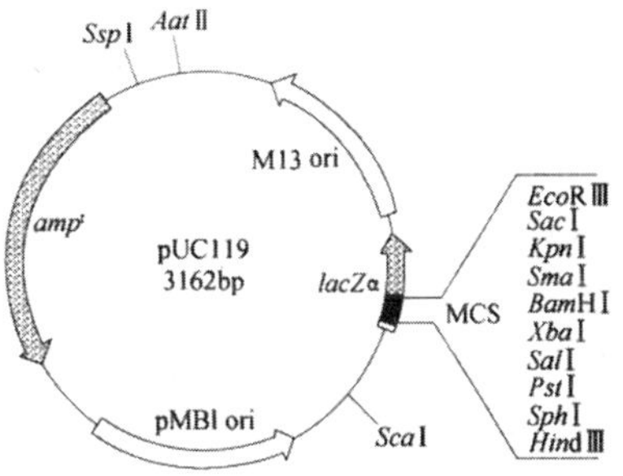

图4-10　pUCl19载体

pBluescriptⅡ KS（±）。它是一种多功能的噬菌体-质粒杂合载体，它除了含有质粒载体的α-互补、多克隆位点等基本要素外，还具有噬菌体启动子和f1噬菌体（与M13噬菌体等同）DNA的复制与包装信号等多种元件或功能。pBluescriptⅡKS（±）一般由4个噬菌粒组成一套系统，其差别在于多克隆位点的方向相反或单链噬菌体的复制起始方向相反（如图4-11)。

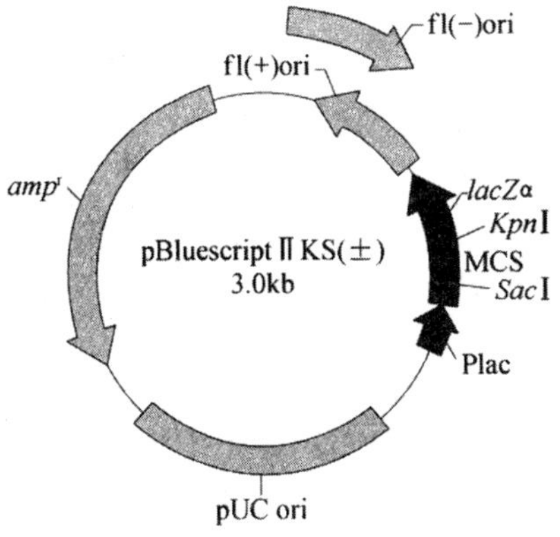

图4-11　pBluescriptⅡ KS(±)载体

四、人工染色体及其应用

染色体具有复制功能，利用染色体的复制元件来驱动外源DNA片段复制的载体称为人工染色体载体（artificial chromosome vector)，其装载外源DNA的容量比质粒、噬菌体和噬菌体-质粒杂合载体等有很大的拓展，甚至可以跟染色体的大小相媲美。

人工染色体载体拷贝数少，制备困难，通常采取“穿梭载体”的策略来解决。这类载体含有质粒载体所必备的第一受体（大肠杆菌）质粒复制起始位点，还含有第二受体（如酵母）端粒（telomeric repeat，TEL）、DNA复制起始位点（ARS）和着丝粒（centromere，CEN）以及合适的选择标记。这样的载体在大肠杆菌内可以按质粒复制形式进行高拷贝复制，载体在体外与目的DNA重组后转化到第二受体细胞，按照染色体复制的形式进行复制和传递。筛选第一受体的克隆子一般采用抗生素抗性选择标记，筛选第二受体的克隆子常用与受体互补的营养缺陷型。

常用的人工染色体有酵母人工染色体（yeast artificial chromosome，YAC）和细菌人工染色体（bacterial artificial chromosome，BAC）等。

（一）酵母人工染色体

1. 酵母人工染色体的复制元件和标记基因

将酵母染色体DNA的端粒、DNA复制起点和着丝粒及必要的选择标记基因克隆到pBR 322中，构建成YAC克隆载体。此载体的*sup*4（酪氨酸+RNA赭石突变抑制）基因上，组装了供外源DNA片段克隆的位点，既保证载体在大肠杆菌中高拷贝复制，又可满足重组DNA在酵母中自主复制、染色体在子代细胞间的分离及保持染色体稳定的需要。

YAC载体的选择标记采用营养缺陷型基因，如色氨酸、亮氨酸和组氨酸合成缺陷型基因（*trp*1、*leu*2和*his*3）、尿嘧啶合成缺陷型基因（*ura*3）以及赭石突变抑制基因（*sup*4）。常用的YAC载体有3种：pYAC3、pYAC4和pYAC5，主要区别在于*sup*4基因上的克隆位点不同，分别是SnaB Ⅰ、*Eco*R Ⅰ和Not Ⅰ。如图4-12是pYAC4结构示意图。

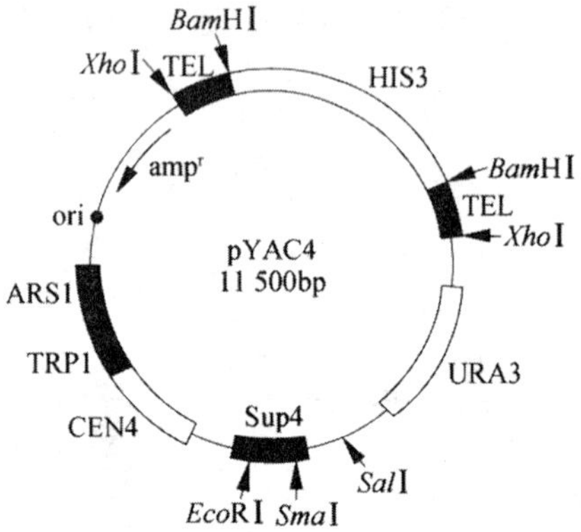

图4-12　pYAC4载体

2. YAC载体的应用

YAC载体主要用来构建基因文库，特别用来构建高等真核生物的基因组文库。大多数YAC文库中，克隆子能容纳的外源DNA片段长度可达250 ~ 400kb。

图4-13是pYAC4载体使用流程图。先用*Bam*H Ⅰ切割成线状，形成了一个微型酵母染色体，再利用*Eco*R Ⅰ或*Sma* Ⅰ酶切雄基因内部的位点形成染色体的两条臂，与外源大片段DNA连接后形成一个大型的酵母人工染色体，转移到酵母后可以像染色体一样复制，并随着细胞分裂到子细胞中去，达到克隆大片段的目的。外源片段的插入导致*sup*4雄基因插入失活，从而使重组菌形成红色菌落；而载体自连转化到酵母细胞后所形成的菌落为白色。

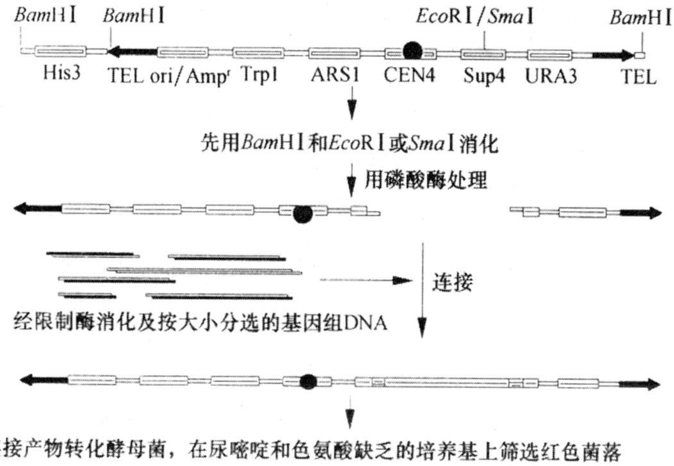

图4-13 YAC载体的原理性工作流程

（二）细菌人工染色体

1. F质粒

大肠杆菌的F因子是一个约100 kb的质粒，它编码60多种参与复制、分配和接合过程的蛋白质。虽然F因子通常以双链闭环DNA（1～2个拷贝/细胞）存在，但它可在大肠杆菌染色体中至少30个位点处进行随机整合。携带F因子的细胞，或以游离状态或以整合状态表达3根发样状的F菌毛。F菌毛为供体与受体细胞之间产生性接触所必需。

2. 细菌人工染色体（BAC）

BAC是基于大肠杆菌的F质粒构建的高通量低拷贝质粒载体，空载时长度为7.5 kb的环状DNA，携带有1个cm^r。BAC的复制单元来自大肠杆菌F质粒，包括严谨型复制子oriS、1个促进DNA复制的由ATP驱动的解旋酶（RepE）以及3个确保低拷贝质粒精确分配至子代细胞的基因座（parA、Par B和parC）。BAC载体可通过a互补的原理筛选含有插入片段的重组子，设计了用于回收克隆DNA的*Not* Ⅰ酶切位点和用于克隆DNA测序的Sp6和T7启动子。重组子通过*Not* Ⅰ消化后，可以得到完整的插入片段。图4-14是常用的IBAC载体pBeloBAC11。

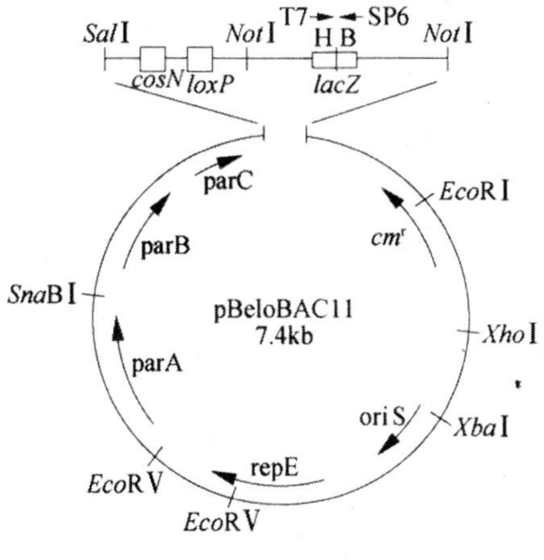

图4-14 pBeloBAC11载体

大多数BAC文库中克隆的平均大小约120 kb，而个别的BAC重组子中含有的基因组DNA最大可达300 kb。BAC载体的容载能力没有YAC载体大，但是BAC具有更多优点：①以大肠杆菌为寄主，转化率高，构建BAC文库比YAC文库更容易；②BAC载体以环型超螺旋状态存在，从大肠杆菌中提取质粒较方便，而从酵母中分离DNA较困难；③BAC的复制子来源于F因子，可稳定遗传，嵌合及重组现象少；④可以通过菌落原位杂交来筛选目的基因，方便快捷；⑤BAC载体在克隆位点的两侧具有T7和*Sp*6聚合酶启动子，可以用于转录获得RNA探针或直接用于插入片段的末端测序。

基于上述优越性，BAC载体成为构建大片段基因组文库的主要载体，成为基因组测序和基因组的遗传图谱和物理图谱构建的主要工具。

第二节　酵母基因克隆载体

酵母是一种结构简单的单细胞异养真核生物，能够在廉价的培养基上生长，可进行高密度发酵，具有对外源基因表达蛋白进行加工和修饰的功能，如二硫键的正确形成、前体蛋白的水解加工及糖基化作用等。与高等真核生物相似，酵母还能移除外源基因表达产物的起始甲硫氨酸，避免了基因表达产物作为药物使用时引起的免疫反应。因此，酵母是一种用来表达外源基因产物的重要宿主细胞。

几乎所有的酿酒酵母菌中都存在一种质粒，即2μm质粒，可利用它构建系列用于酵母转基因的质粒载体。

1. 酵母2μm质粒

酵母2μm质粒是一种环状DNA分子，每个细胞内含有2 ~80个拷贝。它是真核生物染色体外遗传因子中研究得最多、最深入的一种质粒，其主要组成元件和限制性内切核酸酶酶切位点见图4-15。由于2μm质粒DNA分子中两个599 bp的反向重复序列IR1和IR2之间易发生重组，导致这种质粒呈现两种不同类型：A型和B型。图4-15所示的是A型。

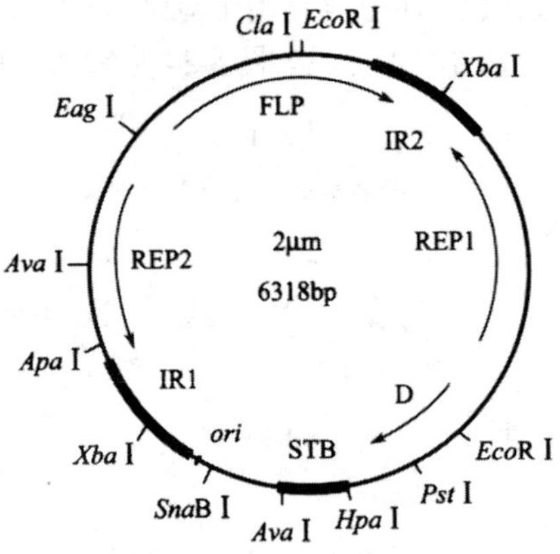

图4-15　酵母2μm质粒

2μm质粒含有复制起始位点*ori*，能在酵母细胞内进行染色体外自主复制。在细胞有丝分裂时质粒拷贝数非常稳定，在单倍体细胞中质粒的自发丢失率约为每代10^{-4}。在细胞减数分裂时，质粒可分配到4个孢子中。含有2μm质粒的菌株称为cir^+，否则称为cir^0。

2. YEp24（酵母游离型质粒）载体

将含2μm质粒复制起始位点的2.2 kb片段和含酵母染色体基因组URA 3基因的1.1 kb片段，分别插入pBR 322质粒的*EcoR* Ⅰ和*Hin*dⅢ位点，构建得到酵母游离型质粒载体YEp24（如图4-16）。由于YEp24含有酵母2μm质粒的复制起始位点和大肠杆菌pMB 1质粒的复制起始位点，因此，既可以在酵母菌中复制，也可以在大肠杆菌中复制，是一种穿梭质粒载体。当酵母细胞有丝分裂时，该质粒载体在cir^+菌株中较为稳定，每个细胞含约20个拷贝；在cir^0菌株中稳定性较差。

YEp24载体保留了pBR 322的Ap^r和Tc^r标记基因，供筛选大肠杆菌克隆子；同时含有URA 3标记，供筛选酵母菌克隆子。URA 3基因可以补偿酵母菌ura3突变。

含2μm质粒序列的YEp24质粒载体具有很高的转化效率，1μg DNA可获得$10^4 \sim 10^5$个克隆子。由于这种质粒载体在有丝分裂和减数分裂时能相对稳定地进行高拷贝复制，所以常用于酵母菌高水平表达外源目的基因。

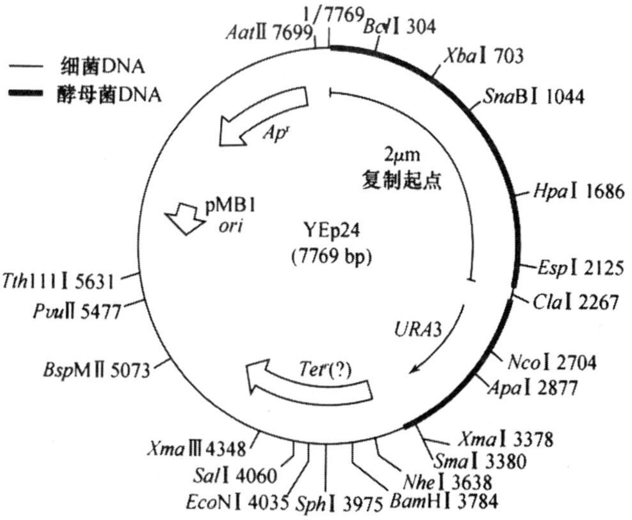

图4-16　酵母质粒基因载体YEp24

第三节　植物基因克隆载体

一、农杆菌Ti质粒载体

（一）农杆菌Ti质粒

致癌农杆菌（Agrobecterium tumefaciens）含有一种内源质粒，当农杆菌同植物接触时，这种质粒会引发植物产生肿瘤（冠瘿瘤），所以称此质粒为Ti质粒（tumor inducing plasmid）。根据冠瘿瘤合成的冠瘿碱种类不同，Ti质粒可分为章鱼碱型（octopine）、胭脂碱型

(nopaline)、农杆碱型(agropine)、农杆菌素型(agrocinopine)和琥珀碱型(succinamopine)等。Ti质粒是一种双链环状DNA分子，其大小因种类而异，为200 ~ 800 kb。Ti质粒可分为4个功能区：T-DNA区、Vir区、Con区和Ori区。

1. T-DNA区

Ti质粒能进入植物细胞的只是一小部分，约25 kb。这种能转移到植物细胞内的DNA片段称为T-DNA(transfer DNA)。T-DNA左右两侧各有一个25 bp长的正向重复序列(LTS和RTS)(如图4-17)，它们在不同的Ti质粒中高度保守。两侧边界序列对T-DNA的转移和整合不可或缺，尤其是右侧边界序列发生突变和缺失，会导致T-DNA转移效能大幅降低，甚至完全丧失。T-DNA只要保留两侧边界序列，即使中间的序列不同程度地被外源DNA片段所替换，仍可转移并整合到植物基因组中，这就是利用Ti质粒进行遗传转化的理论依据。T-DNA两侧边界的25 bp序列经有限制性内切核酸酶活性的酶切割后，连接形成环状中间体并进入植物细胞。

LB 5′-GGCTGGCTGG NNNCAGGTATATTGNNNNGTAAAC AAATTGACGC-3′
3′-CCGACCGACC NNNGTCCATATAACNNNNCATTTG TTTAACTGCG-5′

RB 5′-TATCAGTGGT GACAGGATATATTGGCGCGTAAAC CTAAGAGAAA-3′
3′-ATAGTCACCA CTGTCCTATATAACCGCGCATTTG GATTCTCTTT-5′

图4-17 T-DNA的LTS核苷酸序列(LB)和RTS核苷酸序列(RB)

T-DNA上存在一些基因，包括章鱼碱合成基因(*ocs*)或胭脂碱合成基因(*nos*)或其他冠瘿碱合成基因、细胞分裂素合成基因*tms*(*Shi*位点)和控制植物生长素合成的基因*tmr*(*Roi*位点)。T-DNA进入植物细胞后，能以单拷贝或多拷贝的形式随机整合到染色体DNA上，随染色体DNA的复制而复制。另一方面，T-DNA上的基因能被植物表达调控信号识别，并依赖植物细胞中的RNA聚合酶Ⅱ进行转录。*tins*基因编码色氨酸单加氧酶和吲哚乙酸水解酶，能将色胺转变成吲哚乙酸。*tmr*基因编码异戊烯基转移酶，催化合成一种有活性的细胞分裂素——异戊烯基腺苷5'-单磷酸。在这两种基因表达产物的共同作用下，植物细胞内激素水平提高，从而破坏了植物细胞内源激素的平衡，导致细胞异常分裂，诱发植物形成肿瘤。通常可以将诱发肿瘤的相关基因统称为*Onc*基因。

2. Vir区

在Ti质粒T-DNA区的上游有一组基因，其表达产物可激活T-DNA向植物细胞转移，诱发植物肿瘤，呈现出农杆菌的致病性，因此称为Vir区。章鱼碱型Ti质粒Vir区的大小约为40 kb，含8个操纵子，共24个基因；胭脂碱型Ti质粒Vir区只有7个操纵子。当农杆菌感知植物细胞分泌物如糖、氨基酸和酚等类化合物存在时，可以诱导和活化Ti质粒Vir区的操纵子基因，共同调控T-DNA的转移。

3. Con区

Con区含有与农杆菌之间接合转移有关的基因(*tra*)。这种基因受宿主细胞合成的冠瘿碱激活，使Ti质粒在细菌间转移，所以也称Con区为接合转移基因编码区。

4. Ori区

Ori区的基因能调控Ti质粒的自我复制，称为复制起始区。Ti质粒是一种天然的质粒载体，只要外源基因能组装到T-DNA上的特定位点，就有可能转入植物细胞，达到转基因的目的。不过这种转基因的植物细胞只能分裂，不能再分化成植株，难以达到选育转基因植物的目的。因此，野生型Ti质粒不能直接作为植物转基因的载体。

（二）农杆菌Ti质粒载体的构建

构建Ti质粒载体的基本策略主要有以下几点：删除T-DNA上的*tms*和*tmr*基因，缺失天然Ti质粒的“致瘤”能力，同时恢复受感染植物细胞再生植株的能力，故称为卸甲载体（disarmed vector）或Onc^-Ti质粒载体；删除与T-DNA转化无关的冠瘿碱合成酶基因，进一步减少Ti质粒载体的大小和重复的酶切位点，便于分子重组操作；引入大肠杆菌复制子和选择标记，便于重组子的克隆和扩增，是一种大肠杆菌和农杆菌的穿梭载体；引入植物基因启动子和筛选标记基因（如*npt* Ⅱ基因等），为转基因植物的筛选及外源基因表达提供分子元件。与大肠杆菌和蓝藻的质粒载体不同，Ti质粒载体并非用于农杆菌，而是用于转化植物，农杆菌只起着中间介导的作用。

1. Ti质粒载体

用大肠杆菌质粒载体取代野生型Ti质粒的全部或部分T-DNA核苷酸序列，构建成取代型Ti质粒载体。如果T-DNA上的*Onc*基因被取代，构建的Ti质粒载体则称为Onc^-Ti质粒载体。按此途径构建的Ti质粒载体一般分为3种类型：第一种类型是保留T-DNA的两侧序列和*nos*基因（如图4-18 A）；第二种类型是缺失了整个T-DNA区（如图4-18 B）；第3种类型是T-DNA右侧序列完全缺失而保留了左侧的部分序列（如图4-18 C），保留的T-DNA部分左侧序列可用于与其他基因载体中相应的同源序列进行交换重组。

为了便于研究外源目的基因在冠瘿瘤中的表达，可以将T-DNA区中的部分序列用pBR322取代，但仍保留*Onc*基因，这样构建的载体称为Onc^+Ti质粒载体（如pGV3851和pMPGl等）。该类载体进入植物细胞后，可诱发冠瘿瘤。

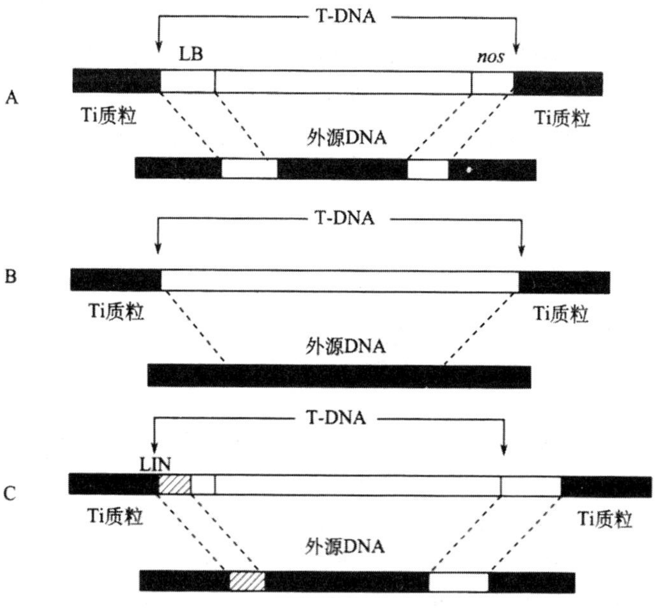

图4-18 Onc^-Ti质粒载体构建示意图

2. 中间质粒载体及转化系统

由于Ti质粒载体分子较大，不便于直接导入目的基因等分子操作。但在T-DNA转移过程中，*Vir*基因并不一定与T-DNA位于同一个质粒上，因此可以通过构建中间载体的方法有效解决不能直接导入目的基因的困难。

大肠杆菌具有能与农杆菌高度接合转移的特性，因此将T-DNA片段克隆到大肠杆菌的质粒中，并插入外源基因，最后通过接合转移把外源基因转入农杆菌的Ti质粒上。带有重组T-DNA的大肠杆菌质粒的衍生载体称为“中间质粒载体”（intermediate plasmid vector），而接受中间质粒载体的Ti质粒则称为受体Ti质粒（acceptor Ti plasmid），一般是卸甲Ti质粒载体。如果卸甲载体中已经缺失的T-DNA部分被大肠杆菌的常用质粒pBR 322取代，则克隆在pBR 322中间质粒载体上的外源DNA片段能与卸甲载体上的pBR 322质粒DNA发生同源重组，从而将外源基因整合到卸甲Ti质粒载体上。中间载体通常是多拷贝的*E.coli*小质粒，从结构特点看，可分为两类，即共整合系统中间载体和双元系统中间载体。

基于两类中间载体，分别建立了两类转化体系：整合载体系统和双元载体系统。共整合载体系统的中间质粒载体含有与T-DNA同源的序列和*bom*位点。当辅助质粒存在时，该类载体从大肠杆菌细胞中被动迁移到农杆菌细胞内，然后通过T-DNA同源序列发生重组，将中间质粒载体上的外源DNA片段插入Ti质粒载体中，最后通过农杆菌介导，将Ti质粒载体上的外源DNA整合到植物染色体上。该类中间质粒载体中的T-DNA区一般缺失LTS和RTS。

双元载体系统由相容性的微型Ti质粒（mini-Ti plasmid）和辅助Ti质粒（helper Ti plasmid）构成，相当于共整合载体系统中的中间质粒载体和卸甲质粒载体，T-DNA和*Vir*基因分别位于两个独立的质粒上，通过反式激活T-DNA转移到植物细胞基因组内。微型Ti质粒就是含有T-DNA边界但缺失*Vir*基因啪Ti质粒，还含有广谱质粒的复制起始位点（*ori* V）和转移起始位点（*nic*），同时具有选择性标记基因。辅助质粒为含有*Vir*区段但T-DNA缺失的突变型质粒，完全丧失了致瘤的功能。当微型Ti质粒与具有*Vir*基因的辅助Ti质粒共存于农杆菌细胞时，在*Vir*基因产物作用下，外源基因随T-DNA左、右两侧序列插入植物染色体DNA中。在双元载体系统中，载体的构建过程比较简单，同时微型Ti质粒分子较小，便于分子操作，不需要经过两个载体的共整合过程，外源基因的转化效率高于整合载体系统。此外，利用基因枪等基因转移技术，可以把含T-DNA左、右两侧边界序列的质粒载体直接导入植物细胞，达到转基因的目的。

二、CaMV克隆载体

花椰菜花叶病病毒（cauliflower mosaic virus，CaMV）是一种能感染十字花科和少数非十字花科（如茄科）植物的病毒。CaMV颗粒是直径约为50 nm的等径球状结构，由外壳蛋白、核心蛋白等多种多肽和一个环状双链DNA分子组成。

1. CaMV DNA分子

CaMV是为数不多的植物双链DNA病毒之一。CaMV DNA分子的大小约8 kb，在病毒颗粒中以开环形式存在，两条链的一定位置出现核苷酸序列不连续的缺口。在负链上有一个缺口（G1），在正链上有两个缺口（G2，G3）。缺口处的不连续链不是少了一个或几个核苷酸，而是其5'端多了若干个核苷酸，成为5'端凸出的单链（如图4-19）。单链的大部分核苷酸序列与不连续链3'端的核苷酸序列重叠。当CaMV感染敏感的植物后，释放出CaMV DNA，进入植物细胞，单链部分被S1酶降解，缺口自行闭合，成为环状DNA分子。对CaMV DNA分子已进行了全序列测定，在此基础上绘制了限制性内切酶的限制性图谱。

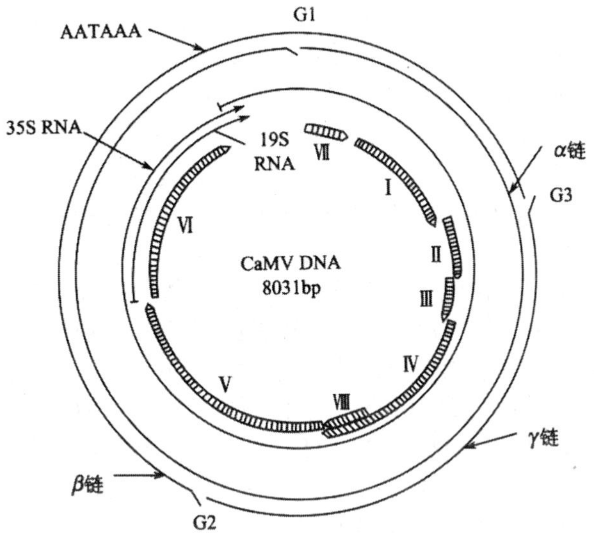

图4-19　CaMV DNA结构图

2. CaMV基因区

在CaMV DNA分子上已发现8个开放阅读框（open reading frame，ORF）和3个间隔区。ORF Ⅰ编码的是运动蛋白，负责CaMV在细胞间的转运。ORF Ⅱ与蚜虫感染有关，其表达产物与蚜虫口针或前肠的特殊位点相互作用。ORF Ⅲ编码的可能是一种病毒结构蛋白，有助于基因组在组装时的正确折叠。ORF Ⅳ编码的蛋白是构成病毒外壳的亚单位。ORF Ⅴ与反转录相关，编码的蛋白质是病毒的反转录酶。ORF Ⅵ与宿主的范围、病害的发生和症状的出现等密切相关。ORF Ⅶ和ORF Ⅷ的功能还不清楚。

在ORF Ⅵ和ORF Ⅶ之间有一个约700 bp的间隔区（IR1），在ORF Ⅶ和ORF Ⅰ之间有一个约60 bp的间隔区（IR2），在ORF Ⅴ与ORF Ⅵ之间有一个约60 bp的间隔区（IR3）。

在IR1区和IR3区各有一个启动子结构，分别启动同方向转录35S RNA和19S RNA，而两者的终止子都在IR1区。转录35S RNA的启动子是植物基因工程中应用非常广泛的一种组成型强启动子。组装了35S启动子的外源基因可以在植物细胞内得以高效表达，在蓝藻细胞内也能有效表达。35S启动子可被分为两个区域，即A区和B区，如图4-20。A区从第−90位核苷酸到第+8位核苷酸，主要是−83～−63位的核苷酸序列，启动基因在植物根部特异性表达；B区从第−343位核苷酸到第−90位核苷酸，启动基因在植物地上部特异性表达。

```
▼-343
TGAGACTTTT CAACAAAGGG TAATATCCGG AAACCTCCTC
        ▼-301
GGATTCCATT GCCCAGCTAT CTGTCACTTT ATTGTGAAGA
TAGTGGAAAA GGAAGGTGGC TCCTACAAAT GCCATCATTG
                ▼-208
CGATAAAGGA AAGGCCATCG TTGAAGATGC CTCTGCCGAC
                                  ▼-155
AGTGGTCCCA AAGATGGACC CCC ACCCACGAGGAGCATCG
                                         ▼-108
TGGAAAAAGA AGACGTTCCA ACCACGTCTT CAAAGCAAGT
                ▼-90
GGAT[TGA]TGT GATATCTCCA C[TGACG]TAAG GGA[TGACG]CA
                  ▼-46
CAATCCCACT ATCCTTCGCA AGACCCTTCC TC[TATATAA]G
GAAGTTCATT TCATTTGGAG AGGACACGCT G
```

图4-20　35 S启动子的核苷酸序列和分区

3. CaMV的增殖和感染

CaMV颗粒经过蚜虫口针进入植物细胞内后，CaMV DNA分子脱壳进入细胞核，但是不插入染色体DNA。CaMV DNA在细胞核内，正、负链的不连续处分别连接，以负链为模板，转录出35S RNA和19S RNA，转移到细胞质中进行翻译。同时以35S RNA为模板，反转录出“–”链DNA。进一步以“–”链DNA为模板，复制出“+”链DNA，形成开环双链DNA，被宿主细胞合成的壳蛋白包装成新的CaMV颗粒，经过胞间连丝进入另一个细胞，或通过蚜虫口针感染另一植物。

此外，提取的CaMV DNA可以转染植物细胞。即使用一种限制性内切核酸酶将CaMV DNA切割成全长线形DNA，仍有转染能力。甚至在ORF Ⅱ区或ORF Ⅶ区插入500 bp以下的外源DNA片段，也不丧失转染能力和增殖功能。所以ORF Ⅱ区的*Xho* Ⅰ位点和ORF Ⅶ区的Bst E Ⅱ位点常用于改造CaMV DNA的克隆位点。如果用一种在CaMV DNA上有两个识别序列的限制性内切核酸酶或用两种在DNA上有一个识别序列的限制性内切核酸酶切割CaMV DNA，获得的两个DNA片段分别转染敏感的宿主细胞，均失去了感染能力；而同时转染时，则恢复感染能力。如果两种互补的非感染突变体CaMV同时接种同一敏感宿主细胞，那么在宿主细胞内可以重新组装成全长的CaMV DNA分子。

4. 构建CaMV基因载体的基本策略和途径

如上所述，在自然条件下，CaMV感染敏感的宿主后，其DNA可以侵入植物细胞，并且在细胞内进行复制、转录和翻译，称得上是天然的植物基因工程基因载体，但其结果是导致植物的病害。因此，如何利用CaMV DNA能侵入植物细胞的特性，通过对CaMV DNA的改造，使其能携带人们需要的目的基因导入植物细胞，并且消除CaMV对植物的致病性，这就是构建CaMV基因载体的基本策略。用CaMV DNA构建基因载体的主要途径如下。

（1）构建互补基因载体。先获得两种缺陷型CaMV。其中一种缺陷型CaMV仅具有病毒的少数几种功能，不具感染能力，但是在其有缺失的DNA上组装了包含目的基因和选择标记基因等元件的外源DNA片段；而另一种缺陷型CaMV缺少了前一种缺陷型CaMV所具有的功能，但是也不具感染能力。当这两种缺陷型CaMV彼此获得对方提供的产物时，就具有感染能力。但是不同CaMV突变株之间的DNA可能发生重组，重新产生野生型CaMV，造成CaMV的人为传播。这是互补基因载体系统的一大缺点，因此很少被采用。

（2）构建置换型基因载体。根据CaMV DNA的ORF Ⅱ区对转染不是必需的原理，可构建插入置换型基因载体（如图4-21）。

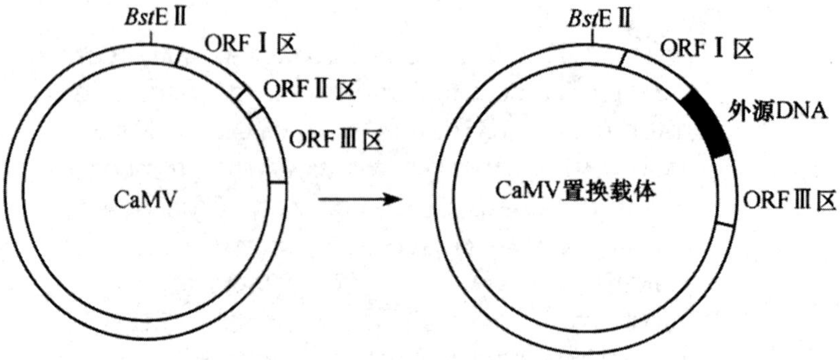

图4-21　CaMV置换型基因载体示意图

有人把含二氢叶酸还原酶基因dhfr的DNA片段（234 bp）置换ORF Ⅱ区，获得的重组DNA分子转染萝卜叶片，用氨甲蝶呤检测萝卜叶片中的二氢叶酸还原酶。氨甲蝶呤能抑制DNA和RNA的合成，而二氢叶酸还原酶能降解氨甲蝶呤。经过转染处理的萝卜叶片培养在含氨甲蝶呤和^{32}P的培养基中，被转染的细胞能继续生长，并且可以检测到^{32}P标记的DNA和RNA，表明被转染的细胞仍能合成新的DNA和RNA；而未被转染的细胞由于不能合成新的DNA和RNA，停止生长。根据这一性质可以筛选出转染的细胞。但是，由于此类基因载体容许置换的外源DNA片段比较小，影响了其应用价值。

（3）构建混合基因载体。把CaMV DNA组入Ti质粒DNA分子后，可以通过致癌农杆菌导入植物细胞，整合到染色体DNA上。这被认为是发展CaMV克隆载体的有效途径。预先构建的CaMV克隆载体经过合适的限制性内切核酸酶切割后，组入Ti质粒基因载体的T-DNA区，可构建成混合基因载体（如图4-22）。

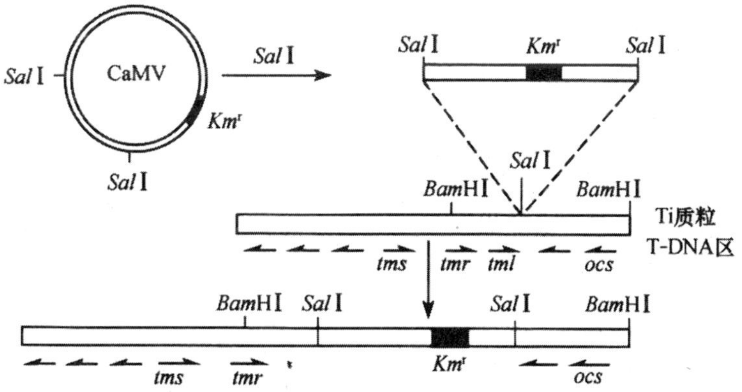

图4-22 混合基因载体构建途径示意图

此类质粒基因载体借助辅助质粒可进入含Ti质粒的农杆菌，与内源Ti质粒同源重组，根据选择标记筛选出含混合基因载体的菌落，感染植物幼苗的茎，可获得转化植株。

（4）构建CaMV-融合基因基因载体系统。CaMV感染敏感的植物后，植物细胞内产生高水平的35S RNA，因此认为启动35S RNA转录的启动子（35S启动子）是一种强启动子。利用35S启动子在植物细胞（或蓝藻细胞）中的有效性，与目的基因组成融合基因，目的基因可以在植物中进行高效转录和表达。因此，构建了一系列含35S启动子的基因载体，广泛地用于基因高效表达的研究。含35S启动子的基因载体中，35S启动子下游应依次组装多克隆位点连杆和终止子，允许克隆含目的基因的DNA片段，组成具有转录和翻译功能的融合基因。pPKE2是一种很好的CaMV-融合基因基因载体。基因载体pPKE2中除了35S启动子融合基因基因载体的基本结构外，还组入了蓝藻内源质粒的复制起始位点。这样的基因载体可以转化蓝藻细胞，并且已经证实与35S启动子融合的目的基因可以在蓝藻细胞中进行表达。

三、TMV克隆载体

烟草花叶病毒（tobacco mosaic vi rus，TMV）能在侵染植物细胞中大量积累，具有作为表达基因载体的潜力。TMV为烟草花叶病毒属的典型种，病毒粒子为短杆状，长约300 nm。其基因组为单链正义RNA，共有6395个核苷酸，包括4个开放阅读框（ORF），分别编码126 kDa蛋白（含1116个氨基酸）、183 kDa蛋白（含1616个氨基酸）、30 kDa蛋白（含268个氨基酸）和17.5 kDa蛋白（含159个氨基酸）。183 kDa蛋白是126 kDa蛋白ORF终止子通读（read through）产生的，其中通读部分蛋白质大小为54 kDa（又称54 kDa蛋白），含有复制酶保守序列。126 kDa蛋白和183 kDa蛋白参与病毒的复制，又称RNA依赖性RNA聚合酶（RNA dependent RNA polymerase，RdRp）蛋白。30 kDa蛋白参与病毒在细胞与细胞之间的移动，又称移动蛋白（movement protein，MP）。17.5 kDa蛋白为病毒的外壳蛋白（coat-protein，CP）。烟草花叶病毒基因组5'端含帽子结构，有60 ~ 71个核苷酸的非编码区，3'端非编码区有79 ~ 414个核苷酸，能折叠成tRNA状结构。

TMV是一种复制量和外壳蛋白质的表达量很高的病毒，它具有寄主范围广，并且能在整株植物上快速扩散的特点。多年来，人们一直尝试用它作为植物表达基因载体，建立植物细胞的外源基因表达体系，提出了利用TMV表达外源基因的多种策略。

此外，植物病毒除了双链DNA病毒CaMV和单链RNA病毒TMV已构建成一系列植物基因载体外，单链DNA病毒（Gimini viruses）、番茄金黄花叶病毒（tomato goldenmosaic virus，TGMV）、非洲木薯花叶病毒（African cassava mosaic virus，ACMV）、玉米线条病毒（maize streak virus，MSV）、小麦矮缩病毒（wheat dwarf virus，WDV），以及RNA病毒雀麦草花叶病毒（brome mosaic virus，BMV）、大麦条纹花叶病毒（barley stripemosaic virus，BSMV）、番茄丛矮病毒（tomato bushy stunt virus，TBSV）、马铃薯X病毒（potato virus X，PVX）、烟草蚀刻病毒（tobacco etch virus，TEV）、李痘病毒（plumpo xpoty virus，PPV）等也均已构建成多种植物基因载体。

第四节　动物基因克隆载体

利用动物病毒侵染动物细胞或组织的分子生物学特性，构建了一系列动物基因克隆载体。常用的病毒有SV40病毒、反转录病毒、腺病毒、痘苗病毒和杆状病毒等，对应的克隆载体分别为SV40载体、反转录病毒载体、腺病毒载体、痘苗病毒载体和杆状病毒载体等。

一、SV40克隆载体

SV40（Simian Virns 40，猿猴空泡病毒40）是一种能感染猿猴等哺乳动物的DNA病毒。它是少数几种用于构建NNL动物基因载体的病毒之一。

1. SV40基因组

SV40-DNA是双链闭环DNA分子，全长5243 bp，与宿主细胞合成的组蛋白结合，组成念珠状核小体，称为微型染色体（mini chromosome）。根据转录的先后和方向，可将SV40-DNA分为两个转录区，即早期转录区和晚期转录区（如图4-23）。

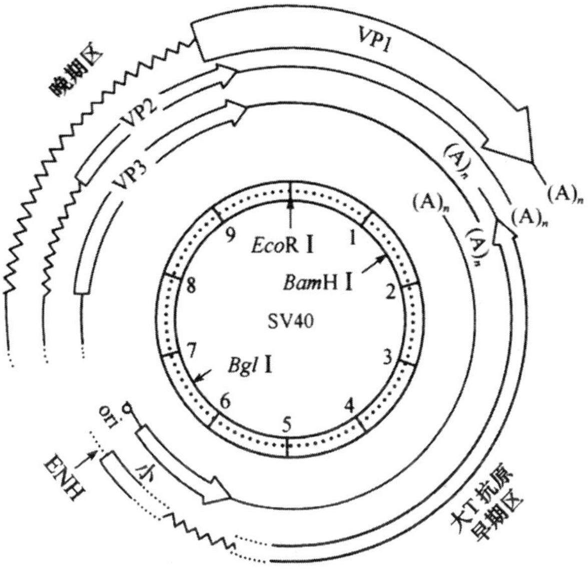

图4-23　SV40基因转录图

SV40-DNA进入敏感的动物细胞后，首先启动逆时针方向的转录，与病毒感染相关的抗原基因和T抗原基因得以表达，并转译t抗原（175 aa）和T抗原（792 aa），该过程称为早期转录。其后启动顺时针方向的转录，与病毒壳蛋白合成相关的基因得以表达，并转译出壳蛋白VPl（363 aa）、VP2（235 aa）和VP3（352 aa），该过程称为晚期转录。无论是早期转录，还是晚期转录，均始于DNA复制起始位点0rZ周围的启动区（约0.4 kb）。

早期转录区上存在限制性内切核酸酶*Barn*HⅠ、*Bst*Ⅰ和TagⅠ的识别序列，晚期转录区上有限制性内切核酸酶*Acc*Ⅰ、*Nae*Ⅰ、*Hae*Ⅱ、*Hpa*Ⅱ、*Eco*RⅠ、*Ban*Ⅰ、*Eco*RⅤ和*Afl*Ⅱ的识别序列，转录启动区则存在限制性内切核酸酶*Bgl*Ⅰ和*Sfi*Ⅰ的识别序列，这些限制性内切核酸酶在SV40-DNA上都具有唯一性。

2. SV40-DNA的复制与SV40的增殖

SV40感染敏感的猿猴细胞后，经过8～12 h潜伏期，脱去外壳，DNA进入细胞核。在核内，SV40-DNA首先启动早期转录，并在细胞质中转译t抗原和T抗原。当两种抗原在细胞内积累到足够量时，DNA开始复制，同时启动晚期转录，转译壳蛋白，将DNA包装成病毒颗粒。当一个细胞内病毒颗粒累计达105个时，细胞破裂，释放出病毒颗粒，该过程称为裂解感染（1ytic infection）。对SV40敏感的猿猴细胞称为受纳细胞（premissive cell）。若SV40感染啮齿动物（仓鼠或小鼠），SV40-DNA会插入染色体DNA，并可能导致细胞癌变，但不会产生病毒颗粒，该过程称为非裂解感染（non-lytic infection），被感染的细胞则称为非受纳细胞（non-premissive cell）。如果人被SV40感染，只有1%～2%被感染的细胞有可能产生病毒颗粒，而且SV40-DNA不会插入染色体DNA。因此，SV40导致人类细胞癌变的可能性极低，对人较为安全。

3. 构建SV40基因载体的基本策略

如上所述，SV40 DNA可以通过感染进入敏感的哺乳动物细胞（对人安全），并且存在与DNA复制相关的早期转录区和与壳蛋白合成相关的晚期转录区，说明SV40具有用于构建基因载体的基础。但是SV40对包装的要求极为严格，不能包装大于SV40-DNA的DNA分子，因此，构建SV40载体只能选择取代型或SV40-DNA与质粒DNA的重组型载体。

（1）取代型基因载体。用外源DNA片段取代SV40-DNA的晚期转录区或部分早期转录区，构建相应的晚期转录区取代型载体或早期转录区取代型载体。被取代的DNA序列不能超过SV40-DNA的30%。

作为晚期转录区取代型载体，必须保留SV40-DNA的复制起始位点和完整的早期转录区，能有效地转译T抗原和复制重组SV40-DNA。由于晚期转录区被取代，载体缺失了翻译壳蛋白的功能，不能将重组SV40-DNA包装成新的病毒颗粒。因此，该类型载体必须同辅助病毒载体（如tsA58）混合，一起转染受体细胞。辅助病毒载体是一种不能转译T抗原的突变体，但是能转译壳蛋白。当晚期转录区取代型载体同辅助病毒载体混合后一起导入受体细胞时，辅助病毒载体转译的壳蛋白可将取代型载体复制的重组SV40-DNA包装成新的病毒颗粒（重组病毒）。理想的晚期转录区取代型载体，除了保留DNA复制起始位点和完整的早期转录区外，还应保留转录启动区及控制mRNA剪辑和多聚腺苷化作用的序列。因此，该类载体可以表达不含表达调控元件的cDNA。当然，cDNA的起始密码子应组装在晚期转录区VP1、VP2和VP3原来的ATG位置上，这样才可以转录出相应的RNA，并进一步翻译出相应的产物。

与晚期转录区取代型载体相反，早期转录区取代型载体是用外源DNA片段取代T抗原编码区，保留了DNA复制起始位点和完整的晚期转录区。该类型载体虽然保留了DNA复制起始位点，但是由于不能产生T抗原，仍缺失重组SV40-DNA复制产物的功能。因此，使用晚期转录区取代型载体时必须建立具有T抗原互补功能的辅助病毒载体，或者建立含SV40-DNA早期转录区DNA序列的辅助细胞系。一般采用后者，即把SV40早期转录区DNA序列整合到敏感动物细胞的基因组上，使其能有效表达T抗原。当早期转录区取代后的重组SV40-DNA导入上述细胞时，T抗原得到互补，重组SV40-DNA能进行有效复制和包装。现常用的细胞系有COS细胞系和HFS细胞系。

（2）病毒一质粒重组型基因载体。该载体是质粒基因载体的衍生物，由SV40的部分DNA片段与质粒重组而成。其中一类载体称为病毒–质粒基因载体，含有SV40完整的早期转录区和DNA复制起始位点，以及质粒DNA的复制起始位点和选择标记基因；另一类载体称为微型病毒复制子质粒载体，只含有SV40-DNA的复制起始位点及质粒的相应序列。

病毒–质粒载体是一种穿梭载体。通常是用病毒–质粒载体转化大肠杆菌细胞，使其在受体细胞中大量扩增，提取后再转染敏感的动物细胞。被转染的动物细胞合成T抗原，激活载体中SV40-DNA的复制起始位点，使病毒–质粒载体进行多拷贝复制。

微型病毒复制子质粒载体只能转染COS细胞系和HFS细胞系。如果直接转染敏感的野生型动物细胞，因缺乏T抗原而不能激活SV40-DNA的复制起始位点。

以上载体承载的外源基因在细胞内只能瞬时表达，但是可以大量复制，拷贝数可高达105个，仍具有较大的应用价值。尤其是保留晚期转录启动子的载体，该启动子是一种强启动子，并且其活性能维持较长的时间，该载体能在被感染的细胞内高效表达承载的外源基因。

二、反转录病毒基因载体

反转录病毒（retroviruse）是一类含RNA的病毒，可感染包括人和多种经济动物在内的无脊椎动物和脊椎动物。被感染的动物细胞内，病毒RNA经反转录产生双链DNA分子，然后整合到染色体DNA上成为原病毒，随染色体DNA进行复制、转录和翻译，所以反转录病毒虽是RNA病毒，仍可用来构建基因载体。各种反转录病毒的基因组、增殖途径和原病毒DNA转译等性质十分相似，现以劳斯肉瘤病毒为例简介其生物学特性及构建的基因载体。

1. 劳斯肉瘤病毒的生物学特性

劳斯肉瘤病毒（Rou s sarcoma virus，RSV）含2条相同的38S RNA链，称之为“+”链和“–”链。“+”链含有编码病毒的全部遗传信息。两条38S RNA单链之间通过4个氢键连结成同向平行的结构（如图4-24）。每条38S RNA链的两端各有两种非编码序列，依次排列是5'端为帽结构-r序列-u5序列，3'端为*poly*（A）序列-r序列-u3序列。两端的r序列完全相同，但u序列有所差异，其中u5序列长约100个核苷酸，u3序列长约1000个核苷酸。38S RNA链的中间区有种群特异性抗原基因gag、聚合酶基因*pol*、被膜基因*env*和诱发产生肉瘤的基因*src*。此外，RSV还含有两条由寄主细胞提供的tRNAnp，其3'端通过氢键与“+”“–”38S RNA链结合，可以作为38S RNA链反转录的引物。氢键结合处距5'端101个核苷酸，分别称为PBS+Ve和PBS–Ve。

病毒颗粒通过宿主细胞表面的接收器进入细胞后，在细胞质中释放出38S RNA和反转录酶，以“+”链RNA为模板，tRNA为引物，在反转录酶作用下合成“–”DNA链。在RNase H作用下，RNA-DNA双链中的RNA链逐渐被降解，然后与以“–”DNA链为模板合成的“+”DNA链组成双链DNA。由RNA反转录产生的双链DNA分子可整合到宿主细胞的染色体DNA上，成为原病毒。在此过程中，原病毒DNA丢失了两末端的部分序列，而接上了长末端重复序列（LTR），其长可达数百碱基对，呈同向排列（如图4-25）。而中间区仍保留反转录病毒的*gag*、*pol*、*env*和*src*等基因。

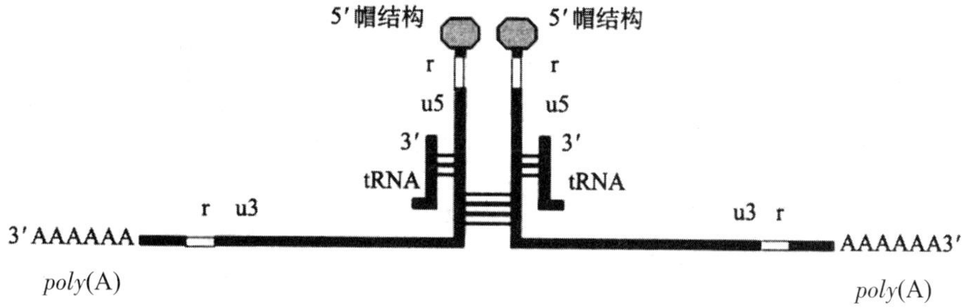

图4-24　RSV病毒RNA的分子结构

字母r、u3和u5代表RNA链上特定的序列，在其相应的DNA拷贝上，则分别用R、U3和U5表示

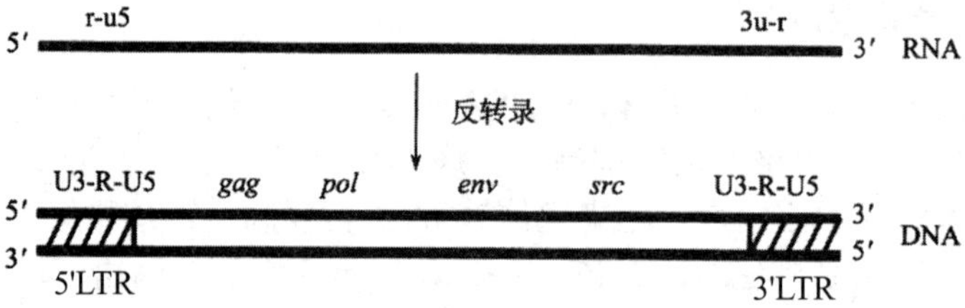

图4-25 RSV反转录病毒RNA反转录产生双链DNA分子

原病毒DNA在5'LTR区的启动子调控下，从5'LTR区的R序列开始转录，一直延伸至3'LTR区的R序列，转录出“+”38S RNA链。“–”38S RNA链可以与其他组分一起直接包装成新的病毒颗粒，或者作为模板链翻译出系列蛋白质，即由*gag*基因和*pol*基因共同转译出Gag-Pol聚合蛋白质，进一步加工成种群特异性抗原、核心蛋白质、反转录酶、RNase H和整合酶等；而*env*基因和*src*基因则分别翻译出被膜蛋白和诱发产生肉瘤的蛋白质。随后，“+”38S RNA链同这些翻译产物、未作为转译模板的“–”RNA链和寄主细胞提供的tRNA组装成新的RSV病毒颗粒，挤出细胞外。

2. 构建RSV反转录病毒基因载体的策略和途径

由于反转录病毒是一类RNA病毒，不能直接构建基因载体，因此必须从被感染的动物细胞中首先分离出原病毒DNA，然后根据不同需求删去部分序列，组入选择标记基因、目的基因和一些调控元件，最后与含大肠杆菌源质粒复制起点的基因载体连接重组，成为不同类型的反转录病毒基因载体。已构建的反转录病毒基因载体有以下几种类型。

（1）反转录病毒–质粒载体。删去原病毒DNA上*gag*、*pol*和*env*等基因的大部分或全部序列，保留5'LTR序列和3'LTR序列及PBS+ve、PBS-ve和psi（包装）位点，插入适合的选择标记基因*neo*、*gpt*、*dhfr*和*hprt*等（如图4-26）。值得注意的是，插入选择标记基因时，其起始密码子ATG必须组装在病毒*gag*基因原来的起始密码子ATG位置上，才能在5'LTR区启动子调控下进行转录和有效的翻译。

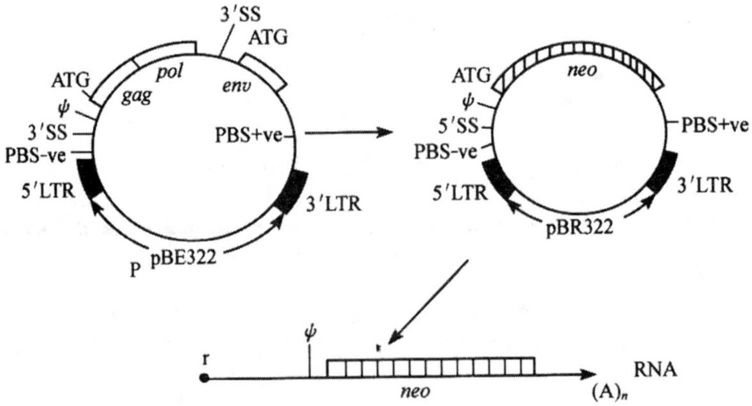

图4-26 反转录病毒–质粒基因载体（ϕ表示包装位点）

经过改造的原病毒DNA克隆到大肠杆菌质粒载体上，成为反转录病毒–质粒载体。该载体可以按质粒复制方式在转化的大肠杆菌细胞中进行多拷贝复制。从转化的大肠杆菌中提取、纯化重组的病毒–质粒DNA，按标准的方法转化动物受体细胞，用选择标记筛选出转化的细胞。转化的细胞能够转录出重组的反转录病毒RNA，但是不能合成组装新病毒颗粒所需要的各种蛋白质。因此，该病毒载体需要一种辅助反转录病毒超感染转化的细胞。辅助反转录病毒产生的Gag蛋白和Env蛋白，能识别重组反转录病毒RNA上的包装位点psi，组装成新的反转录病毒颗粒。新的反转录病毒颗粒中还含有辅助反转录病毒指令受体细胞合成的反转录酶及由受体细胞直接提供的tRNA引物。因此，新的反转录病毒颗粒能够感染新的受体细胞，转录出重组的反转录病毒RNA，并进一步反转录成DNA，整合到新受体细胞的染色体DNA上，作为受体细胞基因组一部分进行复制、转录和翻译定位在原病毒DNA上的基因，包括插入的选择标记基因和目的基因。

该载体系统比单纯的质粒载体系统具有更高的转化效率，基因转移的成功率几乎达100%。重组反转录病毒颗粒感染动物受体细胞后，重组DNA可以整合到染色体DNA上，而且每个基因组中一般只有一个拷贝的原病毒，可避免多重插入引起的麻烦。但是该基因载体系统必须有相应的辅助反转录病毒，而这种辅助病毒可能是致病的，影响了其使用价值。鉴于辅助反转录病毒潜在的危险性，进一步建立了不需要辅助反转录病毒的基因载体系统。即将只缺失psi位点的原病毒DNA转化动物受体细胞，获得能合成病毒所需全部蛋白质的辅助细胞，如ϕ2细胞株。当保留psi位点的缺陷性重组病毒质粒载体导入辅助细胞时，辅助细胞原病毒DNA翻译的蛋白质仍具有识别重组反转录病毒RNA的psi位点，将其包装成有感染性的重组病毒颗粒（假病毒）。这种假病毒感染敏感的正常动物细胞后，由于重组反转录病毒基因组的部分缺失，不会产生具有感染性的病毒颗粒，避免了病毒的不良反应。

反转录病毒–质粒载体系统对动物受体细胞要求严格，限制了其应用性。由于病毒的宿主范围主要取决于病毒表面蛋白，因此在构建的反转录病毒基因载体中组入能感染多种动物细胞的反转录病毒*env*基因，则成为广宿主的反转录病毒基因载体。

（2）反转录病毒表达载体。反转录病毒原病毒DNA中即使插入6 kb左右的外源DNA片段，转录出的RNA仍能被包装和增殖。通过删减原病毒DNA的长度，承载的外源DNA片段可长达20 kb，因此反转录病毒载体具有相当大的克隆能力。现在已构建了多种反转录病毒表达载体，可以将外源基因直接置于病毒原有的5'LTR区启动子控制之下，或者在外源基因上游组装上，在动物细胞内有效的强启动子。

使用上述各类反转录病毒载体时必须注意以下几点：插入的外源DNA片段不应带有转录终止信号，否则会阻断重组病毒RNA的全长转录；如果使用的载体具有5'拼接位点（5'SS），那么任何插入序列都不能带有3'拼接位点，或者产生一种不协调的3'拼接位点，否则会影响外源基因的表达；同一基因载体上不宜有多种启动子，否则可能导致外源基因的竞争表达，反而降低表达水平。

三、腺病毒基因载体

1. 腺病毒的生物学特性

腺病毒（adenovirus，Ad）是一类无囊膜的20面体病毒，在人、猴、牛等哺乳动物及禽类中发现了80多种血清型腺病毒。腺病毒含一个线形双链DNA分子（Ad-DNA）。从成熟的病毒颗粒中分离的DNA具有传染性。Ad-DNA的大小在35 kb左右，两端具有逆向末端重复序列（inverted terminal repeat，ITR），长103 ~ 162 bp。每一条单链的5'端共价结合一种5.5 kDa蛋白（terminal protein，TP）分子。当Ad-DNA从病毒颗粒中释放出来时，依赖5'端共价结合蛋白自行环化。此外，当Ad-DNA变性后，在复性条件下会产生单链的柄–环结构（如图4-27）。

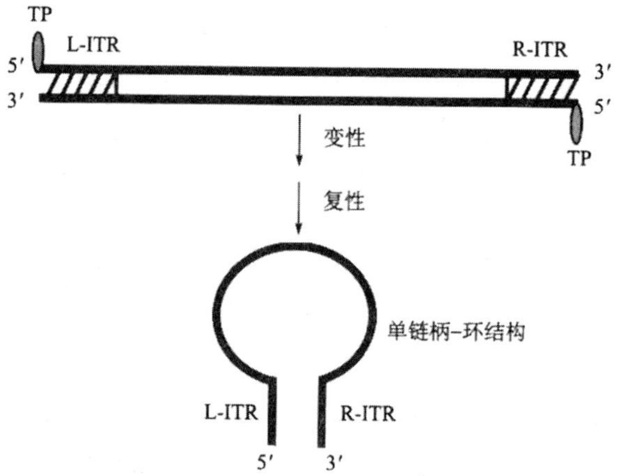

图4-27　腺病毒DNA分子的结构和柄–环结构

2. 腺病毒克隆载体的构建

人类腺病毒具有易感染性、宿主范围广、毒性低、使用安全、容纳量大及非整合性等特性，使得腺病毒基因载体成为基因转移中最有前途的基因载体之一。

人类腺病毒共有51个血清型，常用的是Ad5型与Ad2型。腺病毒基因组为36 kb长的线形双链DNA。基因组两端各有长100 ~ 150 bp的末端反向重复序列（ITR），它们不仅是病毒DNA复制的起始点，也是复制包装必需的顺式作用元件。病毒体进入细胞后，基因组以病毒DNA是否开始复制为界限，分为早期表达和晚期表达两个部分。早期基因（El ~ E4）编码不同的调节因子，调控病毒基因表达。晚期基因编码病毒结构蛋白，晚期主要启动子MLP启动其表达。

野生型腺病毒最大外源基因容量约为2 kb，但如果将病毒非必需基因组缺失，再由反式作用提供补偿，既可增加基因载体携带外源基因的容量，又不影响病毒在包装细胞中复制增殖。理论上除腺病毒基因组两端约500 bp的顺势结构是复制和包装所必需的结构外，其他结构均可被替换成外源基因。

Ad基因载体构建策略通常是：首先，构建一个含多克隆位点和筛选标志的质粒，该质粒含有病毒基因组某段早期序列，然后将一个含有启动子–外源基因-*poly*（A）的表达盒插入上述质粒中Ad的E1、E3或E4至右侧ITR区之间，构建成载有外源基因的穿梭质粒；其次，是构建一个含有非必需区基因缺失后的环状腺病毒DNA的质粒，该质粒可在菌体内复制；最后，载有外源基因的穿梭质粒与携带环状腺病毒DNA的质粒共转染包装细胞，通过同源重组，即获得重组腺病毒。最早应用的Ad基因载体多为缺失E1区或E3区。E1区是Ad在人细胞中的复制必需区，缺失E1后腺病毒不能在人细胞中复制，只能在表达E1区产物的293细胞中复制，这样的腺病毒基因载体为复制缺陷型腺病毒载体。

复制缺陷型腺病毒载体在应用过程中有可能恢复为有复制力的野生腺病毒，并伴生宿主免疫反应和非特异性炎症反应，尤其是外源基因在靶细胞内表达短暂，影响基因治疗的效果。因此，近年来提出构建能在宿主靶细胞内选择性复制的腺病毒基因载体，既保证基因载体使用的安全性，又能维持病毒在宿主靶细胞内增殖，使基因载体携带的外源基因在宿主靶细胞内长期表达。为了构建这样的基因载体，将外源基因的增强子和启动子克隆在*E1A*基因上游，取代野生型*E1A*基因的启动子。当这种基因载体被包装成病毒颗粒后，如果感染的靶细胞能够表达外源基因，那么*E1A*基因就会高效表达，可以维持病毒的增殖；相反，如果感染的靶细胞不能表达外源基因，则*E1A*基因表达水平很低，虽然病毒能增殖，但是病毒量很少。选择性复制型腺病毒基因载体的宿主靶细胞是野生型腺病毒能感染的各种细胞。此外，改造腺病毒的E3基因区、MLP区及E4与ITR间区均可构建成不同类型的腺病毒基因载体。

腺病毒基因载体可广泛用于肿瘤的基因治疗、真核基因的表达及疫苗的研发生产等。

四、痘苗病毒基因载体

1. 痘苗病毒的生物学性质

痘苗病毒基因组是两端为倒置重复序列的线形双链DNA分子，因毒株不同其长度变化为180～200 kb，编码200多种蛋白。基因组两端的倒置重复序列约10 kb，其中70 bp是痘苗病毒复制所必需的，尤其是20bp的ATTTAGTGTCTAGAAAAAT特别重要。该末端倒置重复序列变异较大，大多数编码非必需蛋白，与病毒毒力和宿主范围有关。在痘苗病毒基因组中心区有120 kb的保守区序列，晚期基因大多数集中在此区，主要编码结构蛋白，基因中无内含子。痘苗病毒的增殖都在哺乳动物细胞胞浆中进行的，在20 h内完成一个病毒复制周期。痘苗病毒的TK基因属于致病基因，它在DNA复制中必需，但是为何TK^-痘苗病毒能在细胞内增殖，这是它们利用了细胞酶系的缘故，但是增殖力降低，成为弱毒化的痘苗病毒。HA基因也属于致病基因，HA促进痘苗病毒粒子吸附细胞的作用。HA^+痘苗病毒形成的空斑吸附鸡红细胞成为红色空斑，而HA^-痘苗斑点空斑不吸附鸡红细胞。利用这种红细胞吸附原理，可筛选HA^-重组痘苗病毒，同时又成为弱毒化的痘苗病毒。

2. 痘苗病毒基因载体的构建

重组反转录病毒或重组腺病毒的构建是以质粒型病毒DNA的形式进行的，而构建重组痘苗病毒形式有所不同。由于痘苗病毒的基因组结构复杂，目前尚无质粒型病毒DNA形式存在的痘苗病毒基因载体，因此重组痘苗病毒的构建必须采用同源重组的方法。在需要重组痘苗病毒表达的外源目的基因两端组装上TK（胸苷激酶）基因DNA片段或HA（血凝素）基因DNA片段，通过TK基因DNA片段或HA基因DNA片段与痘苗病毒基因组的TK基因或HA基因同源重组，将外源目的基因整合到痘苗病毒基因组上。按此原理已构建了多种痘苗病毒基因载体，基本模式见图4-28。

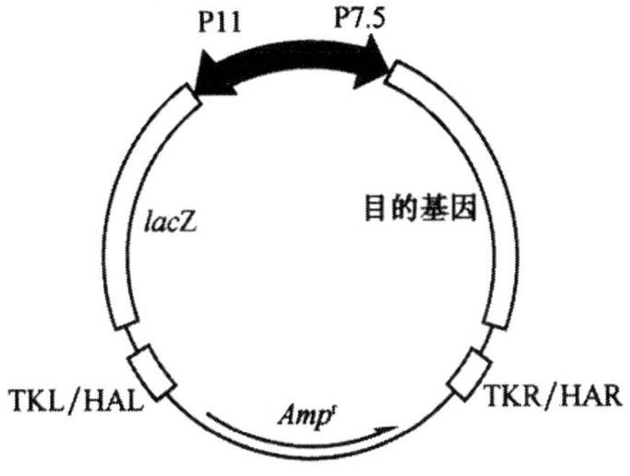

图4-28　痘苗病毒基因载体示意图

痘苗病毒基因载体已广泛地用于表达外源基因，其特点是：①表达的产物具有与天然产物相近的生物活性和理化性质，较原核及酵母系统表达产物更接近于天然；②重组痘苗病毒具有较好的免疫原性；③外源基因的插入量大；④宿主细胞广泛；⑤表达产物可以进行各种翻译后修饰，无须佐剂就可刺激机体产生体液免疫和细胞免疫，纯化过程相对简单，产物对外界环境相对稳定及易于保存运输；⑥利用痘苗病毒系统表达的外源目的基因可为实验动物提供保护性免疫反应。

第五章　目的基因的获取与改造、分离与克隆

第一节　基因组文库的构建与基因分离

基因组DNA包含了该生物的全部遗传信息。基因组文库或简称基因文库（genomiclibrary）是将某一生物基因组DNA片段化并全部克隆后所获得的重组子群体的总称。通过构建基因文库可以贮存和扩增特定生物基因组的全部或部分片段，同时又能够在需要时从基因文库中调出其中的任何DNA片段或目的基因。构建基因组文库并筛选文库是获得特定基因的重要途径之一。

一、基因组文库的类型

生物的基因数目和基因组大小基本符合其遗传结构和功能从简单到复杂的进化关系。

原核细胞的基因组大小在10^6 bp左右，而真核细胞基因组大小在$10^7 \sim 10^9$ bp。根据各物种的基因数目和相应基因组大小，可推断其基因的平均密度。原核细胞如衣原体和大肠杆菌每个基因1 kb左右，单细胞真核生物酵母每个基因为2 ~ 3 kb，而高等真核生物每个基因为20 ~ 80kb。高等真核生物基因的平均大小之所以远远大于原核细胞和酵母，并不是其编码的蛋白质更大，而是高等真核生物基因普遍存在内含子以及真核生物基因组中存在大量的非编码重复序列造成的。

基因组文库的类型根据其克隆的载体而分，通常有质粒文库、噬菌体载体文库、黏粒文库、细菌人工染色体文库和酵母人工染色体文库等。不同载体所能接纳的插入片段大小不同，分别适应基因组大小不同的生物的基因组文库构建需要。

二、构建基因组文库应满足的条件

构建基因组文库首先要满足文库的完整性，即文库应包含基因组的完整序列信息，这可通过产生一系列一定大小、覆盖全基因组的DNA片段的重组克隆来实现。因此，构建基因组文库首先要将基因组DNA转化为一系列覆盖全基因组的片段，即基因组DNA片段化。DNA片段化最简单的方法是将基因组DNA进行限制性内切核酸酶酶切，产生具有黏性末端的DNA片段。

基因组文库构建要考虑的第二个因素是基因组信息的可重建性。通过对DNA片段的克隆，使在基因组中原本连续在一起的DNA分子被分割克隆到载体中，形成独立的重组分

子。这些独立的分子在基因组中处于什么位置？哪些是相邻在一起的？必须有合适的方法重建起基因组的完整信息。对于简单酶切和重组形成的重组子群体，基因组DNA片段相互独立，即使在染色体DNA上相邻的序列，也无法建立起联系。而随机性片段，由于分子的随机片段化，使染色体DNA相邻序列的克隆重组子具有重叠性，可以通过建立叠连群（contig）而重建完整序列信息。

第三个考虑因素是文库的大小。即文库中应包含的独立重组子数目。文库的大小取决于基因组的大小、从文库中分离某任意分子克隆的期望值及克隆分子片段的长度。对于基因组更大的物种，自然需要更多的重组子才能将其包含；而文库重组子克隆的片段越大，则覆盖整个基因组所需的文库重组子就越少。此外，我们从文库中分离目标分子的期望值高，文库的重组子也相应增加。1976年，Charke-Carbon提出了一个经验公式用于估算基因组文库的大小：

$$N = \frac{\ln(1-P)}{\ln(1-L/G)}$$

其中，N为文库中独立重组子的数目，ln为自然对数，P为从文库中分离某一目标分子片段的期望值（概率），通常设置为0.95或0.99，L为克隆的片段平均大小，G为物种基因组的大小，即单倍体基因组DNA的长度。例如，人的单倍体DNA总长约为3.0×0^6 kb，若制备成17 kb的随机性片段构建文库，基因文库中含目的基因DNA片段的期望值为99%时，文库应至少包含的克隆子数目为$N=\ln(1-0.99)/\ln(1-17/3\times10^6)=8.1\times10^5$。如果上述基因组DNA切割成平均长为40 kb的片段，由此构建的基因组文库应包含的克隆子数为$7.5\sim10^4$。

实际上，无论采用什么方法都不能达到理论上的完全随机切割。因此，理论值还不足以保障期望值。为了使基因组文库具有真实代表性，一般构建基因组文库的实际克隆数应比上述计算值大2倍或3倍，甚至更高。

理想的基因组文库还应具备下列条件：①重组克隆的总数不宜过大，以减轻从文库中筛选目标克隆的工作量；②克隆片段大于研究基因的平均长度，以便于从同一克隆中获得完全的单一基因；③含有相邻DNA片段的独立克隆间，部分序列重叠的大小合理，一方面利于基因文库各克隆建立叠连群，进行染色体步查（chromosome walking）；另一方面，又不重叠过多，使步查效率低下；④克隆片段易于从载体分子上完整卸下且最好不带有任何载体序列；⑤重组克隆应能稳定保存、扩增及筛选。这些条件的满足极大程度上依赖于基因组文库构建的策略。

三、基因组文库的构建

文库构建的具体过程与载体的设计相关，不同的载体有不同的克隆和重组方法。以λ噬菌体为载体的文库构建，首先以限制性内切核酸酶酶切载体，将中间的替换片段除去。其克隆DNA片段大小在20 kb左右。因此，通过基因组随机片段制备获得20 kb的随机性片段，再连接载体与随机片段并离体包装成噬菌体颗粒，获得重组的噬菌体群体。以黏粒载体构建文库时，其克隆容量在45 kb左右，因此通过基因组随机片段制备获得更大的分子片段，采用适当的方法与载体连接后，也要通过离体包装获得噬菌体颗粒。可见，文库具体的构建要由所选用载体的特性决定。下面以λ噬菌体载体为例阐述基因组文库构建的步骤。

（一）基因组DNA的分离制备

原核细胞的基因组包括其拟核的DNA和附加的遗传体系（如质粒DNA）；真核细胞的

基因组包括其核基因组及细胞器（如线粒体和叶绿体的DNA）。原核细胞的质粒通常是小型的环状双链DNA分子，具有自主复制的特点，在大肠杆菌质粒基础上重组构建的多种质粒载体是当今基因工程的一类重要载体类型。对于质粒的分离，已根据质粒结构特性设计了多种有效的分离制备方法。而真核生物细胞器DNA分离可以先通过细胞成分的分级分离，先分离细胞器，再从细胞器中分离其DNA。如果不是针对性的研究，基因组DNA的分离常常仅指对核基因组DNA的分离。

选择合适的DNA提取和纯化方法，提取纯化基因组DNA，使其质量满足：①结构具有相对完整性；②尽量排除其他大分子成分的污染（蛋白质、多糖及RNA等）；③保证提取样品中不含对酶有抑制作用的有机溶剂及离子等，以满足后续酶切等操作对DNA质量的要求。

（二）基因组DNA的片段化

1. 限制性内切核酸酶对DNA分子的酶解

利用限制性内切核酸酶可以将分离的基因组DNA切割成较小DNA片段。不同限制性内切核酸酶除识别DNA分子上的碱基序列不同外，其识别的碱基对数也有所不同，有的识别4对碱基（如*Mbo* Ⅰ），有的识别5～8对碱基（如*Eco*R Ⅰ和*Not* Ⅰ）。假设DNA分子的碱基排列是随机的，根据概率可知，识别4对碱基的限制性内切核酸酶每256 bp有一个切点，识别6对碱基的每4096 bp有一个切点，识别8对碱基的限制性内切核酸酶每65 536 bp才有一个切点。有的酶尽管识别6个碱基对，但其中某对碱基特异性不严格（如*Hind* Ⅱ），切割位点可以看成是识别5对碱基，每1024 bp有一个切点。限制性内切核酸酶酶解DNA时，根据酶解程度的不同可以分为两种方式：DNA完全酶解和DNA不完全酶解。

（1）DNA完全酶解。DNA的完全酶解是通过提供足量的限制性内切核酸酶和适宜的酶解条件，使DNA分子内限制性内切核酸酶识别的每一序列位点都发生酶切反应。实际在进行完全酶切时可加入过量的限制性内切核酸酶，保证DNA分子的所有可能切点都进行了酶切。一个典型的基因组完全酶切可在100μL的体系中加入10μg的基因组DNA和20U的限制性内切核酸酶，反应几个小时甚至过夜。酶解的检查可以采用凝胶电泳，在1%浓度的琼脂糖凝胶中，基因组DNA完全酶解后形成一片条形区域（smear），并不可见分子带（如图5-1）。

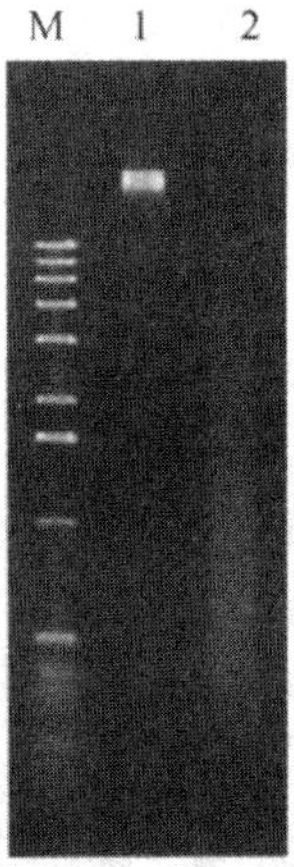

图5-1　人基因组DNA酶解产物琼脂糖凝胶电泳

M：分子质量标准；1.未酶解的人基因组DNA；2.*Rsa* Ⅰ完全酶解后的DNA

（2）DNA不完全酶解。DNA分子的不完全酶解指DNA分子分布的某种酶的多个切点在酶解后并没有都发生解离，酶解只发生在部分位点。

进行部分酶解的主要目的是产生随机性的DNA片段用于构建基因组文库，它所产生的DNA随机片段大小相近，在进行克隆时各片段有均等的机会连接到载体形成重组子，使文库不发生片段的系统性丢失。

不完全酶解常使用少量的限制性内切核酸酶在控制的条件下反应。一般取少量DNA样品做酶解实验，建立起反应条件。然后再在该条件下对大量DNA进行酶解。条件控制的主要参数常为酶浓度及一定酶浓度下的酶切时间。

DNA不完全酶解产生的DNA片段，其大小取决于所采用限制性内切核酸酶识别位点数和酶解发生的程度。采用识别4对碱基对的限制性内切核酸酶较适于制备1～20kb的DNA片段，酶解的发生在1/100～1/10位点上。制备几十至几百kb的片段则宜选用识别6对碱基的限制性内切核酸酶。

如前所述，在进行文库构建时，克隆片段应具有较高的随机性。如以λ噬菌体载体构建文库，载体克隆的容量为20 kb左右，以识别4对碱基的限制性内切核酸酶对DNA进行随机性酶解时，理论上限制性内切核酸酶每256 bp有一个切点，用其制备20 kb的DNA片段，酶解发生实际位点与理论位点的比值为1/80，具备了足够的随机性。

分离出的基因组DNA来源于细胞群体，每一细胞都提供一个分子的基因组，所以在体系中同一基因组有多个DNA分子。在进行随机性酶切时不同细胞来源的同一DNA作用的位点不尽相同（如图5-2）。

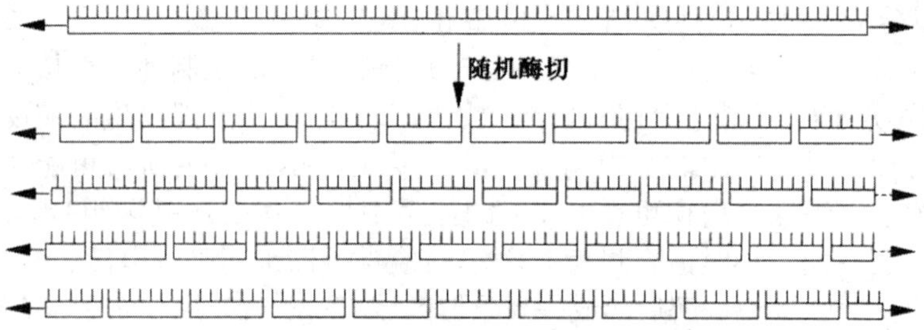

图5-2　利用限制性内切核酸酶对DNA进行随机性酶切制备随机片段

垂直的短线段代表酶的切点，假设碱基在DNA上以均等概率分布（只绘出了1/10位点），在利用识别4碱基对的限制性内切核酸酶酶解产生20 kb片段时，实际酶切发生为1/80位点，具有较好的随机性。

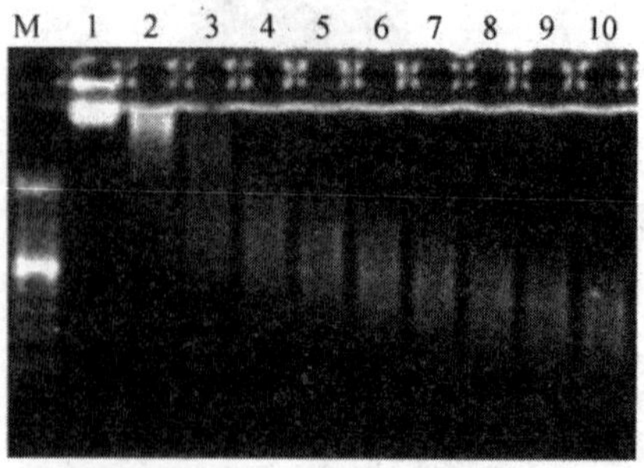

图5-3　人基因组DNA以*Sau*3AⅠ酶进行的不完全酶解

M：Marker；1.未酶解的基因组DNA；2～10.显示酶解的程度逐步提高

在构建文库时，*Alu* Ⅰ、*Hae* Ⅱ、*Mbo* Ⅰ或*Sau*3A Ⅰ等识别4对碱基的限制性内切核酸酶都可用于片段制备。最常采用限制性内切核酸酶*Sau*3A Ⅰ。该酶对DNA碱基的甲基化不敏感，而其酶切后的末端为GATC的单链，与常用的限制性内切核酸酶*Bam*H Ⅰ具有相同的黏性末端。因此，在载体上常设计*Bam*H Ⅰ位点作为片段的克隆位点，利用*Bam*H Ⅰ制备克隆载体后可将*Sau*3A Ⅰ制备的基因组片段直接连接克隆（图5-3）。

即使采用多切点限制性内切核酸酶随机酶切的方法制备DNA，DNA片段也会出现一些更大或更小的分子，因此文库制备时还要对特定大小DNA片段进行分离和收集，以使克隆对象大小更为均一，保证后续工作中克隆分子的随机性。常用的分离收集采用凝胶电泳分离酶切的分子，然后凝胶回收一定区域条带中DNA片段。

2. **DNA分子的物理剪切**

运用识别4对碱基的限制性内切核酸酶制备随机性DNA片段，具有较高的随机性，但相对来说，用不依赖于碱基序列的物理剪切法产生的DNA片段随机性高。DNA分子的物理剪切可以采用DNA溶液的小孔喷射、超声波处理和高速搅拌等几种方式。

实验室采用小孔注射器将DNA溶液经针头反复喷出，可将高分子DNA剪切成较小的分子片段。DNA分子剪切的程度取决于小孔的孔径及喷射的压力。注射器法可将100 kb以上的DNA剪切成10 kb左右的片段。

超声波处理溶液时，溶液的高速振动产生"空穴"作用，使DNA发生剪切。超声波的强度越高、作用时间越长，DNA剪切程度越强烈，DNA片段将更短。在超声波处理DNA时，通常将超声波探头直接伸入DNA溶液中进行，为防止发热导致DNA溶液温度过高，一般将其置于冰水浴中。超声波强度和作用时间根据仪器而设定，与前述的随机性酶切一样，要获得一定大小的DNA片段，先应通过预备性实验建立合适的超声处理参数。超声波强烈作用于DNA溶液，可使其断裂成长约300 bp的短片段。而在搅拌器中高速搅拌，可获得更加严格控制的剪切效应。例如，在1500 r/min的转速下搅拌30 min，高分子质量的DNA分子可被剪切成平均长度为8 kb左右的分子群体。

尽管DNA分子物理剪切片段的随机性高，但断裂DNA分子的末端会出现多种形式，有平末端的分子，也有单链突出几个碱基末端的分子。在后续的工作中，如果要进行分子重组，还要先对剪切分子末端进行修饰处理。

（三）载体制备

在构建文库的λ噬菌体载体（如λ EMBL和λ DASH）上设计了一些限制性内切核酸酶的2个切点，可以将其切成3个片段，其中左右两侧的片段分别称为左臂和右臂，中间片段在载体自身的复制过程中是必需的，但在克隆外源DNA时被替换。由于基因组随机片段按设计克隆到载体的*Bam*H Ⅰ位点，因此载体制备时用*Bam*H Ⅰ酶切释放出克隆的黏性末端（如图5-4）。

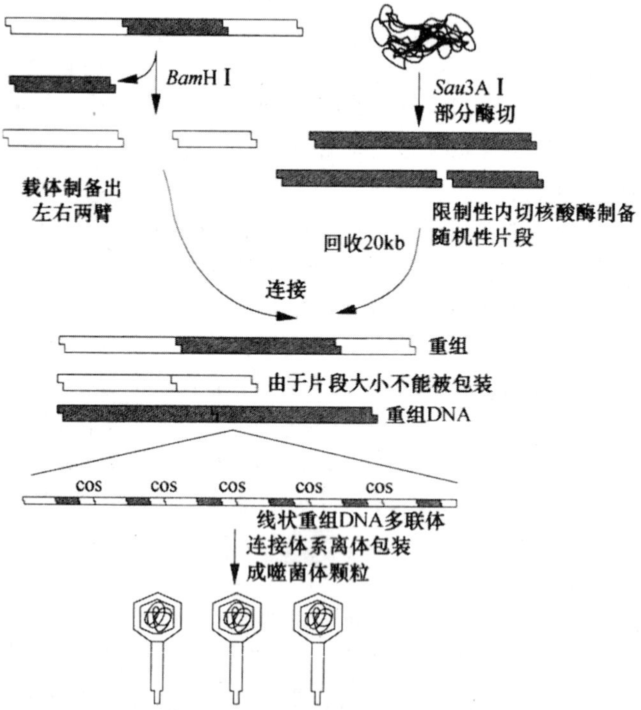

图5-4 λ替换型载体进行基因文库的构建

为了使切除的中间片段不影响连接重组时的分子反应，可以在酶切后通过凝胶回收的方法，将左臂和右臂分子回收使用，也可以在酶解时采用双酶切的方法，使其分子末端不参与同目标分子竞争的连接。例如，在λEMBL载体的19.99 kb位置上设计了*Sal* Ⅰ-*Bam*H Ⅰ-*Eco*R Ⅰ位点在，33.12 kb位置上设计了*Eco*R Ⅰ-*Bam*H I-*Sal* Ⅰ酶切位点，采用*Bam*H Ⅰ和*Eco*R Ⅰ酶切时释放出19.99 kb左臂、9.24 kb右臂、13.11 kb的中间片段和两个大小为几个碱基的小片段。这样制备的载体由于中间片段末端为*Eco*R Ⅰ的黏性末端，不会参与载体与插入分子连接重组时分子末端的竞争，可以省略凝胶回收制备载体左右臂的步骤。

（四）重组连接

制备出的适当大小随机性基因组DNA片段要与载体左臂、右臂进行连接，实现左臂–插入片段–右臂的分子重组。构建文库时重组连接常采用相同黏性末端的连接，载体左右臂分子间、插入片段分子间都有可能发生粘连连接。为了提高载体与插入分子片段末端间的连接，载体分子与插入分子的比例及分子末端的浓度对有效连接有很大影响。在以λ替换型载体的连接时，适当提高载体分子的比例有利于获得重组子，因为增加载体分子比例尽管提高了载体分子间连接的机会，但也使插入片段自连的可能性降低，而那些发生在载体分子间的连接因不能形成有效包装的分子而被滤除，只有发生在左臂–插入片段–右臂的连接才能最后形成人工噬菌体。λ载体分子非克隆末端的cos尾为12碱基的黏性尾，相互之间也发生连接，使最后连接的分子形成多联体的形式，更有利于后续的噬菌体包装反应的发生。

当然，连接反应体系中酶浓度与活性、连接反应温度等因素都影响连接效果。应按照连接酶催化反应的最适条件设置反应体系，同时还应通过预备性实验确立反应体系具体的参数。

（五）噬菌体离体包装

以噬菌体载体构建文库的最大好处是可以将重组分子包装成病毒颗粒，然后感染大肠杆菌，高效地将重组分子导入细菌中增殖。

包装蛋白系统由功能互补的A、E两种蛋白构成，在E蛋白质存在条件下，噬菌体头部蛋白先形成空的前头部结构，由A蛋白识别λ基因组的cos序列，如果两cos序列间的分子大小为野生λ基因组大小的75%～105%，A蛋白能发挥内切核酸酶的作用（ter功能），使cos序列切割成12碱基的黏性尾并将分子纳入头部结构中。尾部结构可在尾部蛋白分子间自组装，再与成熟的头部结构结合，形成完整的噬菌体颗粒（如图5-5）。

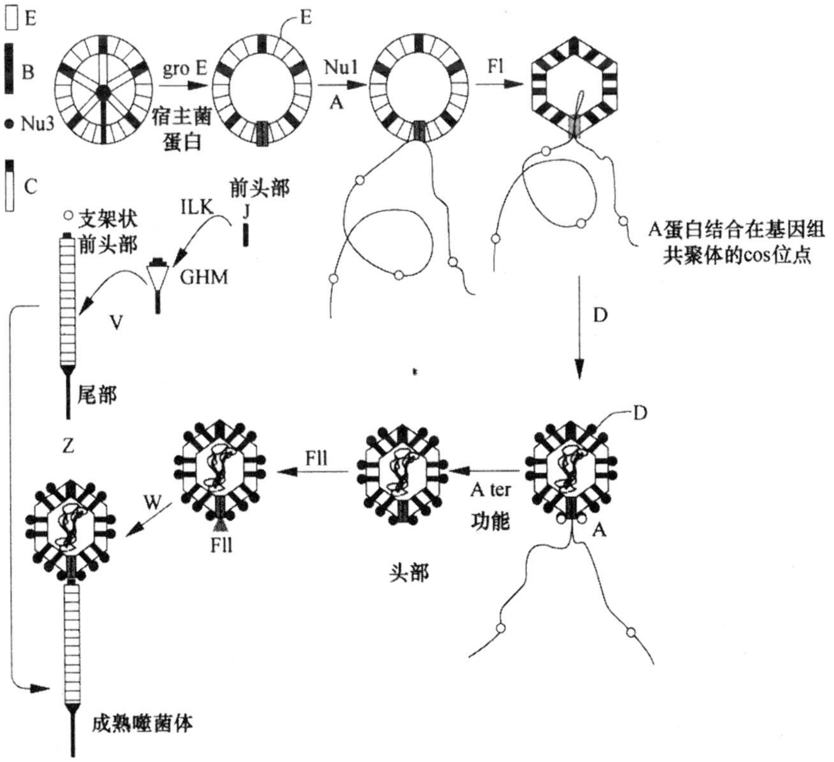

图5-5　λ噬菌体自组装及DNA包装过程

（六）重组噬菌体感染大肠杆菌

重组噬菌体形成包装后的混合物即所谓基因组文库的原库，可以用少部分感染大肠杆菌细胞以确定文库感染的效价（titer）。更多的包装物则留存，在需要进行文库筛选时再感染细菌，制备出用于文库筛选的噬菌体斑。保存噬菌体是在包装物中加1～2滴氯仿抑制细菌的繁殖，在4℃冰箱中保存（如图5-6）。

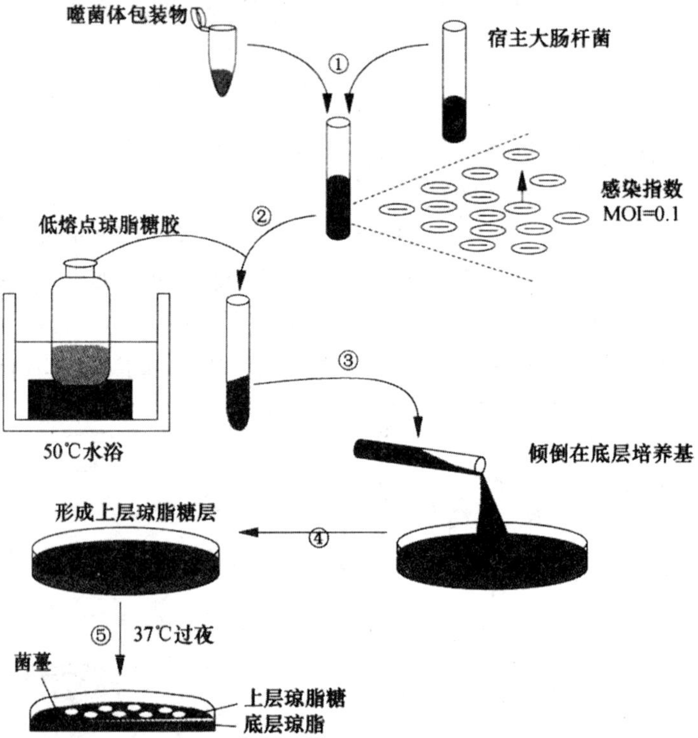

图5-6　λ噬菌体包装物在宿主大肠杆菌菌蔓上检验效价及形成噬菌斑

噬菌体的效价指每毫升培养液中所含活噬菌体的数量。效价测定的方法，一般应用双层琼脂平板法。由于在含有特异宿主细菌的琼脂平板上，噬菌体产生肉眼可见的噬菌斑，因此，能进行噬菌体的计数。但因噬菌斑计数方法实际效率难以达到100%（因为有少数活噬菌体可能未引起感染），所以为了准确地表达病毒悬液的浓度（效价或滴度），一般不用病毒粒子的绝对数量而是用噬菌斑形成单位（plague-forming units，pfu）表示。

四、其他载体基因组文库的构建

文库构建策略取决于所选用的载体，因此不同的载体都有其具体的构建策略。

（一）黏粒载体基因组文库

以黏粒载体构建文库，由于黏粒载体克隆的容量可以达到45 kb，因此在制备基因组随机性片段时，以多切点的限制性内切核酸酶进行更有限的酶切，回收45 kb大小附近的分子。以pJB8（如图5-7）为例，pJB8黏粒带有大肠杆菌的质粒复制原点、抗生素标记基因（amp^r）及来自噬菌体的cos临近序列。先以*Hin*d Ⅲ和*Sal* Ⅰ分别酶切载体，并以碱性磷酸酶除去分子两末端的磷酸基团，再分别用*Bam*H Ⅰ将两分子的克隆末端释放出来，分别收集带cos区段的分子作为DNA克隆的左右两臂。与插入序列随机片段混合连接，形成适于λ包装蛋白离体包装、带质粒复制原点的cos载体片段–插入分子-cos片段的重组分子。可包装成人工噬菌体感染宿主，重组DNA以质粒的形式复制并赋予细菌抗生素抗性。

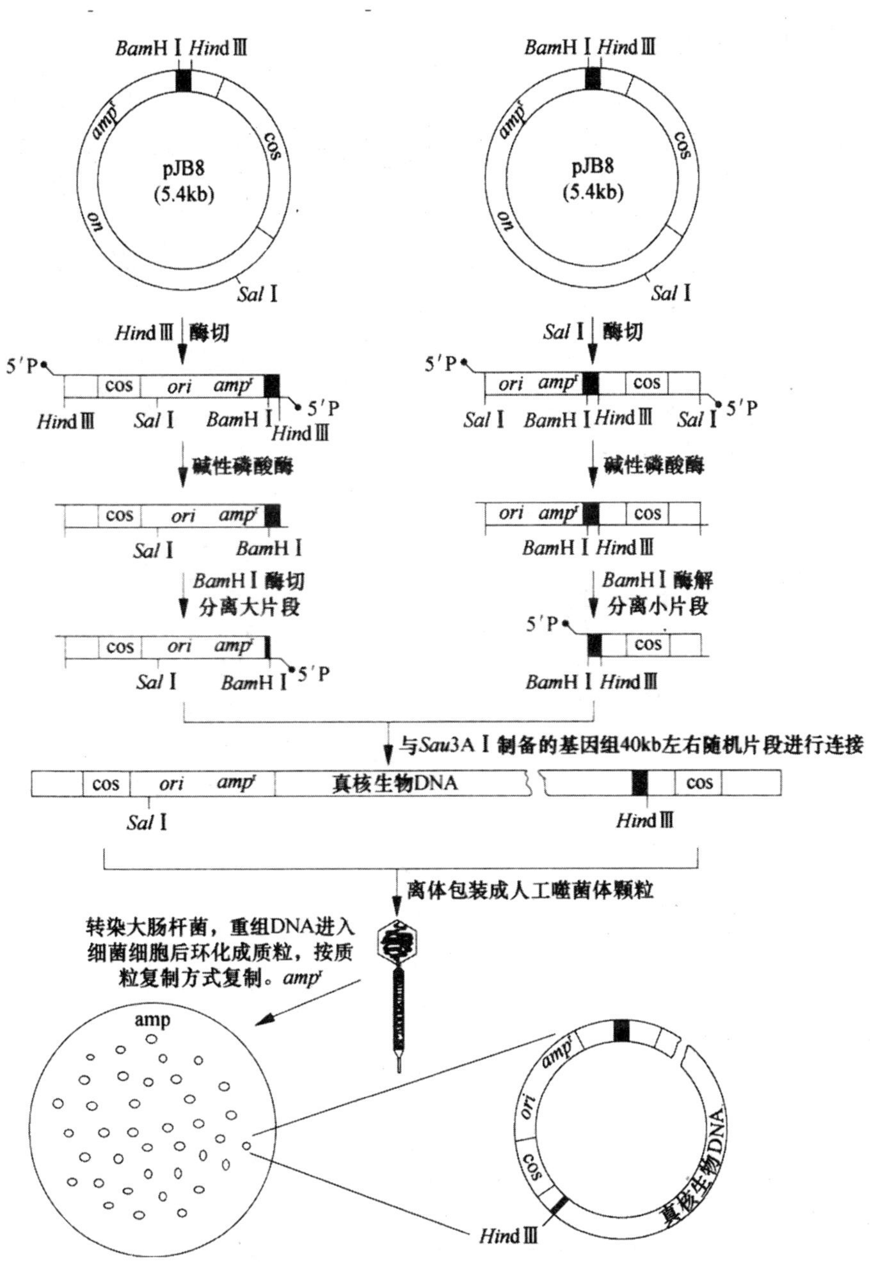

图5-7　以pJB8黏粒载体构建文库

上述重组分子用噬菌体包装蛋白离体包装，包装成的人工噬菌体感染宿主后将重组DNA转入大肠杆菌中，再利用噬菌体感染的过程。黏粒载体形成的重组分子不带噬菌体复制及结构基因，在扩增时不以细菌病毒的繁殖方式增殖，而是在转入大肠杆菌后通过cos末端黏结，转变成一带有质粒复制子的细菌质粒，克隆的重组子在细菌中以质粒的形式复制并形成细菌菌落。pJB8带有 amp^r 使转化细菌具有抗氨苄青霉素抗性（如图5-7）。

（二）酵母人工染色体文库

以酵母人工染色体载体构建基因组文库，其克隆的DNA可以达到几百kb以上，因此10^4左右的重组子就可以将某一高等生物的遗传信息全部包含下来。用这类载体构建文库时往往要首先分离出生物的某一条确定的染色体，在温和条件下以识别6对碱基的限制性内切核酸酶（如*Eco*RⅠ）酶解，回收几百kb的大分子随机片段。

酵母人工染色体载体被构建成质粒的形式，可在细菌中增殖并分离出来。将人工染色体质粒载体以*Eco*RⅠ酶切，释放出克隆位点，同时酶切释放其端粒，与上述大分子基因组随机片段混合连接实现人工重组。重组分子通过电刺激转化方式转化酵母细胞。

要获得载体两臂与插入片段的重组并转入酵母细胞，在复杂的分子反应体系中效率是不高的。但由于载体容量大，插入的分子片段达到了10^5～10^6 bp，获得10^4的重组转化子就可以满足一个高等生物基因组文库建库的要求，所以在实际文库构建时依然可行（如图5-8）。

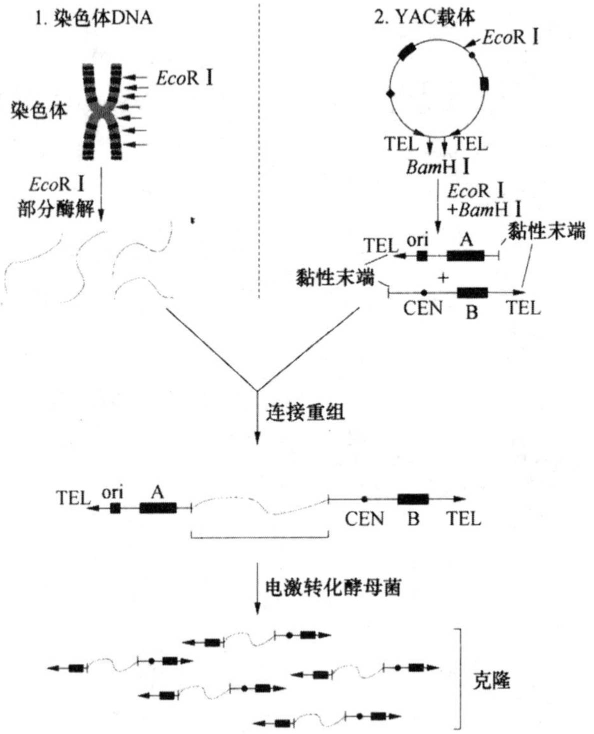

图5-8　酵母人工染色体载体构建基因组文库

A.酵母染色体自主复制序列；CEN.酵母染色体着丝点；TEl.染色体端粒；B.酵母中的选择标记。基因组DNA制备成几百kb的大片段后，插入人工染色体载体，形成一个可在酵母中稳定存在的人工染色体，通过酵母的增殖使基因组DNA形成克隆

五、基因组文库的扩增筛选

（一）文库的扩增

构建文库的目的常是为某确定片段分子的分离提供克隆群体。文库的效价达到了完整性

基因组文库的要求，就可以用于进行基因组文库的扩增和筛选。基因组文库的扩增过程即使每一个克隆分子增殖的过程。基于λ噬菌体载体的基因组文库通过感染大肠杆菌，重组噬菌体在受体细胞中复制增殖并形成噬菌斑以实现增殖。如果将所有的噬菌斑再洗脱混合收集，每一个原初的克隆分子都对应地进行了增殖，就形成了扩增后的文库。扩增后的文库效价更高，但用于再次感染受体菌后进行基因筛选时可能存在一定的风险。因为在进行文库扩增时，很难保证重组分子均等增殖，因此可能有些克隆增殖更多，而有些克隆增殖太少，甚或有丢失的可能。

λ载体复制时有一个8bp的*chi*位点5'-GCFGGTGG-3'，与其分子重组和进入滚环复制有关，插入的外源DNA很容易引入*chi*，这类重组分子的复制效率较不带*chi*位点的重组分子高得多。为了克服不均等复制的现象，在λ载体中通常引入*chi*位点。

在重组分子复制时，如果外源DNA带有一些正向或反向的重复序列，很容易进行分子内的重组，而将一段DNA丢弃或产生重排。通过在载体上采用red^-gam^-突变，并运用$recBC^-$的宿主可以减少重组的发生，增强重组分子的稳定性。

（二）文库的筛选

文库的筛选就是从众多的分子克隆群体中将确定的克隆筛选出来。高等生物的完备基因组文库一般由百万个重组克隆组成，从中筛选一个含有特定目的基因的重组克隆，其工作量之大可想而知。因此，必须建立一种高效的筛选机制。放射性标记的分子探针筛选法最为常用。这种方法需先制备探针，用探针对噬菌斑原位转移的斑点进行分子杂交，获得放射自显影的信号后，在对应的噬菌斑位置挑选出噬菌体（如图5-9）。

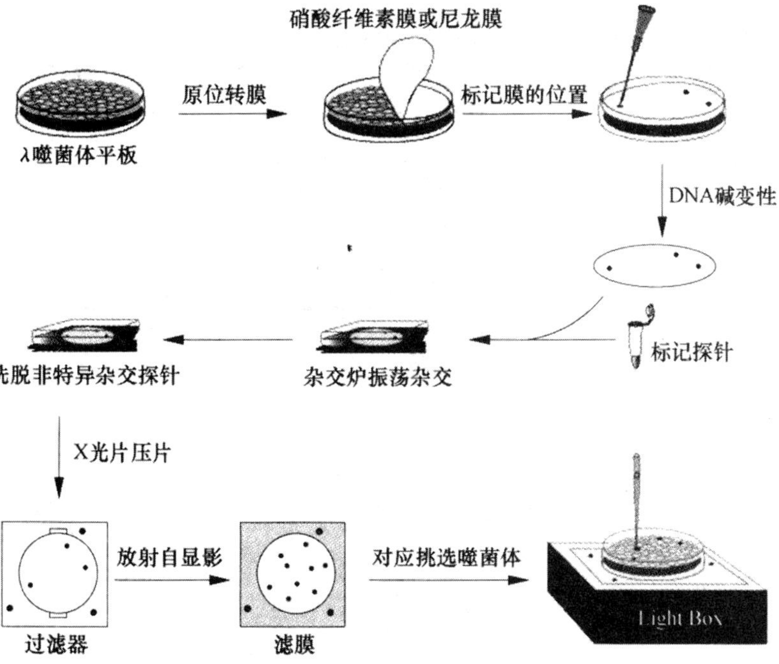

图5-9　放射性标记探针进行文库杂交筛选

以噬菌体载体构建的文库，感染大肠杆菌后形成噬菌斑，由于每个噬菌斑的细小斑点就能提供足量的供后续检测的DNA分子，因此很适合进行大量重组分子的筛选。而黏粒文库、细菌人工染色体也可以通过对平板上的大量菌落以氯仿裂菌后，原位转膜，再采用原位杂交方法筛选。

探针筛选法进行文库筛选是建立在合理的感染复数（multiplicity of infection，MOI）上。所谓感染复数即吸附于细菌上的噬菌体数与培养中的细菌数之比。在一个菌苔（bacteria lawn）的平板上噬菌体斑既有足够的密度，相互之间又有良好分隔。这样获得杂交信号后就容易挑到正确的噬菌体。然而在实际操作过程中，通常不能按常规程序进行。试想一下，为了准确辨认期望重组克隆，一块直径为15 cm的平板上，最多能容纳5000 ~ 10 000个噬菌斑或菌落，一个由10^6个重组克隆组成的基因文库，至少需要对100 ~ 200张噬菌斑平板转膜进行探针分子的原位杂交，工作量很大。而采取两步甚至三步原位杂交法，可以在更短的时间内完成全基因文库的筛选，其程序如下：第一步，制备高密度平板，使每块平板密集分布10^4 ~ 10^5个菌落或噬菌斑，此时虽然菌斑相互重叠，但仍可进行原位杂交；第二步，由感光胶片上的斑点位置在原杂交阳性平板的相应区域内挖下整块区域，并用新鲜培养基洗涤稀释；第三步，将稀释液再次涂布平板，使每块平板只含有10^3个可辨认的菌落或菌斑；第四步，用相同的探针进行二轮杂交，直至准确挑出期望的重组克隆。

PCR文库筛选法又是一种常规筛选方法，它是将噬菌体群体制备成样本池，并按等级进行样本池分组。先运用目标分子确定的引物对多样本的样本池做PCR扩增，如果在该样本池中含有目标分子，则可以扩增出预期大小的分子带。再对阳性样本池的分组次级样本池进行PCR扩增，获得阳性次级样本池，次级阳性样本池再分组并继续进行PCR，直至挑选出单独的重组子（如图5-10）。

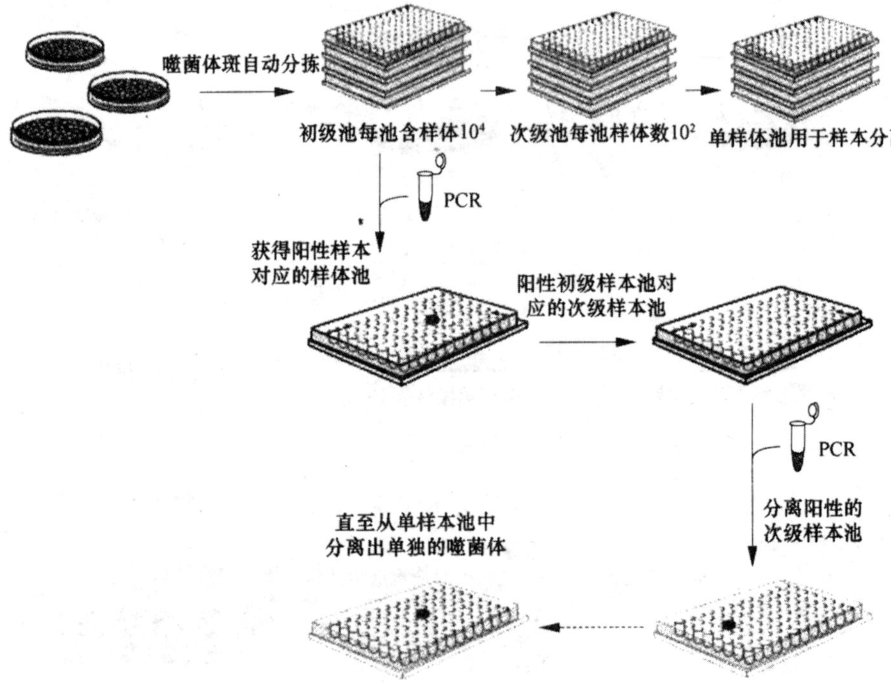

图5-10　PCR法筛选基因组文库

第二节　对未知序列基因的分离

一、染色体步移

在某些情况下，从基因文库中筛选到的仅是基因的一个片段，或长或短地缺少5'端或3'端。而在另外一些情况下，需要弄清特定基因在染色体上的排列以及与其他基因的相邻关系。上述两种情况都需要从基因组文库中反复筛选相互重叠的基因组片段，此方法称为染色体步移（chromosome walking）（如图5-11）。其基本策略是根据业已克隆的基因片段的末端序列合成探针，或是以限制性核酸内切酶切下的末端片段为探针，反复进行基因文库的筛选，直至满足需要为止。

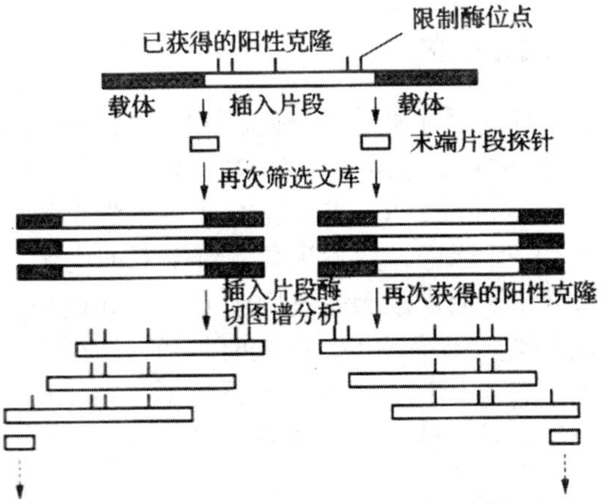

图5-11　染色体步移的技术路线

二、杂交捕捉和释放

该方法是用混合的cDNA与tuRNA进行杂交，然后将mRNA进行体外转译。当某些产物的转译由于杂合分子的形成而受到抑制时，称为杂交捕捉转译（hybrid arrested.translation）。在此基础上，通过对混合cDNA再次分组，并反复进行杂交捕捉转译，最终可以鉴定出抑制某一特定蛋白转译的单个cDNA克隆。另一种方法是在杂交以后，可以用磁珠分离等方法提取cDNA/RNA杂合分子，然后将其中的mRNA释放，并进行体外转译，从而鉴定编码该蛋白的cDNA克隆，后者称为杂交释放转译（hybrid release translation）。

用上述原理分离目的cDNA的方法还有建立减数cDNA文库（subtracted cDNA library）和等量化cDNA文库（equalized cDNA library）等方法。前者是用磁珠分离等技术去除两种组织共有的mRNA，然后用经过富集的mRNA建立cDNA文库。后者是根据稀有拷贝的cDNA比丰富拷贝的cDNA复性或杂交更慢的特性建立起来的，在所建文库中某一特定组织或细胞表达的各个基因均含有等量的cDNA，从而使低丰度mRNA的cDNA拷贝数相对增加。

上述方法适用于克隆两种组织，或同一组织在不同发育阶段及病理生理条件下表达有差异的基因，但这些方法均有费时、费事、成本高、效果差等缺点，难以满足成批样品的检测和筛选。

三、mRNA的差异显示分析

1992年，梁鹏等根据RT-PCR原理建立了一种新的显示mRNA的方法，称为mRNA的差别显示（differential display mRNA by PCR，DD-PCR）或差别显示反转录PCR（ditterential display reverse transcription PCR，DDRT-PCR）。该方法基于随机放大原理，以对照组和试验组的全部mRNA为模板，用PCR技术合成eDNA。然后将两组eDNA进行平行电泳，通过分析比较它们带型的差异，从凝胶中分离出差异区带，供进一步分析。在一定程度上，该方法克服了减数eDNA文库的不足，但针对性不强，且容易出现假阳性。

1993年，Listsyn等在上述方法的基础上，建立了展示差异分析（representational difference analysis，RDA）技术。该方法保持了DD-PCR快速、有效的特点，又对差异基因片段进行特异性放大，解决了传统杂交方法杂交不完全的弊病。

四、限制性标志cDNA扫描

1993年，Hayashizaki等发明了限制性标志基因组扫描（restriction landmark genomic scanning，RLGS）方法。1996年，Suzuki等在RLGS基础上发明了限制性标志cDNA扫描（restriction landmark eDNA scanning，RLCS）技术，其主要原理是用限制性核酸内切酶处理eDNA，对酶切片段进行放射性标记，然后用高分辨率双向电泳对标记片段进行分离，同时和定量地显示不同的eDNA，从而展示表达基因的差异，并进一步克隆差异基因。该方法具有以下优点：①由于使用了高效扫描技术，能同时扫描上千个内切酶标记；②能用一系列电泳分析不同的标记；③由于直接标记内切酶位点，且不需杂交过程，故能用于任何物种的基因分析；④通过斑点可以区别单倍体和二倍体基因组DNA。

五、“电子”cDNA文库筛选

“电子”eDNA文库筛选主要是指采用生物信息学的方法延伸表达序列标签（EST）序列，以获得基因的部分乃至全长eDNA序列。基本过程为：采用BLAST检索程序检索GenBank的dbEST数据库，检出与起始序列有同源性的或有部分重叠的EST序列，把检出序列组装为连续体（contig），以此连续体序列为被检序列再进行BLAST检索，重复以上过程，直至没有更多的重叠EST检出或者说连续体序列不能继续延伸。

第三节　从cDNA文库中获得目的基因

发现并分离克隆新基因始终是分子生物学研究的主要任务和目的，虽然eDNA文库的用途很多，但是，应用于分离新基因是其最重要的用途。前述的不管是哪种类型的eDNA文库，都可以用于分离新基因，只是使用的方法有差异。分离方法主要有两种：①对于非全长eDNA文库，即不管是经典的eDNA文库方法或差减法构建的eDNA文库，需要利用已经获得的新cDNA序列片段，通过RACE方法获得新基因的全长序列，②利用全长cDNA文库与目的基因片段作为探针的杂交筛选。

一、从非全长cDNA文库中筛选新基因

（一）RACE法

前面对RACE方法已经进行了叙述，在此主要叙述如何利用RACE方法获取目的基因。RACE文库即快速扩增cDNA末端法（rapid amplification of cDNA end，RACE）。只需知道mRNA内很短的一段序列即可扩增出其cDNA的5'端（5'RACE）和3'端（3'RACE）。该法的主要特点是利用一条根据已知序列设计的特异性引物和一条与mRNA的*poly*（A）（3'RACE）或加至第一链cDNA 3'端的同聚尾（5'RACE）互补的通用引物，由于同聚体并非良好的PCR引物，同时为了便于RACE产物的克隆，可向同聚体引物的5'端内加入一内切酶位点。所用的cDNA模板可以使用多聚dT引物延伸合成（3'RACE、5'RACE均可）。当RACE PCR产物为复杂的混合物时，可取部分产物作模板，用另一条位于原引物内侧的序列作为引物与通用引物配对进行另一轮PCR（巢式PCR）。

迄今已有几种改良的RACE方法，通过修饰与优化，与最初的Frohman报道有所不同。①BARSON等采用锁定寡聚脱氧胸腺嘧啶核苷酸引物“锁定”基因特异性序列的3'末端与其*poly*（A）尾的连接处，进行第1条cDNA链的合成，消除了在合成第1条cDNA链时寡聚（dT）RNA模板*poly*（A）任何部位结合而带来的影响。②Edwards和Troutt小组利用T4噬菌体RNA连接酶把寡核苷酸连接到单链cDNA的5'末端，然后用一个3'末端特异性引物和一个锚定引物就可以直接对锚定连接的cDNA进行体外扩增和克隆。随后，Bertl N.G.等又用连接酶代替RNA连接酶。这些方法都避免了在第2条cDNA链内同聚序列区互补而导致截断cDNA的产生。③Maru Yama等提出cRACE法，采用的引物为基因特异性的，所以非特异性PCR产物基本上不会产生。Clontech等公司也根据RACE法的更新，相继推出了RACE的相应试剂盒，为克隆cDNA提供了方便的工具。

（二）用PCR法从cDNA文库中快速克隆基因

通过对文库的筛选或适用简并引物进行PCR反应，常常只能获得不完整的cDNA片段。为了得到cDNA全长，常常要重新筛选文库。重新筛选文库工作量大，RACE虽然为此提供方便，但应用该方法需重新提取mRNA和反转录。而用PCR法从cDNA文库中快速克隆基因的方法，只需提取λ噬菌体DNA，按保守序列设计PCR引物便可将未知片段进行克隆。特别是在基因的两端变异较大而中间某区域保守的情况下，用PCR法很容易获取cDNA的全长。同一转录产物，又存在着不同的拼接方式，通过筛库的办法同时将不同拼接方式的克隆筛选出来的可能性较小，而使用PCR扩增后，有利于观察到不同的拼接方式。另外，为研究基因在不同组织中的表达情况，常根据差异显示法找出特异的mRNA。

二、从全长cDNA文库中进行杂交筛选

（一）标记探针cDNA文库筛选法

cDNA文库通常涂抹到母盘培养基上，然后再把这些菌落的样品吸印到硝酸纤维素膜或尼龙膜上。这时加入标记的探针，如果出现杂交信号，那么从母盘上就可以把包含杂交信号

的菌落分离、培养出来。以此筛选出阳性克隆，进行序列分析，以获得cDNA全长。该方法能避免PCR扩增的非特异性扩增或错配，是一种比较准确可靠的cDNA克隆方法。主要缺点是克隆过程需要一系列的酶促反应、产率低、费时长、工作量大。该方法适合于表达丰度高的基因的筛选分离。用于做标记探针的DNA片段可以是其他生物的基因片段，在这种情况下筛选出来的基因往往是已分离基因的同源基因。如果用于做标记探针的DNA片段是通过新分离蛋白质的氨基酸反推设计的DNA序列，或者是特异分子标记子DNA序列，那么可以筛选得到新功能基因。

（二）反式PCR

反式PCR克隆cDNA全长的基因原理是：双链cDNA合成后进行尾–尾连接，环化的cDNA用位于已知序列内的限制性核酸内切酶酶切位点造成缺口或用NaOH处理使之变性，然后用2条基因特异性引物对重新线性化或变性的cDNA进行扩增。反式PCR的优势在于，它采用了2条基因特异性引物，因此不易产生非特异性扩增。该方法可以快速、高效地扩增cDNA或基因组中已知序列两侧位置的片段。

第四节　根据基因差异表达获得目的基因

生物个体发育、细胞分化、细胞周期变化、生物个体对逆境响应等所有生命过程都与基因的差别表达有关。因此，比较不同细胞或者不同基因型在基因表达上的差异，即mRNA种类的差别可为我们深入了解生命过程的本质打开方便之门。迄今已在PCR技术的基础上发展了多种用于鉴定和克隆不同差异表达基因cDNA片段的方法，所获得的cDNA片段可作为探针或作为设计引物，再通过筛选文库等各种方法获得其全长cDNA或基因。

一、差异显示PCR

DD-PCR（differential display mRNA by PCR，DD-PCR）或DDRT-PCR（differential displav reverse transcription PCR）是基于PCR的mRNA差异显示技术。其基本原理是：利用真核生物成熟mRNA的3'*poly* A结构，用oligo（dTMN）（M-A、C、G，N=A、G、C、T）作为锚定引物与mRNA的*poly*A结合，在反转录酶的作用下将mRNA反转录为cDNA，再以原oligo（dTMN）和10bp随机引物组成的引物对在不同来源的cDNA中进行PCR扩增，相同引物对在不同来源cDNA中的PCR产物并排在聚丙烯酰胺测序胶上电泳分离。扩增的cDNA片段通过放射自显影或显色，即可获得差异表达基因的扩增条带（如图5-12）。

DD-PCR具有速度快、操作简单、灵敏度高而且样品需要量少等优点，在一定程度上克服了差减杂交和扣除杂交技术的不足。但它也有以下缺点：一是假阳性率高，有时可达到50%～75%；二是获得的cDNA片段很短，且其3'末端含有非翻译区，使基因分类或功能预测的难度增大。

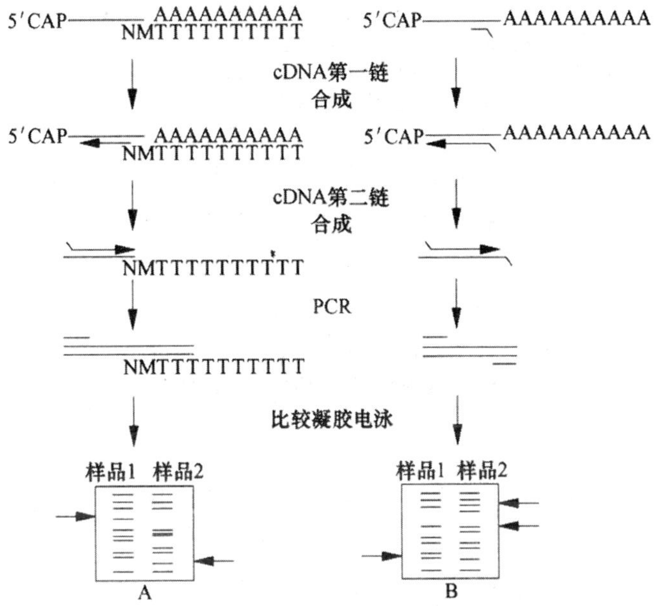

图5-12　DD-PCR和RAP-PCR的技术流程
A.DD-PCR；B.RAP-PCR

二、cDNA代表性差异分析

cDNA RDA（cDNA representational difference analysis，cDNA RDA）是Hubank和Schatz在Lisitsyn等发明的基因组代表性差异分析（representational difference analysis，RDA）技术基础上发展起来的一种cDNA代表性差异分析技术（cDNA representational difference analysis，cDNA RDA）。其基本原理是：将材料根据要求分为试验组T（tester）和驱动组D（driver），分别提取其RNA并反转录成cDNA，用识别4个碱基的限制性内切核酸酶（如*Taq* Ⅰ和*Vsp* Ⅰ）分别酶切cDNA，再分别加上同一接头，以接头特异性引物进行PCR扩增。扩增产物经限制性内切核酸酶酶切后，将T组酶切产物连上新的接头，使之区别于D组cDNA；再用过量的D组酶切产物与经“修饰”过的T组cDNA混合（100∶1），经变性、退火和复性，T组与D组中共有的序列将组成T-D异源杂交分子，而T组特有的序列则形成T-T同源杂交分子，D群同源序列形成D-D同源杂交分子。利用T组新接头的特异接头引物进行PCR扩增，T-T同源杂交分子将得到有效扩增。这种差减杂交步骤可重复2～3次，以尽可能去除共有序列，可有效地富集差异表达基因片段（如图5-13）。

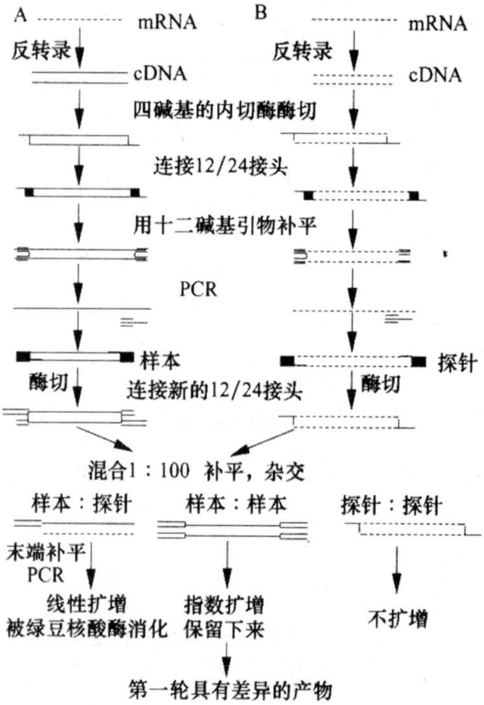

图5-13 cDNA RDA技术流程

A.试验组;B.驱动组

cDNA RDA在保留了差减杂交和DD-PCR优点的基础上，充分发挥了PCR以指数形式扩增双链模板、以线性形式扩增单链模板这一特性，并通过降低cDNA群体复杂性和多次更换cDNA两端接头等方法，特异地扩增目的基因片段，与DD-PCR相比具有假阳性低、特异性强、灵敏度高和重复性好等优点。然而，cDNA RDA技术也存在着操作复杂、实验周期长以及费用高等缺点。

三、抑制性削减杂交

SSH（suppression substractive hybridization，SSH）技术是继DD-PCR和cDNA RDA技术之后又一新的表型克隆技术，是一种比较和分离不同细胞或同一细胞在不同状态下差异表达基因的方法。它以抑制性PCR为基础获得差异表达的基因片段。抑制性PCR根据链内退火优于链间退火的原理，利用非目的片段两端接头上的反向重复序列在PCR时产生类似“锅-柄”样互补结构无法作为模板与引物配对，从而选择性地抑制非目的基因片段的扩增。

其基本原理是：提取两种不同组织或细胞的mRNA分别作为试验组T（tester）和驱动组D（driver），反转录为cDNA；将T组和D组的双链cDNA分别用*Rsa* Ⅰ或*Hae* Ⅲ等限制性内切酶酶切产生大小适当的平头cDNA片段；将T组cDNA酶切产物分为两份，分别接上接头1或接头2，成为带有接头1的样本（T1组）和带有接头2的样本（T2组）；将过量的D组（探针）分别与T1组和T2组混合、变性、退火、杂交形成4种产物（如图5-14，a～d分别代表T组单链cDNA片段、自身退火的T组cDNA同源双链片段、T组和D组同源双链片段、D组单链和双链片段），将两份第一次杂交产物混合，再加入新变性的D组单链cDNA退火杂交，使第一次杂交消减的丰度均等化的T组单链cDNA分子（a）形成新的杂交体e，即T组和D组中差异表达的基因片段，它的两个5'端分别带有接头1和2，补平末端后可以和巢式引物结合，进行PCR扩增，两对引物分别与接头内外侧序列一致，进行两轮PCR；第一次PCR中，加入针对接头外侧序列的特异引物进行扩增：a和d类分子由于缺乏引物结合位点，不能进行PCR扩增；b类分子两端均为同一接头，退火时易形成“锅–柄”样结构而不能扩增；c类分子仅有一个引物结合位点，只能进行线形扩增；e类分子由于两端连有不同的接头，可以指数扩增；第二次PCR，加入一对与接头内侧序列相同的巢式引物，进一步富集差异表达片段，并降低背景；PCR产物可以直接作为探针进行文库筛选，也可进行克隆构建文库，以便进行后续的基因功能研究。

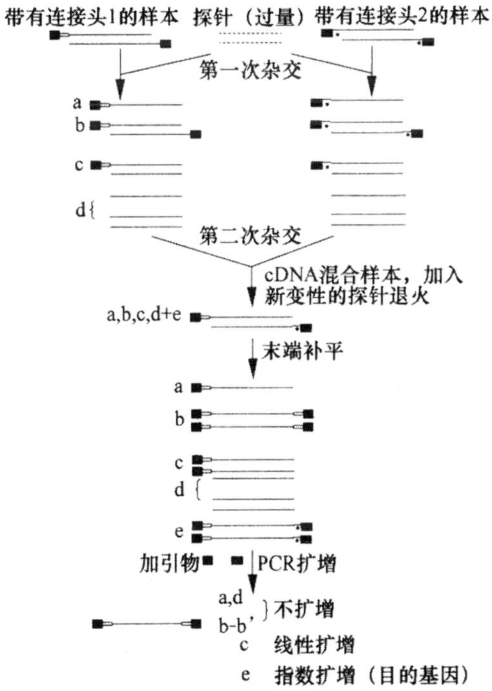

图5-14 SSH技术流程

SSH具有以下突出优点：①SSH通过2轮减数杂交和PCR特异性扩增，假阳性率被大大降低；②SSH利用了杂交二级动力学的原理，使低丰度差异表达tuRNA目的序列得到了均等化和富集，降低了背景，提高了灵敏度；③SSH技术不需要分离单链cDNA.或者双链cDNA成分，只需要经过1轮减数杂交就可以使低丰度差别表达的基因序列富集1000多倍，分离高、低丰度表达的基因都具有很高的效率，而且操作简便，适用于分离和鉴定与疾病、发育、组织特异性等相关的差异表达基因。

SSH存在的不足：①SSH只能用于两组样品对照处理，并且必须使检测子和驱动子交换重复来确定两个方向基因表达的变化；②SSH不能提供基因表达数量上的差异，对鉴定在驱动子中表达丰度较低的基因的效果不如完全缺失（不表达）的基因。

四、RNA任意引物PCR

RAP-PCR（random arbitrarily primedPCR，RAP-PCR）的技术原理是：先从样本中提取总RNA，用随机引物合成cDNA的第一链，再用同样或者不同的引物（对）进行PCR合成cDNA第二链，凝胶电泳可以显示全部的PCR产物，再从中回收差异表达的基因片段，进行克隆、测序。

在RAP-PCR中由于没有引进3'端的寡核苷酸引物，很少有3'端的序列，这就有利于处理较短的cDNA片段，因为它们将有更多的编码蛋白质的序列而不是3'末端的非翻译序列。该技术也因此而成为测定原核生物和真核生物差别基因表达的有力工具。RAP-PCR的一个最明显的缺点是假阳性率较高。

第六章　DNA重组与重组子筛选

第一节　DNA的体外重组

DNA的体外重组是将目的基因通过重组到合适的载体上，这种重新组合的DNA称为重组DNA。DNA与载体之间连接方式主要有黏性末端的连接、平末端的连接和PCR产物的T载体连接以及基于λ噬菌体位点特异性重组的gateway克隆技术。

一、黏性末端的连接

（一）同一种酶产生的黏性末端的连接

当载体和外源DNA用同一种限制性内切核酸酶消化时，可产生相同黏性末端。当带有相同黏性末端的DNA片段在一起退火，并在DNA连接酶的催化作用下连接起来形成重组DNA分子（如图6-1）。例如，pBR 322质粒进行*Bam*HⅠ酶切形成带有*Bam*HⅠ黏性末端的线性质粒。如果含有目的基因的DNA也用*Bam*H Ⅰ酶切，获得带有*Bam*HⅠ黏性末端的该基因的DNA。将两者混合，在DNA连接酶的作用下，它们的黏性末端互补，彼此退火连接形成环状的重组质粒。

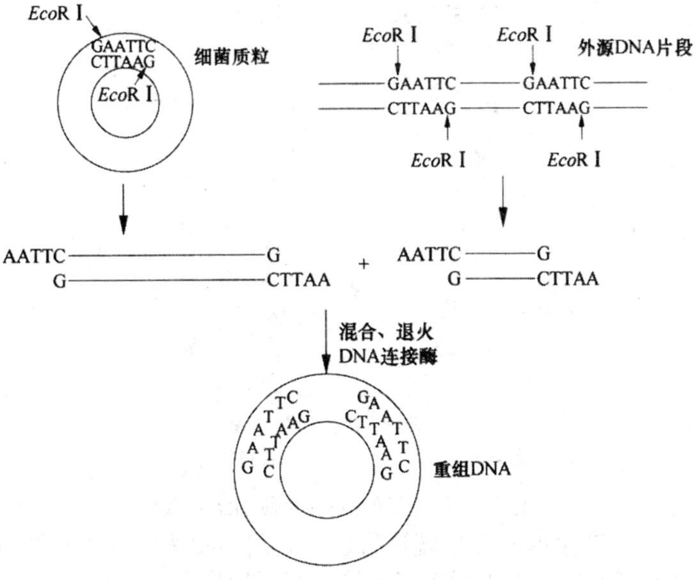

图6-1　同一种酶产生的黏性末端的连接

上述连接反应可产生目的基因的正反向插入、载体或目的基因片段会自身环化、载体与单个或多个目的基因片段之间重组等几种不同结果，其中载体的自身环化最为常见。一般采取提高连接反应体系中目的基因对载体的比例，或用碱性磷酸酶对载体进行脱磷酸处理，以阻止线性载体DNA分子自身环化。

（二）不同种酶产生的黏性末端的连接

用两种限制性内切核酸酶消化载体DNA和外源DNA片段，使载体和外源目的基因的两端分别形成不同黏性末端，将它们混合，在连接酶的作用下，相同的黏性末端可退火连接成重组DNA分子，从而实现DNA的定向连接。

例如，pBR 322用*Hin*dⅢ和*Bam*HⅠ酶切、琼脂糖凝胶电泳分离、回收目的片段。外源DNA片段同样也用*Hin*dⅢ和*Bam*HⅠ酶切并回收纯化酶切片段。双酶切后的载体和外源DNA片段混合退火，因为*Hin*dⅢ和*Bam*HⅠ的黏性末端不匹配，避免了载体和外源DNA片段的自身连接，外源DNA片段只能定向地连接到载体的*Hin*dⅢ和*Bam*HⅠ位点之间（如图6-2）。当然也不可避免地发生载体的*Hin*dⅢ和*Bam*HⅠ的黏性末端之间两个碱基互补形成开环，转到大肠杆菌中被修复，但这样的重组子占少数，是低效转化。

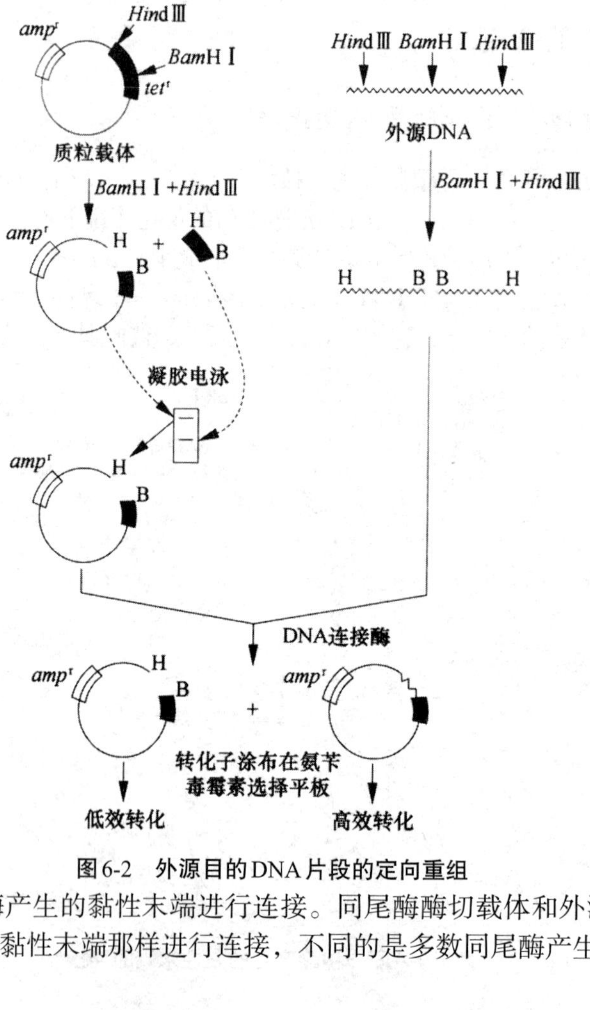

图6-2 外源目的DNA片段的定向重组

还可以应用同尾酶产生的黏性末端进行连接。同尾酶酶切载体和外源DNA得到的黏性末端可以像完全亲和的黏性末端那样进行连接，不同的是多数同尾酶产生的黏性末端连接后形成的重组DNA分子中原有限制性内切核酸酶的识别位点被破坏。例如，*Sal* Ⅰ（G↓TC-GAC）和*Xho* Ⅰ（C↓TCGAG）的酶切片段连接后，得到的杂种位点（GTCGAG）既不能被*Sal* Ⅰ切开，也不能被*Xho* Ⅰ切开。有时连接后的产物却又能够被另一种同尾酶识别。这样用同尾酶进行体外重组时，在限制性内切核酸酶消化之后，不必将原有的限制性内切核酸酶失活，可直接进行重组连接。由于连接体系中原有的限制性内切核酸酶的存在，载体自连就不会发生，从而保证了载体同外源DNA的连接。所以，在这种连接反应中不必用碱性磷酸酶进行载体的脱磷酸反应便可得到最高的连接效率。

二、平末端的连接

很多时候，载体和外源DNA片段经过限制性内切核酸酶消化后，形成的是非互补的黏性末端或平末端。对于平末端，通过调整反应条件就可用DNA连接酶实现片段之间的连接。非互补的黏性末端需修饰成平末端，再按平末端连接的方法进行连接。通常将黏性末端变为平末端的具体方法有：①5'突出黏性末端的补平，一般选择大肠杆菌DNA聚合酶Ⅰ的Klenow大片段聚合酶进行填补；②3'突出黏性末端的切平，一般使用T4噬菌体DNA聚合酶或单链DNA的S1核酸酶切平。变成平末端之后，同样可用DNA连接酶进行有效的连接（如图6-3）。

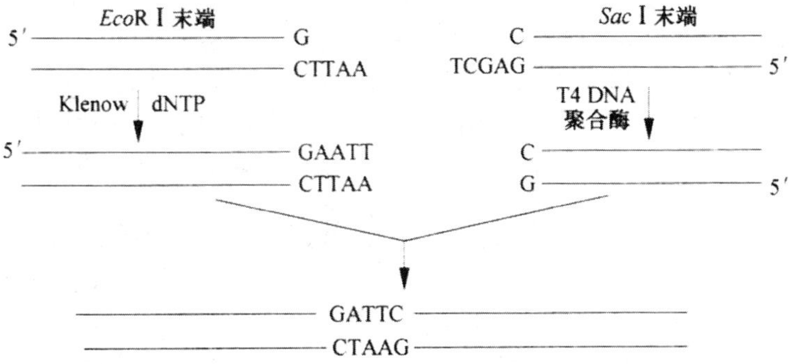

图6-3　5'或3'黏性末端被平端化的连接反应

由于平末端之间的连接效率只有黏性末端的1%～10%，一般在其连接反应体系中加入高浓度的DNA连接酶、较高浓度的外源DNA和载体DNA及低浓度的ATP，通常还需加入低浓度的聚乙二醇（PEG），使DNA分子凝聚，从而提高连接效率。理论上只要两个DNA片段的末端是平末端，不管是用限制性内切核酸酶切割后产生的，还是用其他方法产生的，都可以在DNA连接酶催化下进行连接，这给不同DNA分子的连接带来了极大的方便。尽管如此，平末端连接还是存在一些缺陷：①连接效率低；②黏性末端补平或切平的平末端连接常常破坏限制性内切核酸酶原有的识别序列；③平末端的外源DNA片段在载体中的插入没有方向性，可双向插入；④在平末端连接要求的较高底物浓度下，可产生多拷贝外源DNA片段插入载体的现象。为了克服以上弊端，目前对平末端连接常采用同聚物加尾法、衔接物连接法和DNA接头连接法等改进方法。

（一）同聚物加尾法

末端转移酶可催化dNTP加到单链或双链DNA 3'-OH末端，同聚物加尾法就是利用末端转移酶的这种能力，在载体分子和外源双链DNA 3'-OH末端加上互补同聚物尾巴，两者再通过同聚尾之间的互补形成可转化大肠杆菌的重组DNA分子。这实际上是一种人工黏性末端连接法。通过DNA片段加尾，既可以使两个平末端的DNA片段进行连接，也可以使平末端的DNA片段与黏性末端DNA片段进行连接。

实际上，两个互补尾巴的长度往往不完全相等，可用DNA聚合酶Ⅰ或Klenow大片段聚合酶去填补由此产生的缺口，然后再由DNA连接酶将二者连接起来。但这种修复反应并不一定要在体外完成，如果互补的一对同聚物尾巴长度超过20 nt，它们结合形成的碱基对结构则是相当稳定的。这种未经完全连接的重组体DNA分子可直接导入受体细胞，由受体细胞内部的DNA聚合酶和DNA连接酶完成对它的修复。

由于载体和外源片段的末端是互补的黏性末端，加上它们不存在自身环化现象，因此同聚物加尾法是一种连接效率较高的末端连接方法，但也存在不足：①操作烦琐；②外源片段难以回收；③添加许多同聚物的尾巴，可能会影响外源基因的表达。还要注意的是，同聚物加尾法与平末端连接法一样，重组连接后往往会重新产生某种限制性内切核酸酶的切点。

（二）衔接物连接法

衔接物是指人工合成的一段由10～12 nt组成、具有一个或数个限制性内切核酸酶识别位点的平末端的双链寡核苷酸短片段。衔接物的5'末端先用多核苷酸激酶处理使之磷酸化，接着通过DNA连接酶使衔接物和待克隆的平末端DNA片段连接起来。然后，用适当的限制性内切核酸酶消化具有衔接物的DNA分子和克隆载体分子，使两者都产生出彼此互补的黏性末端，这样便可以按照常规的黏性末端连接法，将待克隆的DNA片段同载体分子连接起来（如图6-4）。此方法适用于没有衔接物限制性内切核酸酶酶切位点的外源DNA片段。

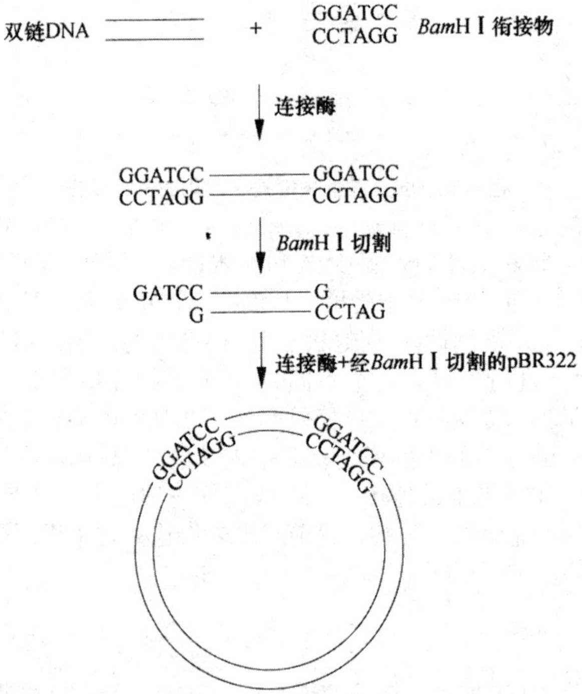

图6-4　用衔接物分子连接平末端的DNA片段

当所要克隆的DNA片段具有与载体分子非互补的黏性末端时，可先采用DNA聚合酶I的Klenow大片段、T4 DNA聚合酶或S1核酸酶处理，使之成为平末端。然后用DNA连接酶使之在平末端接上特定的衔接物，再用适当的限制性内切核酸酶酶切生成黏性末端，最后按黏性末端的连接方法实现外源DNA片段与载体的连接。

衔接物可以在实验室用化学方法合成，也可以从厂商处购买。厂商提供的衔接物有磷酸化和非磷酸化两种形式，后者在使用前需要用多核苷酸激酶处理才能成为连接酶的合适底物。

衔接物连接法是进行体外DNA重组操作的一种既有效又实用的手段，兼具同聚物加尾法和黏性末端连接法的优点，可根据具体情况设计具有不同限制性内切核酸酶识别位点的衔接物，使任意两个不同末端的DNA片段都能连接起来。若在体外连接反应体系中增加衔接物浓度，还可显著提高连接效率。

采用双衔接物连接技术，既可实现外源DNA片段的定向克隆，又可避免线性载体分子自身再连接，特别适用于具多克隆位点的克隆载体。此外，在基因表达研究中，通过使用衔接物还可提供正确阅读框架（ORF）或调节表达所需的特定序列。

衔接物连接法的缺点是，如果待克隆的DNA片段或基因的内部含有与衔接物相同的限制性内切核酸酶识切位点，这样在酶切消化衔接物产生黏性末端的同时，也会把外源基因切成不同的片段，给后继的亚克隆及其他操作造成麻烦。

（三）接头分子连接法

DNA接头连接法较好地克服了上述衔接物连接法的缺陷。DNA接头也是人工合成的一小段双链寡核苷酸，与衔接物不同的是，接头中包含了限制性内切核酸酶的突出黏性末端，不需要用限制性内切核酸酶消化产生。接头有单链的，也有双链的。单链接头通过与其他单链接头互补形成双链，再与外源DNA片段连接。双链接头一端为平末端，一端为黏性末端。当它的平末端与外源DNA片段的平末端连接后，可使外源DNA片段成为具有黏性末端的分子而易于同载体连接重组。

但在实际应用中，处在同一反应体系中的各个DNA接头分子的黏性末端之间会通过碱基配对形成与衔接物一样的二聚体分子，尤其在高浓度DNA接头分子的环境中更是如此。因此，必须对DNA接头末端的化学结构进行修饰与改造，即将接头黏性末端的5'-P换成5'-OH，使5'-OH和3'-OH之间无法形成磷酸二酯键，这就意味着接头之间不能形成稳定的二聚体。这种黏性末端被修饰的DNA接头分子，虽然丧失了彼此连接的能力，但其平末端照样可以与平末端的外源DNA片段正常连接，只需在连接后用多核苷酸激酶处理，便可使5'-OH末端恢复成5'-P末端，以进行后续的连接反应（如图6-5）。

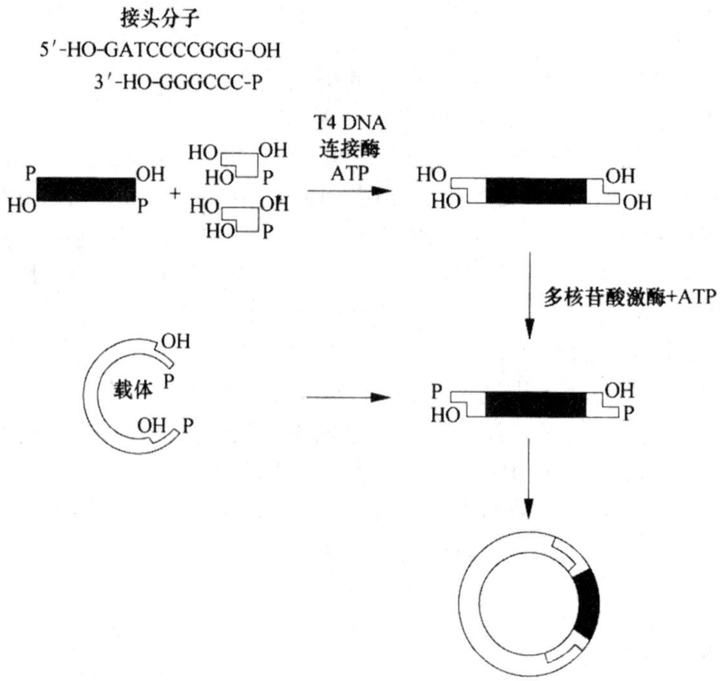

图6-5 用接头分子连接平末端的DNA片段

三、PCR产物的连接

PCR扩增是获得目的基因的重要途径，PCR产物的连接是基因工程实验中经常性的工作，其主要方法有引入酶切位点克隆法、T-A克隆法和平末端克隆法等。其中，平末端克隆法是用能产生平末端的DNA聚合酶（如Pfu）获得平末端扩增产物后，再与制备好的平末端载体进行平末端连接，但其连接效率较低。

（一）引入酶切位点连接法

该方法通过PCR反应在目的基因DNA的两端引入限制性内切核酸酶识别位点，随后进行酶切并按黏性末端的连接方法进行连接。

在设计PCR引物时，如在引物的5'末端加上限制性内切核酸酶的识别序列及若干保护碱基而不影响引物的特异性，那么PCR产物两端就会在随后的扩增中获得相应的酶切位点。这样得到的PCR产物用限制性内切核酸酶消化产生黏性末端，即可与有互补黏性末端的载体DNA重组。这种克隆方法效率较高，且当两引物中设计不同酶切位点时，可有效地定向克隆PCR产物。但必须注意的是，在选择酶切位点时，要保证所选的酶切位点在扩增的PCR产物内部不存在，如果对扩增的PCR产物的序列不清楚，可优先选用切割频率相对较少或酶切位点为8个碱基序列的酶切位点。另外，除限制性内切核酸酶识别序列外，还需要在其5'末端多合成3～4个碱基以利于限制性内切核酸酶与PCR产物末端稳定结合，从而保证切割的顺利进行。不同的酶切位点需加入的碱其不同。例如*Xba* Ⅰ位点（TCTAGA）两侧仅加入C时，酶切效率为0；加入GC时，酶切效率可达90%；*Xba* Ⅰ位点（CTCGAG）两侧加入C

和G时，酶切效率为0，各加入CCG和CGG时，酶切效率为75%，即便如此，其酶切效率也不够高，其中尤以*Not* Ⅰ、*Xho* Ⅰ和*Xba* Ⅰ等较为难切。

采用突变PCR方法可克服上述缺点。该方法是通过在两PCR引物序列中改变一至数个核苷酸，创造出一个限制性内切核酸酶酶切位点。鉴于PCR引物的3'末端序列的互补性是PCR成功的关键，在PCR引物的中部或近5'末端改变一个或几个碱基，对PCR扩增效果影响不大。这种方法不需要增加PCR引物的长度，且酶切效果优于上述的方法，对于特定DNA片段的克隆，此方法较为经济、实用；但对于基因诊断PCR产物的克隆，似乎上述的方法更为适宜。

（二）T-A克隆法

T-A克隆法是目前使用最广泛的PCR产物克隆方法，该方法主要适用于*Taq* DNA聚合酶扩增的产物。*Taq* DNA聚合酶能在平末端双链DNA的3'末端加上一个碱基，所加碱基几乎全是腺苷酸（A）。据此，Marchuk等采用3'末端突出一个胸腺苷酸（T）的质粒DNA载体来克隆PCR产物，其克隆效率比平末端的连接至少高出100倍。他们用& 0RV将载体切成平末端，然后在dTTP存在下，用*Taq* DNA聚合酶催化载体双链DNA的两个3'末端各加一个T，成为T-载体。用这种T-载体可较有效地直接克隆PCR产物。

Holtorl等也报道了另一种制备T-载体的方法。他们使用末端转移酶在切成平端的载体双链DNA的两个3'末端加上一个T。用这种方法制备的T-载体缺少3'-OH，不能与待克隆PCR产物的5'末端连接形成磷酸二酯键，但T-载体的5'末端所含的磷酸基团可与PCR产物的3'-OH连接，连接产物在载体和PCR产物之间的双链上带两个切口，但仍可转化合适的宿主菌，并在细菌体内修复。目前，一些公司已开发出可直接用于克隆PCR产物的带3'-T的T-载体。

第三种制备T-载体的方法是在质粒载体的多克隆位点中引入特定的序列，用*Mbo* Ⅱ、*Xcm* Ⅰ、*Hph* Ⅰ酶切产生3'末端具有单个T突出的线性T-载体。该法更快捷、高效和稳定，特别适合研究人员自己制备T-载体。

四、Gateway载体构建系统

传统的酶切连接方法是基因工程研究的基本方法，但存在一定的缺陷，主要表现在：①需要烦琐的酶切连接，工作量大，难以满足大规模克隆的需要；②往往难以找到合适的酶切位点而面临诸多的技术困难，影响实验的效率。高效的、非载体和宿主依赖性的克隆系统不仅可大大提高重组DNA的效率，而且可适用于所有的克隆反应。

Gateway克隆技术就是一个高效的大规模克隆系统，由Invitrogen公司开发。该技术利用λ噬菌体的位点特异性重组系统（λ噬菌体用此重组系统进行裂解途径和溶源途径之间的相互转换），在不进行酶切和连接的基础上实现了基因快速克隆及载体间平行转移（如图6-6），同时还有利于保持正确的开放读码框（ORF）和插入方向。

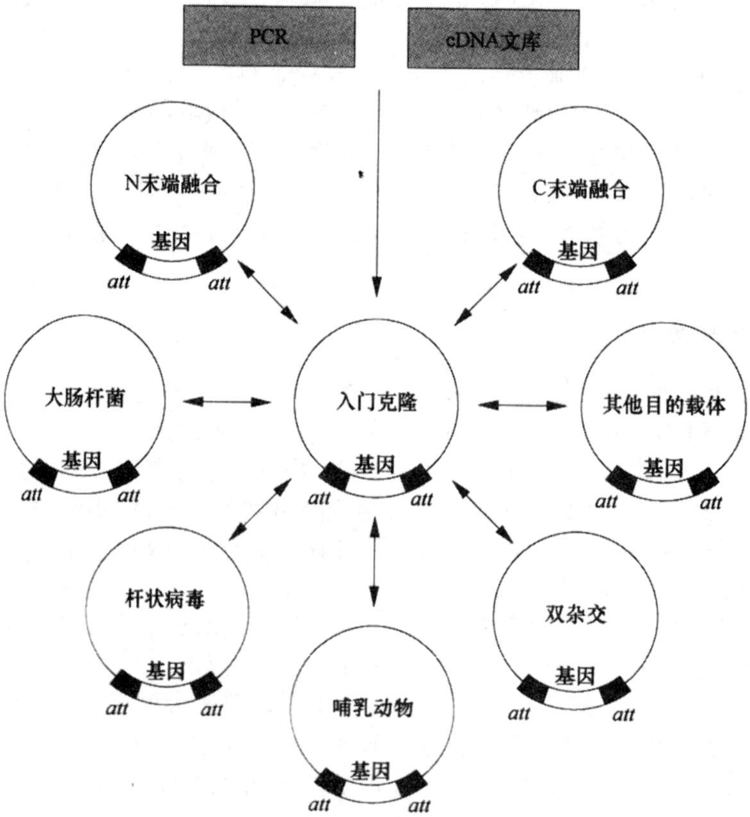

图6-6 限制性内切酶酶切和连接的DNA片段

基于λ噬菌体位点特异性的重组主要涉及两个成分，一个是DNA重组序列即*att*位点（包括*att*B、*att*P、*att*L、*att*R位点），另一个是介导重组反应的蛋白（即克隆酶混合物）。*att*B位点位于大肠杆菌染色体上，*att*P位点位于λDNA上。λ重组反应就是发生在这些特异的*att*位点上，它是重组蛋白的识别位点且其特性已被研究清楚。当λDNA整合到大肠杆菌染色体上时，attB位点和attP位点可发生重组反应，产生*att*L位点和*att*R位点。在重组反应中，交换位点实际上只是发生在两个位点核心的15 bp同源区域，不过核心外围的序列也是不可或缺的，它们含有重组蛋白的结合位点。λ重组反应是在一系列酶混合物的催化下进行的，这些催化蛋白以共价形式结合于*att*位点并将它们切割。在λ噬菌体裂解途径和溶源途径中，参与反应的重组蛋白不同。溶源途径的重组蛋白是由λ噬菌体整合酶（integrase，Int）以及大肠杆菌整合宿主因子（integration host factor，IHF）蛋白组成，这两种酶的混合物称之为BP克隆酶混合物，而裂解途径的重组蛋白是由λ噬菌体整合酶（Int）、切除酶（excision-ase，Xis）以及大肠杆菌整合宿主因子（IHF）蛋白组成，这三种酶的混合物称之为LR克隆酶混合物。

总之，λ噬菌体的重组反应具有以下特征：①重组发生于DNA分子的特异位点（*att*位点）上；②重组反应是保守的（即不会发生核苷酸添加或缺失），*att*位点的侧翼序列发生交换，交换之后*att*位点的序列就由来自重组反应的两个DNA分子的侧翼序列混合而成，如*att*L

位点的序列就是由*att*B和*att*P混合而成的；③链的交换发生于核心序列内，该序列是所有*att*位点所共有的（如图6-7）；④任何拓扑结构的DNA（超螺旋的、线形的、松弛型的）间都能发生重组反应，只是效率不同。

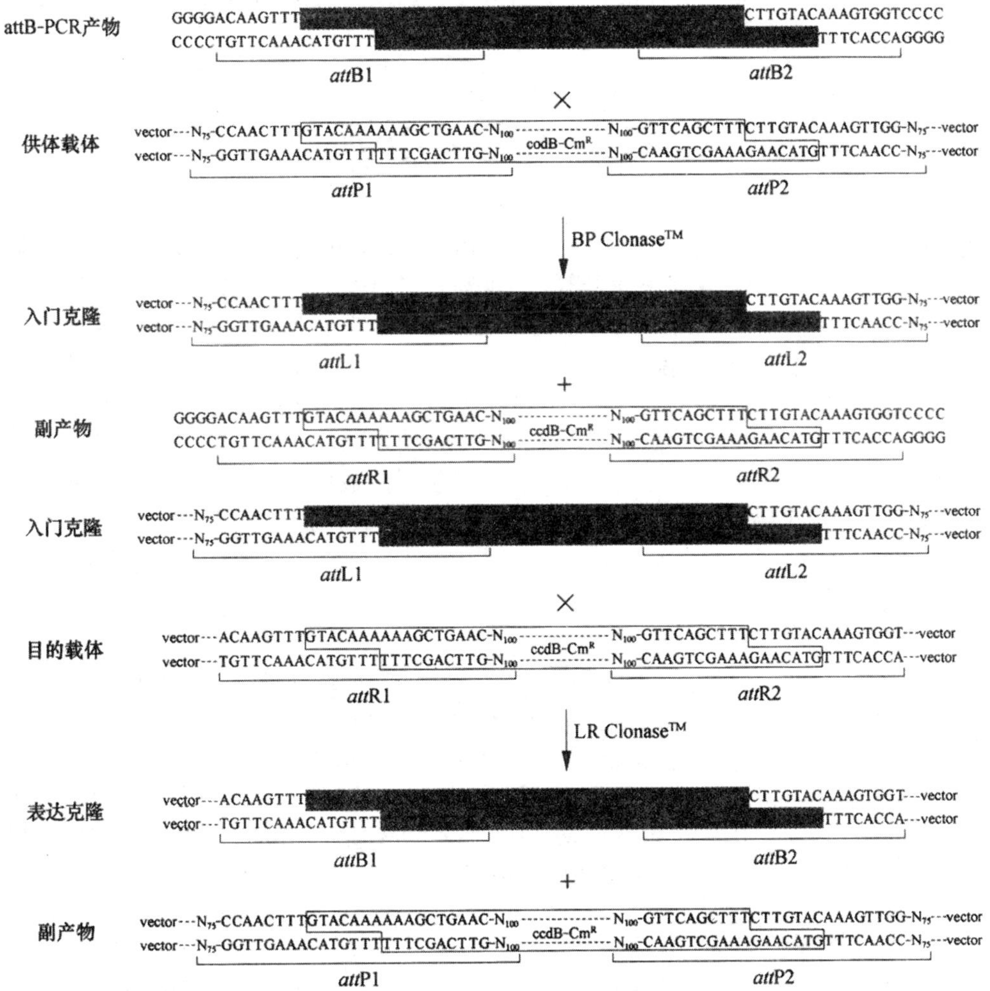

图6-7 BP和LR反应中*att*的位点特异性重组反应

图中阴影部分表示重组反应所发生的位置

Gateway技术正是利用了上述λ噬菌体的重组系统而实现在不同的载体之间快速转移异源的DNA序列（侧翼序列为*att*位点）。该技术由两个基本的反应组成：一是BP反应，它是在BP克隆酶混合物的催化下，*att*B底物（*att*B-PCR产物或线性化的*att*B表达克隆）与*att*P底物（donor vector，供体载体）之间发生重组反应产生了含attL位点的入门克隆；二是LR反应，它是在LR克隆酶混合物的催化下，*att*L底物（入门克隆）与*att*R底物（destination vector，目的载体）之间发生重组反应产生了含*att*B位点的表达克隆（如图6-7）。

综上所述，Gateway克隆技术具有许多传统酶切连接反应所无法比拟的优点：①可以快速而高效地实现DNA序列在多种载体系统的转移，同时保证了正确的方向和阅读框；②可使用并表达来自多种类型的DNA序列，如PCR产物、cDNA克隆、酶切片段；③很适用于将大量的DNA序列转移到各种不同的表达载体上，以满足现代基因组功能的研究；④可以通过添加Gateway盒轻易地将自己感兴趣的载体改造成Gateway目的载体。另外，Gateway载体还引进了*ccd*B基因作为重组克隆的负筛选，可有效避免传统酶切连接中由于自连载体的转化等因素造成假阳性现象，大大提高了筛选效率，但同时由于*ccd*B基因是毒性基因，所以限制了Gateway技术在实验室之外的其他领域的应用。

第二节　重组体克隆的筛选与鉴定

在DNA体外重组实验中，外源DNA片段与载体DNA的连接反应物一般不经分离直接用于转化，由于重组率和转化率不可能达到100%的理想极限，因此必须使用各种筛选与鉴定手段区分转化子（接纳载体或重组分子的转化细胞）与非转化子（未接纳载体或重组分子的非转化细胞）、重组子（含有重组DNA分子的转化子）与非重组子（仅含有空载载体分子的转化子）、目的重组子（含有目的基因的重组子）与非目的重组子（不含目的基因的重组子）。在一般情况下，经转化扩增单元操作后的受体细胞总数（包括转化子与非转化子）已达10^9 ~ 10^{10}，从这些细胞中快速准确地选出目的重组子的战略是将转化扩增物稀释一定的倍数后，均匀涂布在用于筛选的特定固体培养基上，使之长出肉眼可分辨的菌落或噬菌斑（克隆），然后进行新一轮的筛选与鉴定。

一、遗传检测法

遗传检测法的原理是利用载体DNA分子上所携带的选择性遗传标记基因筛选转化子或重组子。由于标记基因所对应的遗传表型与受体细胞是互补的，因此在培养基中施加合适的选择压力，即可保证转化子显现（长出菌落或噬菌斑），而非转化子隐去（不生长），这种方法称为正选择。经过一轮正选择，往往可使转化扩增物的筛选范围缩小成千上万倍。如果载体分子含有第二个标记基因，则可利用这个标记基因进行第二轮的正选择或负选择（视标记基因的性质而定），从众多转化子中筛选出重组子。

（一）耐药性筛选法

耐药性筛选法实施的前提条件是载体DNA上携带有受体细胞敏感的抗生素抗性基因，如pBR 322质粒上的氨苄青霉素抗性基因（Amp^r）和四环素抗性基因（Tet^r）。如果外源DNA是插在pBR 322的*Bam*HⅠ位点上，则只需将转化扩增物涂布在含有Amp的固体平板上，理论上能长出的菌落便是转化子；如果外源DNA插在pBR 322的*Psf* Ⅰ位点上，则利用Tet正向选择转化子[如图6-8（a）]。由于转化子通常只有非转化子的千分之一，甚至万分之一，所以这种正选择法极具威力。

上述正选择获得的转化子中含有重组子与非重组子，为了进一步筛选出重组子，可采用图6-8（b）所示的方法进行第二轮负选择（negative selection）。用无菌牙签将Amp^r的转化子分别逐一挑在只含一种抗生素的Tet和Amp两块平板上。由于外源DNA片段在*Ban*H Ⅰ位点的重组，导致载体DNA的Tet^r基因插入灭活，选择的重组子具有Amp^rTet^s的遗传表型，而非重组子则为Amp^rTet^r，因此重组子只能在Amp板上形成菌落而不能在Tet板上生长。只要比较两种平板上各转化子的生长状况，即可在Amp板上挑出重组子，但是如果转化子有成千上万个，这种方法非常耗时。其改进方法是利用影印培养技术，将一块无菌丝绒布或滤纸接触含有细菌菌落的平板表面，使之定位沾上菌落印迹，然后小心地用Tet板压在其上，菌落又印在Tet板的相应位置上，经过培养至菌落显现，Tet板就被影印复制出来。如果Amp板的转化子密度较高，则在影印复制过程中容易造成菌落遗漏，为重组子的筛选造成假象。

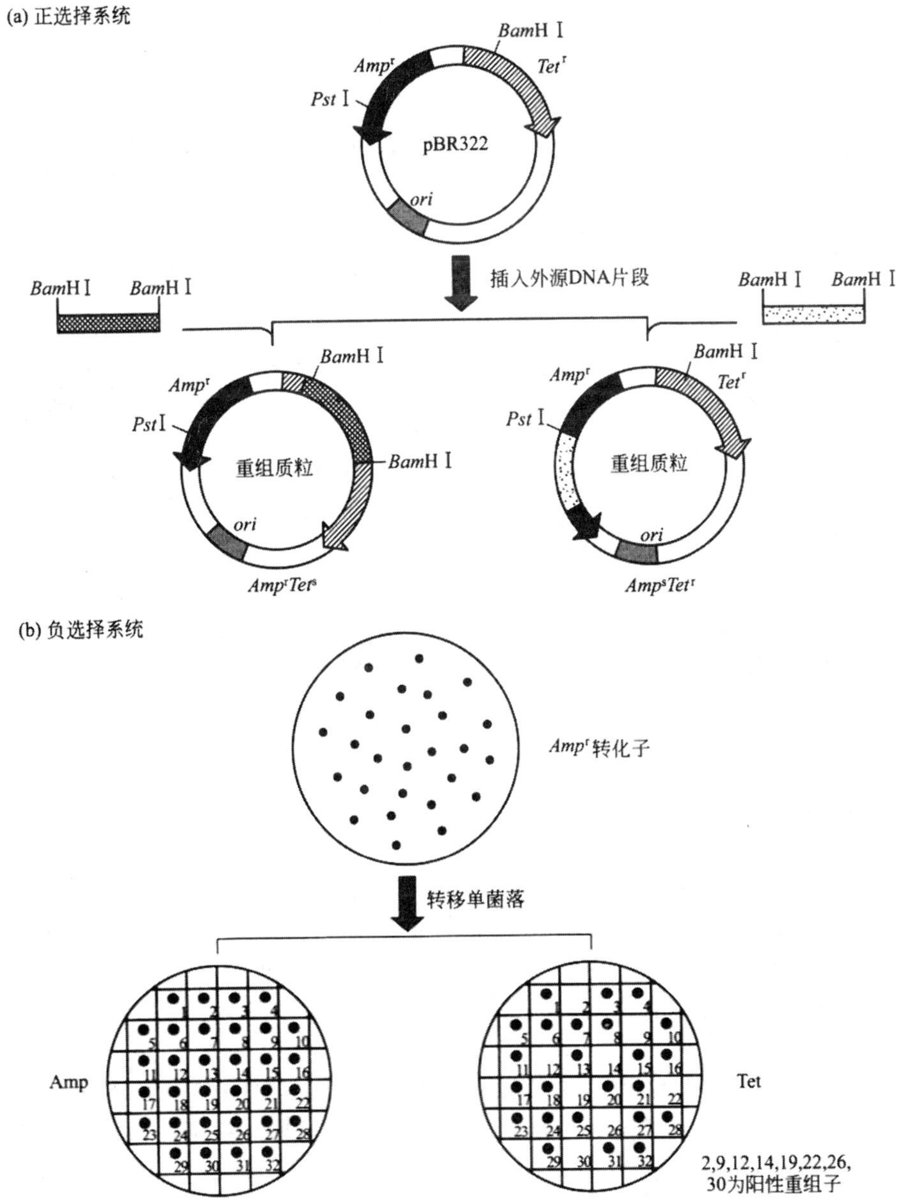

图6-8　pBR　322介导的耐药性选择系统

负选择操作较为烦琐，有一种方法变负选择为正选择，即环丝氨酸富集法（cycle-serine enrichm ent）。建立这个方法的依据有两点：一是外源DNA片段的插入作用使质粒的某种基因失活（insertional i nactivation）；二是氨基酸类似物——环丝氨酸促使所有正在生长着的细胞发生溶胞反应，而停止生长的细胞不会发生溶胞反应。具体程序如下：在经转化扩增操作后的细菌悬浮液中，加入含有氨苄青霉素、四环素和适量*D*-环丝氨酸的培养基，继续培养一段时间后，具有$Amp^{r}Tet^{r}$的非转化子被氨苄青霉素杀死，$Amp^{r}Tet^{r}$型的重组子由于四环素的存在而停止生长，但不死亡，只有含空载质粒的$Amp^{r}Tet^{r}$型非重组转化子可以生长，但在生长过程中被*D*-环丝氨酸杀死。细菌培养物经离心去除培养基，用新鲜的不含任何抗生素的培养基洗涤菌体，悬浮稀释，涂布在只含有氨苄青霉素的固体培养基上，长出的菌落便是$Amp^{r}Tet^{r}$的重组子。

由耐药性基因进行重组子的正选择也可通过pTR262质粒载体实现（如图6-9），它由pBR 322衍生而来，含有λ噬菌体DNA的cI阻遏蛋白编码基因及其调控序列，pBR 322上的Tet^{r}基因则紧邻（*cI*基因的下游，其表达受启动子P_R的控制。pTR262空载时，*cI*基因表达的阻遏蛋白结合在操纵基因O_R上，Tet^{r}基因不能表达，因此非转化子和非重组子均不能在含有四环素的培养基上生长。当外源DNA片段插在*cI*基因的*Hin*dⅢ位点上时，*cI*基因灭活，Tet^{r}基因在启动子P_R的介导下表达，重组子在平板上长出菌落。

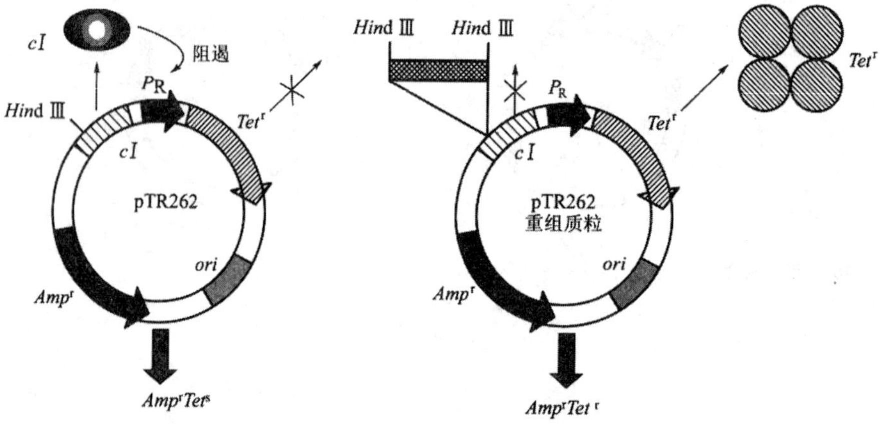

图6-9　pTR262介导的耐药性正选择系统

然而，经过上述程序筛选出的菌落的耐药性未必都来自载体分子上的标记基因，相当多的受体菌基因组中存在着一些广谱耐药性基因，它们通常为抗生素诱导表达。另外，受体细胞药物抗性的回复突变也是可能的，因此用耐药性筛选法选择出的重组子必须通过重组质粒的抽提加以验证，事实上这也是重组子鉴定必不可少的操作步骤。

（二）营养缺陷型筛选法

如果载体分子上携带有某些营养成分（如氨基酸或核苷酸等）的生物合成基因，而受体细胞因该基因突变不能合成这种生长所必需的营养物质，则两者构成了营养缺陷型的正选择系统。将待筛选的细菌培养物涂布在缺少该营养物质的合成培养基上，长出的菌落即为转化子，而重组子的筛选仍需要第二个选择标记，并通过插入灭活的方式进行第二轮筛选。营养缺陷型的筛选过程同样存在着受体细胞的回复突变问题，因而需要对获得的转化子做进一步的鉴定。

（三）显色模型筛选法

许多大肠杆菌的载体质粒上含有*lac*Z'标记基因，它包括大肠杆菌β-半乳糖苷酶基因*lac*Z的调控序列以及氨基端146个氨基酸残基的编码序列，其表达产物为无活性的不完全酶，称为β受体。而许多大肠杆菌的受体细胞在其染色体DNA上含有β-半乳糖苷酶羧基端的部分编码序列，由其产生的蛋白质也无酶活性，但可作α供体。无论在胞内还是胞外，受体一旦与供体结合，便可恢复β-半乳糖苷酸的活性，将无色的5-溴-4-氯-3-吲哚-*D*-半乳糖苷（X-gal）底物水解成蓝色产物，这一现象称为α-互补。

当外源DNA片段插入位于*lac*Z'基因内部的多克隆位点上时，生长在含有X-gal的平板上的重组子因*lac*Z'基因的插入灭活而呈白色，非重组子则显蓝色，由此构成颜色选择模型。有些大肠杆菌质粒（如pUC 18/19）的标记基因为*lac*Ⅰ'-*lac*OPZ'，其编码阻遏蛋白Ⅰ的基因*lac*Ⅰ是缺失的，因而不能在受体菌中合成具有操纵基因*lac*O结合活性的阻遏蛋白，*lac*Z'基因得以全程表达，筛选时只需在培养基中添加X-gal即可。另一些大肠杆菌质粒如pSPORT 1，携带完整的*lac*Ⅰ基因，能在受体菌中产生阻遏物，后者结合在相应的操纵基因上并关闭*lac*Z'，此时在筛选培养基中必须同时添加X-gal和诱导物——异丙基-β-*D*-硫代半乳糖苷（IPTG），才能根据颜色反应筛选重组子。显色标记基因通常只用于筛选重组子，而转化子的选择则主要利用耐药性标记或营养缺陷型标记，上述两种质粒除了*lac*Z'外都含有Amp^r选择标记基因。

（四）噬菌斑筛选法

以λDNA为载体的重组DNA分子经体外包装后转染受体菌，转化子在固体培养基平板上被裂解形成噬菌斑，而非转化子正常生长，很容易辨认。如果在重组过程中使用的是取代型载体，则噬菌斑中的λ噬菌体即为重组子，因为空载的λDNA分子不能被包装，在常规的转染实验中不会进入受体细胞产生噬菌斑。在插入型载体的情况下，由于空载的λDNA已大于包装下限，所以也能被包装成噬菌体颗粒并产生噬菌斑，此时筛选重组子必须启用载体上的标记基因，如*lac*Z'等。当外源DNA片段插入*lac*Z'基因内时，重组噬菌斑无色透明，而非重组噬菌斑则呈蓝色。

（五）探针重组筛选法

许多细菌在体内可发生同源序列之间的高频重组整合，探针重组筛选模型正是根据大肠杆菌DNA的同源整合原理设计的，它能在大量的λ噬菌体重组子中直接分离出含有目的基因的目的重组子，其战略如图6-10所示。首先将含有目的基因内某段序列的DNA片段（探针）重组入πVX质粒上，构建探针重组质粒。πVX是由ColEl复制子衍生出的902 bp小质粒，携带有tRNA校正基因*sup* F。探针重组质粒转化易于发生同源重组的大肠杆菌受体细胞，外源DNA片段则与头部包装蛋白基因存有一个无义突变的λDNA载体重组，经体外包装后转染上述含有πVX重组质粒的大肠杆菌。只有携带目的基因DNA片段的λDNA重组分子才能在受体菌中与πVX重组质粒上的探针序列发生同源整合，并获得完整的πVX质粒拷贝，包括*sup*F基因。在上述大肠杆菌中繁殖的噬菌体经分离后感染另一种无校正功能（sup^0）的大肠杆菌，由于这种大肠杆菌不含πVX质粒，因此只有整合了πVX重组质粒的目的重组子才能繁殖，并形成噬菌斑。

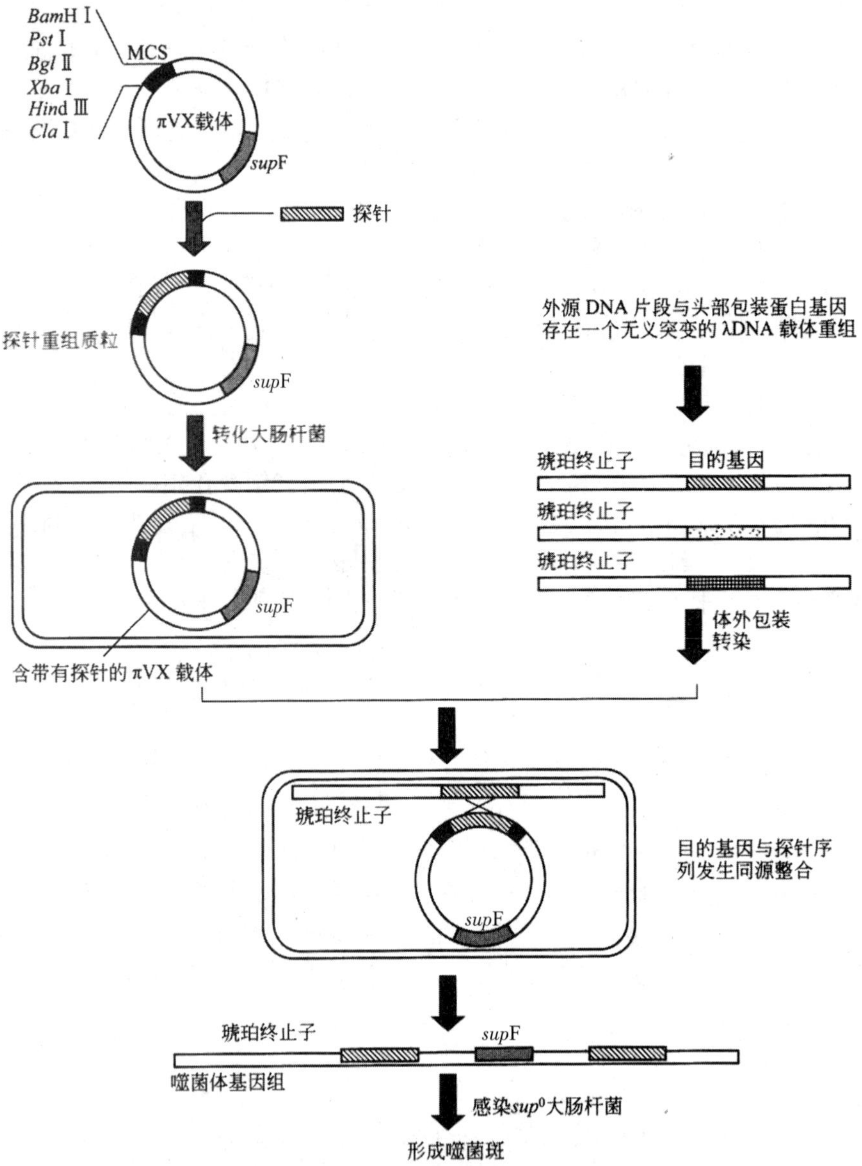

图6-10　探针重组筛选战略

二、物理检测法

（一）琼脂糖凝胶电泳法

带有插入片段的重组体在分子量上会有所增加。分离质粒DNA并测定其分子长度是一种直截了当的方法。通常用比较简单的琼脂糖凝胶电泳进行检测。

电泳法筛选比耐药性插入失活平板筛选更进了一步。有些假阳性转化菌落，如自我连接载体、缺失连接载体、未消化载体、两个相互连接的载体以及两个外源片段插入的载体等转化的菌落，用平板筛选法不能鉴别，但可以被电泳法淘汰。因为由这些转化菌落分离的质粒DNA分子的大小各不相同，和真正的阳性重组体DNA比较，前三种的DNA分子较小，在电泳时的泳动率较大，其DNA带的位置位于阳性重组DNA带的前面；相反，后两种重组DNA分子较大，泳动率较小，其DNA带的位置位于真阳性重组DNA带的后面。所以，电泳法能筛选出有插入片段的阳性重组体。如果插入片段是大小相近的非目的基因片段，对于这样的阳性重组体，电泳法仍不能鉴别，只有用Southern blot杂交，即以目的基因片段制备探针和电泳筛选出的重组体DNA杂交。才能最终确定真阳性重组体。

（二）限制性酶切图谱法

在外源DNA片段的大小以及限制性酶切图谱已知的情况下，对重组分子进行酶切鉴定，不仅能区分重组分子与非重组分子，有时还能初步确定目的重组子与非目的重组子。在经耐药性正选择后，从所有的转化子中快速抽提质粒DNA采用合适的限制性内切酶消化之，然后根据电泳图谱分析质粒分子的大小，分子量大于载体质粒的为重组分子，最终利用载体上的已知酶切位点建立重组质粒插入片段的酶切图谱，并与已知数据进行比较，进而确定目的重组子。目前，实验室常用的大肠杆菌载体质粒（如pUC、pSPORT以及pSP系列等）在大肠杆菌JM83受体菌中均有上千个拷贝数，从米粒大小的一点菌体中，由沸水浴快速抽提质粒DNA的量足够进行10次酶切反应，因此限制性酶切图谱法在实验室中被普遍采用。

（1）全酶解法。该法是用一种或两种限制性内切酶切开质粒DNA上所有相应的酶切位点，形成全酶切图谱。图6-11是利用pUC l8克隆一个4.0 kb大小的外源DNA片段的实例，从转化子中抽提的质粒DNA的酶切鉴定方案如下。

第一，如果外源DNA片段插入在载体的*Sph* Ⅰ酶位点上，则用该酶消化质粒DNA，电泳分离后，可观察到两条明显的条带，其大小分别为2.7 kb和4.0 kb。若只有2.7 kb一条带，则该质粒来自非重组子。

第二，上述方案极不经济，因为*Sph*工酶非常昂贵，是*Eco*R Ⅰ和*Hin*dⅢ两种酶总和的50倍。用*Eco*R Ⅰ和*Hin*dⅢ联合酶切，同样可以切下克隆在*Sph* Ⅰ位点上的外源DNA片段，而且这种方法适用于插入在pUC18多克隆位点上任何酶切口的DNA片段，尤其在处理上百个质粒时，更显出其经济合理性。

第三，如果插入片段与载体质粒一样大，则最好用合适的酶将之线性化，通过比较大小确定其是否是重组分子。

第四，在经上述第一轮酶切筛选出重组子后，便可根据已知的外源DNA酶切图谱，对重组质粒上的插入片段进行深入鉴定。以确定目的重组子。用*Kpn* Ⅰ切开重组质粒，可获得3.0 kb+3.7 kb和1.0 kb+5.7 kb两组酶切数据.它们分别代表外源DNA片段两种可能的插入方向。同样，用*Pst* Ⅰ酶切重组质粒，也可获得0.8 kb-5.9 kb和3.2 kb+3.5 kb两组对应的数据。

第五，在用*Sal* Ⅰ鉴定时，B型重组质粒的酶切图谱只显示2.0 kb和2.7 kb两条带，表明该重组质粒至少有两个酶切位点。存在多于2个*Sal* Ⅰ酶切位点的情况有：第一，两个酶切位点相距很近，比如只有20 bp，一般的琼脂糖凝胶电泳能检测的最小核酸片段为100 bp，因此实际上切出三个*Sal* Ⅰ片段，但凝胶电泳无法显示20 bp的*Sal* Ⅰ片段；第二，两个*Sal* Ⅰ片段大小相差在50 bp以内，如1.98 kb和2.03 kb两个*Sal* Ⅰ片段在凝胶电泳上无法分辨。但是2.0 kb左右条带的明亮度明显大于2.7 kb的带子，据此可以断定存在着两条大小相差很小或

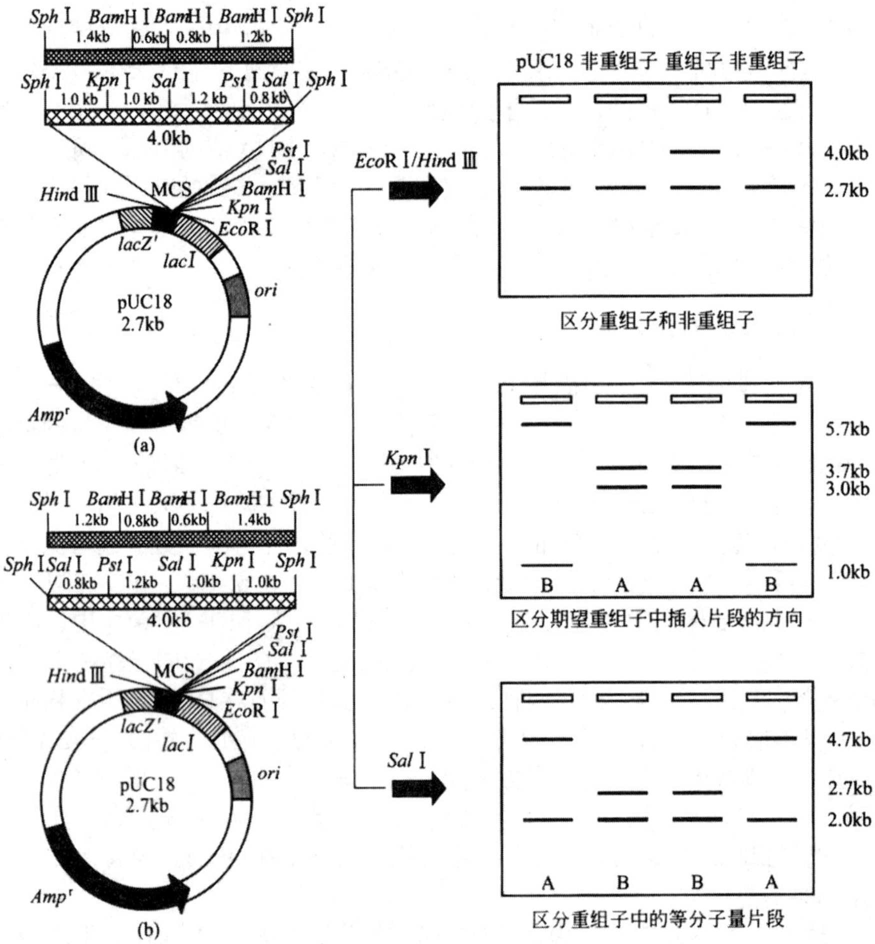

图6-11　酶解图谱法鉴定克隆的DNA片段

完全相同的*Sal* Ⅰ片段。由于染料溴化乙啶分子是嵌合在DNA两条链之间的，待检测的DNA分子越长，染料分子结合得就越多，亮度也越大。对于等分子的酶切片段而言，荧光亮度与DNA片段的大小有顺变关系，如果染料加量适中，甚至会呈线性关系，因此在同一种质粒的酶切片段中，如果发现小分子量条带的亮度比大分子量片段的亮度还要强，则可断定小分子量条带中含有两种或两种以上的DNA片段。值得注意的是，酶切反应不彻底时也会出现这种现象。

至此，已建立了四种限制性内切酶的酶切图谱。插入的DNA片段中还含有三个*Bam*H Ⅰ位点，对A型插入方向而言，*Bam*H Ⅰ能切出0.6 kb、0.8 kb、1.2 kb和4.1 kb四种片段，靠近*Hin*dⅢ一端的*Bam*H Ⅰ切口是可以确定的，因为只有这个片段含有pUC 18载体，并且这个*Bam*H Ⅰ位点与载体上的*Hin*dⅢ位点之间的距离为1.4 kb（4.1 kb ~ -2.7 kb），但另外两个*Bam*H Ⅰ位点不能简单地确定，必须通过多酶联合酶切或*Bam*H Ⅰ单酶部分酶切的方法才能准确定位。

（2）部分酶切法。部分酶切法是通过限制酶量或限制反应的时间使部分酶切位点发生切割反应，产生相应的部分限制性片段，显然这些片段大于全酶解片段，因此能确定同种酶多个切点的准确位置。在上面的例子中，重组质粒用一定量的*Bam*HⅠ酶反应不同的时间，然后所有样品分别进行电泳检测，电泳图谱上除了上述四种全酶解片段外，还出现了1.4 kb、2.0 kb、2.6 kb、4.7 kb、5.3 kb、5.5 kb、5.9 kb、6.1 kb和6.7 kb等多种部分酶切片段，其中1.4 kb的片段只能是0.6 kb和0.8 kb两个片段的部分酶切结果，说明两者前后相邻排列；同理，2.0 kb的部分酶解片段只能来自0.8 kb和1.2 kb两个相连的全酶解片段，因此3个*Bam*HⅠ片段的排列顺序为0.6-0.8-1.2或1.2-0.8-0.6。至于这两种情况的确定，则需用*Bam*HⅠ和*Pst*Ⅰ联合酶切，如果1.2 kb的*Bam*HⅠ片段变小了，则证明这个片段含有*Pst*Ⅰ位点，并位于插入片段的右侧，于是0.6-0.8-1.2的排列顺序是正确的。

（3）重组子快速搜寻法。若需在成百上千个重组子中快速确定具有上述限制性酶切图谱特征的目的重组子，而手头又没有合适的探针，则可利用酶切方法搜寻重组子。其操作程序为：先将所有重组质粒用*Eco*RⅠ-*Hin*dⅢ联合酶切，选择插入片段为4.0 kb大小的重组质粒。由于目的重组子的插入片段中没有*Eco*RⅠ和*Hin*dⅢ位点，因此凡多于两个片段（载体和外源片段）的重组质粒均被剔除。被选择出的重组质粒用*Bam*HⅠ酶切进行第二轮筛选，凡能切出0.6 kb、0.8 kb、1.2 kb和4.1 kb四种片段的重组质粒留下进行第三轮筛选，然后再用*Pst*Ⅰ对剩下的重组质粒进行新一轮酶切。三轮筛选后，一般只剩下几个重组质粒。

如果筛选样本为1000个重组质粒，第一轮酶切反应操作甚为耗时费酶。每个重组质粒的酶切反应需加5种溶液（两种酶溶液、缓冲液、重组质粒和无菌重蒸水），总计4000次操作。一种非常快捷的酶切操作方法是配制无菌重蒸水、缓冲液和限制性内切酶的混合溶液，如反应总体积为15μL，其中包括5μL质粒溶液、1.5μL缓冲液、两种酶液各0.2μL、无菌重蒸水8.1μL，则混合液的配制为：缓冲液1000×1.5=1500μL，*Eco*RⅠ1000×0.2=200μL，*Hin*dⅢ1000×0.2=200μL，无菌重蒸水1000×8.1=8100μL，每个反应管中只需加入5 μL重组质粒和10μL上述预先配制的酶切混合液即可，这样就简化为2000次加样操作，即质粒和混合酶解液的加入。采取这种方法还可以大量节省酶的用量，因为在混合反应液中可一次性加入大体积的酶液，使得每个重组质粒仅用0.2μL酶进行反应；而在单独操作时，微量取样器的精度很难做到这点。

三、核酸杂交法

在许多情况下，利用遗传和物理检测法难以区分目的重组子与非目的重组子，核酸分子杂交法则能从成千上万个重组子中迅速检测出目的重组子。它所依据的原理是利用放射性同位素标记的DNA探针或RNA探针进行DNA-DNA杂交或RNA-DNA杂交，即利用同源DNA碱基配对的原理检测待定的重组克隆。

（一）菌落原位杂交的操作程序

菌落原位杂交的大致过程如下。

（1）将硝酸纤维素薄膜剪成比平板稍小的圆片，并覆盖在菌落密度适中的平板上，37℃培养1～2 h，此时薄膜上已沾有足够量的菌体，用针在膜上不对称地扎三个孔，同时在平板上做出相应的标记。

（2）用镊子将薄膜轻轻揭起，吸附菌体的一面朝上放置在预先被强碱溶液浸湿的普通滤纸上。

（3）10 min后，将薄膜转移至预先被中性缓冲液浸湿的普通滤纸上，中和NaOH。强碱可以裂解细菌，释放细胞内含物，降解RNA，并使蛋白质和DNA变性。硝酸纤维素薄膜与单链DNA或RNA的吸附作用比双链核酸和蛋白质要强得多。

（4）将薄膜转移到清洗缓冲液中短暂浸泡3 min，以洗去菌体碎片和蛋白质。

（5）取出薄膜，在普通滤纸上晾干，置于80℃干燥1 ~ 2 h，在此高温下单链DNA已牢固地结合在硝酸纤维素薄膜上。

（6）将薄膜浸入探针溶液中，在合适的温度和离子强度条件下进行杂交反应。离子强度和温度的选择取决于探针的长度以及与目的基因的同源程度，一般温度越高、离子强度越大，杂交反应越不易进行。因此，对于同源性高并具有足够长度的探针，通常在高离子强度和高温度的条件下进行杂交，这样可以大幅度降低非特异性杂交的本底。

（7）杂交反应结束后，用离子浓度稍低的溶液清洗薄膜3遍，除去未特异性杂交的探针，晾干。

（8）将薄膜与X射线胶片压紧置于暗箱内曝光，由胶片上感光斑点的位置，在原始平板上挑出相应的菌落。如果原始平板上的菌落较密，不能准确地挑出期望重组子，可用无菌牙签将相应位置上的菌落挑在少量的液体培养基中，经悬浮稀释后涂板培养，待长出菌落后，再进行一轮杂交，即可获得目的重组子。

上述程序用于噬菌斑筛选则更为简单，因为每个噬菌斑中含有足够数量的噬菌体颗粒甚至未包装的重组DNA可以免去37℃扩增培养，而且由于噬菌体结构简单，不会产生菌体碎片对杂交的影响，检验最灵敏，高于菌落原位杂交。

菌落或噬菌斑泵（主杂交在实际操作过程中的缺陷是阳性杂交斑呈圆形，它与放射性本底很难区分，造成众多的假阳性杂交斑，这在使用的探针与检测对象同源性较低时尤为严重。为了克服上述困难，采用一种变通的程序。将待筛选的克隆每8 ~ 12个一组涂在同一块平板上，37℃培养过夜后洗下菌体，用沸水浴法快速提取混合质粒，以合适的酶使之线性化，并进行琼脂糖凝胶电泳分离。将硝酸纤维素薄膜覆盖在凝胶板上转移DNA，然后依照菌落原位杂交程序制备杂交膜并进行杂交反应。获得杂交阳性带后，从对应平板上的单个克隆菌中逐一抽提质粒，再进行一轮小规模的杂交，即可筛选出目的重组子。该方法使杂交信号由菌落原位杂交程序中的一个圆点放大到一条带，因而可以方便地与杂交本底相区别。

（二）探针的制备

探针的长度以及与目的基因之间的序列同源性是杂交实验成败的关键，尽管有时探针只有20个碱基或更小，但一般来说，最佳的探针长度范围为100 ~ 1000 nt，另外，探针内部不能含有大面积的互补序列，否则会直接影响探针与DNA靶序列的杂交。探针的获取有下列多种方法。

（1）目的基因的同源序列。例如：利用现有的目的基因片段为探针，筛选含有完整目的基因的重组子；或者利用某一DNA片段为探针，寻找与其连锁在一起的上下游DNA序列，这是染色体走读法和染色体跳跃法的基本策略；有时还可以用一种生物的某个基因作为探针，去克隆筛选另一种生物的相同或相似基因，而且两个基因的同源性越高，成功的可能性就越大。一般来说，探针与目的基因的同源性大于80%，就能通过杂交较为顺利地找到靶序列。

（2）cDNA。如果实验室中拥有目的基因的mRNA，则可通过反转录酶将其反转录成单链cDNA，以cDNA为探针无论在长度还是在同源性上都是较为理想的。

（3）人工合成。在既无目的基因的同源DNA序列又无mRNA的条件下，如果知道目的基因编码产物的6个氨基酸连续序列，则可根据遗传密码表将这一短小氨基酸序列演绎为相应的基因编码序列，然后按此序列人工合成单链探针，然而这种方法有时并不那么简单，因为密码子具有简并性。为了保证探针序列与目的基因编码序列的一致性，必须合成多种不同序列的18聚体（6个Aa），它们中必有一种序列与目的基因的相应序列100%同源。在筛选时，将这几种探针分别杂交同一薄膜。另一种方法是根据生物体密码子的使用频率，选择地确定一个更长（如27聚体）的“假定探针”序列，尽管它并不一定与目的基因序列完全同源，即不一定是目的重组子。然而，如果已知的氨基酸序列过短，或者具有简并密码子的氨基酸过多，则按上述思路设计的“假定探针”往往不能奏效。

（三）探针的标记

探针在杂交后是通过其分子中的放射性同位素或荧光基团进行定位示踪的，放射性的强弱直接关系到杂交反应的灵敏度，从理论上来说，单位长度的探针标记的同位素越多，杂交反应灵敏度就越高。探针标记有下列几种方法。

（1）5'末端标记法。用作探针的双链DNA片段在DTT、Mg^{2+}、[γ-32 p]dATP和过量ADP的存在下，由T4-PNP酶催化，将32 p同位素标记的γ-磷酸基团转移至双链DNA的5'端，原来的磷酸基团则交给ADP形成ATP，也可用碱性磷酸单酯酶先除掉DNA的5'-磷酸基团，然后再用T4-PNP酶标记。标记反应结束后，加热变性制备单链探针。这种方法每个5'末端只能标记一个放射性基团，因此较为适用于人工合成的短小探针。

（2）反转录标记法。真核生物mRNA的3'端大都具有*poly*A结构，以人工合成的寡聚T或寡聚U为引物，四种dNTP为底物，在[a-^{32}P]dATP的存在下，由反转录酶以mRNA为模板合成其互补链cDNA在DNA聚合反应中，含有放射性同位素的dATP掺入新生链中。这种标记方法能产生高密度放射性的探针，如果探针只能从mRNA制备，这是首选的标记方法。

（3）切口前移标记（nick translation）用脱氧核糖核酸酶（DNase I）水解待标记的双链DNA片段，使之在不同位点上产生切口，并暴露出游离的3'-OH末端，此时大肠杆菌DNA聚合酶Ⅰ便特异性地结合在切口处，并通过其5'→3'核酸外切活性从5'末端将核苷酸逐一切除，与此同时，其5'→3'的聚合活性又从3'端开始依此向前推移聚合新生DNA链，并在聚合反应中将[a-^{32}P]dATP中的同位素基团带入新生的DNA链中。这种方法与cDNA标记法很相似，但适用范围更广，是常用的探针标记手段，而且切口前移标记的试剂盒早已商品化，使得操作更为简便。

（4）ABC标记法。将生物素（biotin）共价交联在dUTP的碱基上，通过反转录标记或切口前移标记将这种单体掺入探针中，杂交反应结束后，洗去非特异性结合的探针，然后用生物素结合蛋白（avidin）处理薄膜，使得生物素结合蛋白与探针上的生物素分子形成复合物，这就是所谓的ABC标记法。生物素结合蛋白分子上可以接有自然光或高强度荧光发射物质，也可连上特殊的酶分子（如碱性磷酸单酯酶或辣根酶等），由其催化相应底物的显色反应。新一代的标记物则采用dUTP-地高辛化合物以及相应的抗体蛋白，但检测方法与生物素系统相同。这种标记方法的灵敏度丝毫不亚于同位素，却不会对人体造成放射性危害，对环境的污染也少，而且标记物可保存长达1年，这比同位素稳定。

四、PCR检测法

在载体DNA分子中，外源DNA插入位点的两侧序列多为固定已知的，如pGEM载体系列中多克隆位点两侧分别是SP6和T7启动子的序列，通过与插入位点两侧已知序列互补的引物，以从初选出来的阳性克隆中提取的少量质粒DNA为模板进行PCR反应，通过对PCR产物的电泳分析就能确定是否为重组子的菌落。PCR方法不但可迅速扩增插入片段，而且可直接用于DNA序列测定，目前已得到广泛的应用。

根据插入片段的两侧序列设计一对特异性引物，以从初选出来的阳性克隆中提取的少量质粒DNA为模板进行PCR反应，通过对PCR产物的琼脂糖凝胶电泳进行分析就能确定是否为重组子的菌落。

五、克隆基因定位法

鉴定出目的重组子后，接下来的工作便是目的基因的定位。如果目的重组子中外源DNA的片段为10 kb，而目的基因长度仅为1.0 kb，则目的基因在DNA片段上所处的位置必须确定，以便删除非目的基因的DNA片段，大大简化目的基因的进一步分析。基因定位中特别有价值的战略是次级克隆、转座子插入以及DNA序列分析。

（一）亚克隆法（subcloning）

从一个克隆的DNA片段上分割几个区域，分别将之再次克隆在新的载体上，获得一系列新的重组子，这个过程称为亚克隆。亚克隆作为名词的含义是指上述再次克隆过程中所得到的无性繁殖菌落，每个亚克隆都含有一种新的重组分子。亚克隆在定位目的基因的同时，也分离出含有目的基因的最小DNA片段。

图6-12表示亚克隆的基本操作程序。一个在初次克隆中获得的重组分子含有*Eco*RⅠ外源DNA片段，目的基因位于这个DNA片段的某个区域，根据限制性酶切图谱，选择几个理想的酶切位点，使得这些酶切片段略大于目的基因（例如1.0～1.5 kb）。为了避免片段中含有原来的载体DNA部分，这些酶切应点应包括*Eco*RⅠ，而且不存在于载体分子中。用选择的限制性内切酶处理重组分子，得到的DNA片段分别与具有相应限制性酶切末端的新质粒重组，转化受体细胞，最终获得一系列重组子A～G，然后使用两种方法在上述7个重组子的范围内确定含有目的基因的目的重组子。一种方法是菌落杂交重组质粒（由于亚克隆数量很少，没有必要进行菌落原位杂交），如果7种重组质粒中只有一种重组质粒呈杂交阳性反应，则可基本上确定目的基因存在于这个重组质粒中。遗憾的是，如果事先不知道目的基因的酶切图谱，则亚克隆时的酶切位点很容易选在目的基因内部，造成杂交阳性的重组质粒只含有目的基因的一部分。如果亚克隆的酶切位点位于探针杂交区域内，可能出现两种杂交阳性的重组质粒，这样必须重新选择合适的亚克隆酶切位点。另一种方法是目的基因的遗传表型检测，具有目的基因遗传特征的重组子即为目的重组子，同理，如果亚克隆的酶切位点位于目的基因的内部，则它被分割在两种重组质粒上，造成所有的亚克隆均不能产生目的基因的遗传表型。

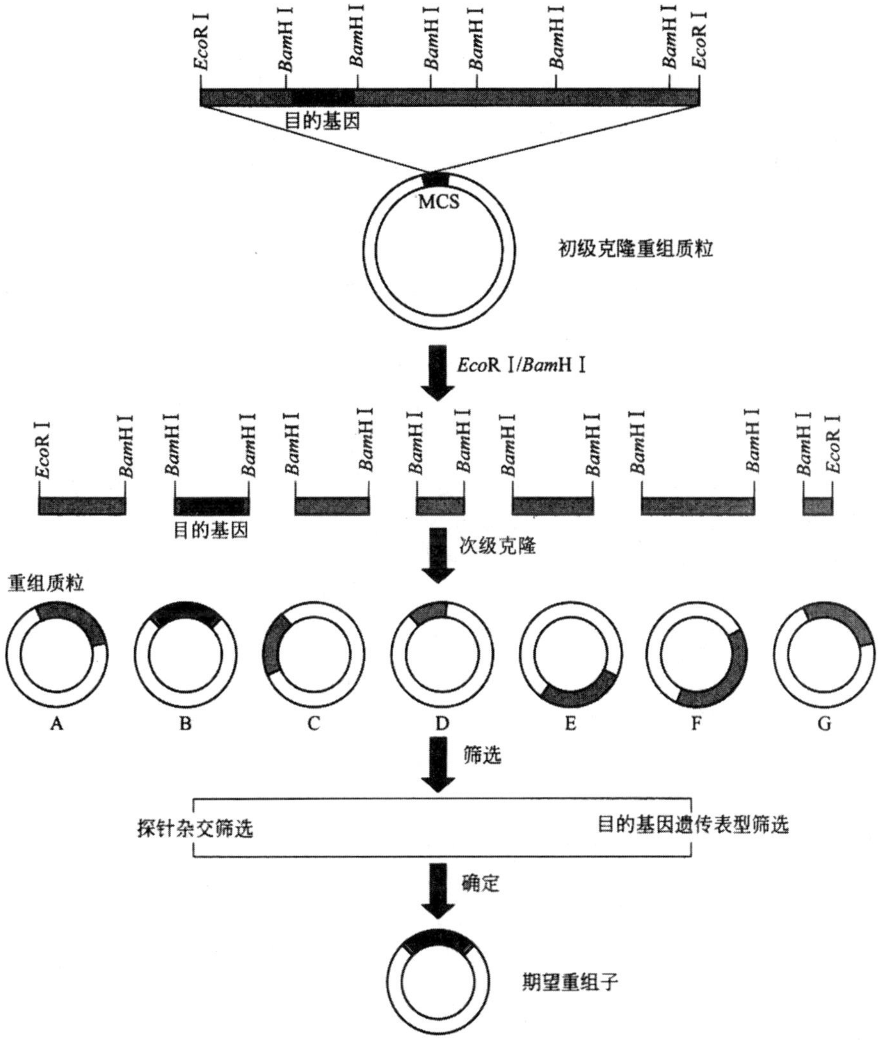

图6-12　亚克隆的基本操作程序

然而，在上述的菌落杂交实验中，即便不能获得含有完整目的基因的目的重组子，但也能掌握目的基因的限制性酶切位点分布情况。具体做法是将待检测重组分子用多种不同的限制性内切酶处理，然后进行杂交，如果在某个酶的酶切片段中只有一条大于目的基因的1.3 kb杂交阳性带，这个片段有可能包含完整的目的基因，任何出现两条或多条杂交阳性带的限制性内切酶以及出现小于目的基因长度的均被排除。杂交探针的分子越大，这种检测方法就越有效。

如果目的基因的两端附近区域没有合适的酶切位点，那么利用亚克隆法获得的目的重组子上仍会存在一些不需要的DNA区域，它们的进一步精细删除可利用Bal31核酸酶从重组分子中外源DNA一端或两端同时缩短非目的基因区，根据产生的重组子遗传表型消失与否或者根据测定的DNA序列决定降解反应的程度。

（二）插入灭活法

目的基因在目的重组子中的定位，也可采取插入灭活的方法，即在重组质粒的外源DNA片段上，选择若干个分布较为均匀的限制性酶切位点，分别插入一段无关的DNA片段，获得一系列插入重组子，检测各重组子目的基因的遗传表型，由此绘制出插入-功能关系图谱，并确定目的基因的所处区域，然后利用合适的限制性内切酶将目的基因所在的最小DNA片段亚克隆在新的载体上。从理论上来讲，插入位点越多越均匀，亚克隆时获得的目的基因越“纯净”。然而，如果待检测的外源DNA片段过长，且酶切位点分布不均匀甚至没有合适的酶切位点可用，那么这种方法并不实用。

为了克服上述困难，可以采用转座子（transposon）随机插入的方法检测目的基因。一般的细菌转座子存在于某些质粒或噬菌体的基因组中，它们不能自主复制，但往往含有抗生素抗性基因。具体程序是向含有待检测重组分子的受体细胞中直接引入携带转座子的质粒或噬菌体DNA，经过一段时间培养后，质粒或噬菌体DNA上的转座子有可能转移到待测重组分子上，并且在不同的细胞中或在同一细胞的多个重组质粒拷贝上，转座子的插入位点是随机多样的。从这些细胞所形成的菌落中分别抽提插入型重组质粒，并转化到合适的受体细胞中，通过重组质粒原有的标记和转座子携带的标记，选择插入了转座子的转化子。从中再次分离重组质粒，制作相应的限制性酶切图谱，确定转座子的插入位点，然后根据每个选择转化子的目的基因遗传表型表达与否，进一步定位目的基因。

上述过程中，携带有转座子的质粒或噬菌体DNA转化含有待检测重组质粒的细菌，会导致双质粒的同时存在，这为后续操作带来许多不便，而且转座子既可转移在重组质粒上，更有可能直接插入细菌染色体DNA上，因而重组质粒接受转座子的能力极为有限。一种改进的方法是，先通过质粒或噬菌体DNA转化的方法构建受体细菌的染色体突变株，使得转座子定位在染色体DNA上的某个标记基因内，同时消除质粒或噬菌体DNA。然后将待测重组质粒转化这种受体菌突变株，利用重组质粒的筛选标记筛选转化子。当染色体上的转座子转移到重组质粒上时，原来被插入灭活的染色体基因复原，因此，利用这个标记基因的遗传表型可以筛选接受了转座子的重组子。

六、测序检测法

通过亚克隆法去除大片段无关的DNA区域后，对含有目的基因的DNA片段进行序列测定与分析，以便最终获得目的基因的编码序列和基因调控序列，精确界定基因的边界，这对目的基因的表达及其功能研究具有重要意义。

在DNA序列分析方法建立之前，对于由限制性内切酶产生的DNA片段，不能直接分析其核苷酸排列顺序，只能用RNA聚合酶合成与DNA互补的RNA链，然后依据Fred Sanger发明的RNA序列分析法先测定RNA序列，再由RNA序列推测相应的DNA序列。20世纪60年代中期，Sanger中止了对蛋白质序列测定方法的研究，将注意力转向建立大片段RNA的简单测序方法上，1976年年底，利用这种方法完成了病毒SV40基因组5243 bp的一半以上的RNA序列分析。直接对DNA进行序列分析的重大突破仍出自Sanger之手，1975年Sanger首次设计了利用DNA聚合酶进行聚合反应的所谓加减法DNA测序程序，并利用这种技术很快测定了**ΦX174**噬菌体5386bp DNA的全部序列，但这种方法测定的误差率较高，因而未得到广泛应用。1977年。Maxam和Gilbert创建了一种用化学降解法分析DNA序列的程序，其优点不仅快速可靠，而且对试剂的要求也较为简单，利用这种方法在不到1年的时间里确定了pBR 322的4362 bp的全部DNA序列。1977年Sanger再次建立起双脱氧末端终止法测定DNA序列的技术，5年后，在Sanger实验室进修的我国分子生物学家洪国藩将这项技术与M13 DNA克隆系统相结合，完成了λ噬菌体DNA的全序列（48 502 bp）测定，这是当时国际上已知一级结构的最大生物基因组。双脱氧末端终止法的巧妙构思和原理很快被用于设计出了第一台全自动DNA序列分析仪，它可在8 h之内直接阅读出2000 bp的DNA序列。目前作为分子生物学的一个崭新领域，不断完善的DNA测序技术以及相应的数据分析编辑系统已在庞大的人类基因组计划中起着重要的作用。

七、外源基因表达产物检测法

如果克隆在受体细胞中的外源基因编码产物是蛋白质，则可通过检测这种蛋白质的生物功能或结构来筛选和鉴定目的重组子。使用这种方法的前提条件是重组分子必须含有能在受体细胞中发挥功能的表达元件，也就是说外源基因必须表达其编码产物，并且受体细胞不能合成这种蛋白质。

（一）蛋白质生物功能检测法

某些外源基因编码具有特殊生物功能的酶类或活性蛋白（如α-淀粉酶、葡聚糖内切酶、β-葡萄糖苷酶、蛋白酶以及抗生素抗性蛋白等），设计简单灵敏的平板模型，可以迅速筛选出克隆了上述蛋白编码基因的目的重组子。淀粉酶基因表达的淀粉酶可将不溶性的淀粉水解成可溶性的多糖或单糖，在固体筛选培养基中加入适量的淀粉，则平板呈不透明状，待筛选的重组菌落若能表达α-淀粉酶并将之分泌到细胞外，由于酶分子在固体培养基中的均匀扩散作用，会以菌落为中心形成一个透明圈。如果透明圈不甚明显，还可往培养平板上均匀喷洒碘水气溶胶，使之形成蓝色本底，以增强目的重组子克隆与非目的重组克隆之间的颜色反差，易于辨认。利用同样的原理，也可设计出快速筛选含有特定蛋白酶编码基因的重组克隆。

有些待克隆的外源基因编码的产物可将受体细胞不能利用的物质转化为可利用的营养成分，如β-半乳糖苷酶编码基因或氨基酸、核苷酸的生物合成基因，据此可设计营养缺陷型互补筛选模型，快速鉴定目的重组子。其具体做法是选择上述基因缺陷的细菌为受体，筛选培养基以最小培养基为基础，补加合适的外源基因产物为作用底物。例如，对于β-半乳糖苷酶而言，补加乳糖。这样，凡是在选择培养基上长出的菌落理论上就是目的重组克隆。

抗生素抗性基因重组克隆的筛选则更为简单，只要选择对该抗生素敏感的细菌作为受体细胞，并在筛选培养基中添加适量的抗生素即可。然而，值得注意的是，由于抗生素的存在往往会诱导受体细胞产生非特异性的广谱抗菌性，因此在含有抗生素的平板上生长的菌落未必都是该抗生素特异性抗性基因的重组克隆，此时一般需要做进一步的鉴定。一种方法是从获得的重组克隆中抽取相应的重组质粒，并对同一受体细胞进行二次转化，同时以载体质粒做对照；如果二次转化得到的菌落数比对照明显增多，则该重组质粒含有特异性的抗性基因，否则重组分子中的外源DNA插入片段必定不是目的基因。另一种方法是将重组克隆挑在液体培养基中，然后不经培养稀释涂布在不含该抗生素的平板上，待菌落长出后。将之影印至另一含有抗生素的平板上。若在影印过程中菌落全部生长，则基本上可以断定原重组克隆中含有该抗生素的特异性抗性基因。上述两种鉴定方法的原理是基于抗生素的抗性诱导作用对受体菌而言是随机低频发生的，而真正克隆的抗性基因则赋予所有的受体细胞以抗性。

（二）蛋白质凝胶电泳检测法

对于那些生物功能难以检测的外源基因编码产物，手头又没有现成的抗体做蛋白免疫原位分析实验，可以通过聚丙烯酰胺凝胶电泳对重组克隆进行筛选鉴定。从重组克隆中分别制备蛋白粗提液，以非重组子做对照，进行蛋白凝胶电泳。如果克隆在载体质粒上的外源基因能高效表达，则会在凝胶电泳图谱的相应位置上出现较宽较深的考马斯亮蓝染色带，由此辨认目的重组子。载体质粒上的选择性标记基因通常也会大量表达，但可通过与对照样品对比以及确定蛋白产物分子量大小而排除。然而，如果外源基因表达率较低，则极有可能被受体细胞内源性表达蛋白干扰而不易区分，此时必须使用特殊受体细胞或体外基因转录翻译系统进行检测，这些技术相当复杂烦琐，但对重组基因的分析鉴定相当重要。

（1）大肠杆菌小细胞系统。野生型大肠杆菌在突变条件下会以极低的频率萌发出一种无生存能力的微小细胞结构，它通常不会有染色体DNA，但如果从含有重组质粒的大肠杆菌克隆株制备小细胞，重组质粒分子有可能被分配到新形成的小细胞中，形成以重组质粒为唯一基因组的特殊不完全转化子，它在转化后不长的时间内具有合成RNA和蛋白质的功能。尽管这种基因表达量非常低，但如果环境中存在放射性氨基酸，外源基因的蛋白表达产物便可标记上同位素，并在SDS-聚丙烯酰胺凝胶电泳后，通过放射自显影进行检测。由于小细胞与普通细胞相比在大小和密度上存在着一定差异，因此可以利用密度梯度离心等方法分离得到这种不完整的细胞结构。

（2）大肠杆菌大细胞系统。有些大肠杆菌突变株对紫外光具有特殊的敏感性，这种菌株受到紫外光照射后，其基因组编码的蛋白质生物合成终止并最终导致细胞停止分裂，处于这种状态的细胞体积通常大于正常生长着的细胞，因此称为大细胞。如果用合适照射剂量的紫外光处理重组克隆菌，则会产生选择性地合成重组质粒DNA上编码的蛋白质的大细胞。与小细胞系统相似，大细胞的这种选择性基因表达效率也很低，因此同样需要对新合成的重组质粒编码蛋白进行同位素标记，以证实目的重组子外源基因表达产物的存在。

（3）体外转录翻译耦联系统。该系统包含基因表达所需要的所有因子，如RNA聚合酶、核糖体、tRNA、核苷酸、氨基酸以及合适的缓冲液组成成分。将经严格分离纯化的重组质粒置入该系统中，体外进行基因转录与翻译，并用同位素标记新生蛋白质，最终通过SDS-聚丙烯酰胺凝胶电泳和放射自显影技术检测之。尽管这种偶联反应涉及多种成分的严格配比以及它们对许多因素的敏感性，但近年来已发展出若干成熟的体外蛋白质生物合成系统，使其可靠性大大增强。

（三）放射免疫原位检测法

这种方法的基本原理及操作程序与菌落原位杂交法非常相似，只不过后者是用核酸探针通过碱基互补形式特异性杂交目的DNA序列，而前者利用抗体通过特异性免疫反应搜寻目标蛋白质，因此使用放射免疫原位检测法筛选鉴定目的重组子的前提条件是外源基因在受体细胞中必须表达出具有正确空间构象的蛋白产物，同时应具备与之相对应的特异性抗体。放射免疫原位检测法的标准操作程序包括：①将硝酸纤维素薄膜或CNBr活化纸片覆盖在待检测的菌落平板上，制成影印件；②利用氯仿气体或烈性噬菌体的气溶胶处理影印薄膜，裂解菌落，释放包括外源基因表达产物在内的细胞内含物，此时各种蛋白质分子均原位吸附在薄膜或纸片上；③经固定处理后的薄膜或纸片与含有目标蛋白对应抗体的溶液保温一段时间，使抗原（待检测蛋白质）与抗体发生特异性免疫结合反应；④洗去薄膜未特异性结合的抗体分子，再与事先用同位素^{125}I标记的第二种抗体或金黄色葡萄球菌A蛋白溶液进行第二次保温，这种放射性的抗体或蛋白质分子特异性地与抗原-抗体复合物中的第一种抗体结合，并指示出抗原所在的位置；⑤最后将薄膜感光X射线胶片，并根据感光斑点位置在原始平板上挑出相应的目的重组子克隆。

用于最终检测的第二种抗体既可以用同位素标记，也可以事先将之与生物素共价耦联，在免疫结合反应完成之后，用含有荧光分子的生物素结合蛋白处理薄膜，最终通过荧光感光X射线胶片，这一过程与核酸探针的ABC标记法颇为相似。另外，还可采取抗体的酶标技术，将第二抗体与一种特定的示踪酶（如碱性磷酸单酯酶）连为一体，经与这种抗体-酶复合物溶液保温后的薄膜，再用相应的化合物处理，后者在碱性磷酸单酯酶的作用下，产生颜色反应，以此定位目的重组克隆。

放射免疫原位检测法远比菌落原位杂交法复杂，它需要使用两种不同的抗体。第一种抗体必须具有与待检测蛋白质特异性的结合作用，但在大多数情况下，这种抗体很难通过免疫血清的方法获得足够的数量用于同位素直接标记。因此，通常的做法是将第一种抗体与一种特定的蛋白质用戊二醛交联，而这种特定蛋白质相应抗体的制备方法相当成熟，如兔人血白蛋白与第一种抗体交联后，所形成的杂合蛋白能特异性地识别第二种抗体——羊抗兔人血白蛋白抗体。

第七章　外源基因的表达与调控

第一节　外源基因在大肠杆菌中的表达

在所有的表达系统中，大肠杆菌表达系统是目前最受青睐的一种，这是因为大肠杆菌培养方便、操作简单、成本低廉，基础生物学、分子遗传学等方面的背景知识较清楚，对其基因表达调控的分子机理也比较了解，而且历经20多年的基因工程实践，大肠杆菌已被发展成为一种安全的基因工程实验体系，有多种适用的寄主菌株和载体系列，此外，易于进行工业化批量生产。因此，大肠杆菌作为基因表达系统得到了广泛的应用，并且取得了一系列成果。1978年，人类胰岛素基因首次在大肠杆菌中得到表达，此后，生长激素、人干扰素等基因相继得到了高效的表达。至今，它仍是目前应用最多的一种表达系统。

运用大肠杆菌表达外源基因的一般做法是，将目的基因插入适当的大肠杆菌质粒表达载体后，经过转化将获得的转化子细菌直接用于蛋白质表达。根据实际需要的不同，表达的策略也不完全一致。影响外源基因表达效率的因素很多，外源基因的来源和性质、受体细胞的生理状态和培养条件等，特别是表达载体的特性对表达的影响最为关键。一个高效的表达体系，是由目的基因、表达载体以及它们与宿主菌株的完美配合来实现的。目前，人们可以将外源基因在大肠杆菌中以融合蛋白的形式表达，也可以以非融合蛋白的方式实现表达，既可以在胞质中表达，也可以分泌到胞外的培养基中表达。

当外源基因来源于细菌或噬菌体时，其在大肠杆菌中的表达相对容易些。但如果克隆的是真核基因，要想实现其在大肠杆菌中的高效表达，则有如下一些障碍需要克服。

①在大肠杆菌的mRNA的核糖体结合位点上，含有一个翻译起始密码子及与16S核糖体RNA 3'末端碱基互补的序列，即SD序列，而真核基因则缺乏此序列。在通常情况下，细菌的RNA聚合酶不能识别真核基因的启动子。

②绝大多数真核生物的mRNA分子，在5'末端有“帽子”结构，3'末端有*poly*（A）尾巴，而原核生物则没有，这些差别会影响真核mRNA分子在细菌细胞中的稳定性和同细菌核糖体相结合的能力，从而阻碍正常的转录和翻译。

③许多真核基因的蛋白质产物需要经过翻译后的加工修饰，真核细菌中通常并没有这样的修饰机制，从而可能导致真核基因的翻译产物无法产生有活性的蛋白。

④外源真核基因所表达的蛋白质分子往往能够被细菌的蛋白酶识别，并被当作“异己分子”降解掉。

一、正确表达的基本条件

克隆的真核基因在大肠杆菌细胞中实现正确有效表达的基本条件是必须能够正常地转录和翻译，在许多情况下还需进行转录后加工以及在细胞中正确定位，这些过程中的任何一步发生差错，都会导致该基因表达的失败。所以必须考虑表达载体、外源基因的性质、原核细胞的启动子、SD序列、开放读码框架（open reading frame，ORF）及宿主菌调控系统等基本条件，即必须满足以下条件：①外源基因不能带有间隔序列（内含子），因而必须用cDNA或全化学合成基因，而不能用基因组DNA（genomic DNA）；②必须利用原核细胞的强启动子和SD序列等调控元件控制外源基因的表达；③外源基因与表达载体连接后，必须形成正确的开放阅读框架；④通过表达载体将外源基因导入宿主菌，并指导宿主菌的酶系统合成外源蛋白；⑤利用宿主菌的调控系统，调节外源基因的表达，防止外源基因的表达产物对宿主菌的毒害。

二、常用的大肠杆菌表达载体

（一）表达载体的一般组成

基因工程表达载体是适合在受体细胞中表达外源基因的载体。除了要具备一般载体的特性，如含有选择标记基因、决定载体拷贝数的复制起点（*ori*）、供外源基因正确插入的多克隆位点（polvlinker）之外，还需要有能控制插入的外源基因进行有效转录的序列以及适当的翻译调控序列，即启动子、核糖体结合位点和翻译起始点AUG等。大肠杆菌表达载体的主要组成部分如下。

1. 启动子

启动子是表达载体的至关重要的部分，也是影响外源基因表达的重要因素。可使克隆的外源基因高水平表达的最佳启动子，必须具备以下几个条件：①必须是一种强启动子，能够使克隆基因的蛋白质产物的表达量占细胞总蛋白的10%～30%；②这个启动子应能呈现出一种低限的基础转录水平，因为在表达毒性蛋白质或是有损于寄主细胞的蛋白质的情况下，使用高度抑制型的启动子（repressible promoter）是一种极为重要的条件；③这种启动子应是诱导型的，能通过简单的方式使用廉价的诱导物加以诱导。下面介绍常用的原核启动子。

（1）*lac*启动子。*lac*启动子来源于大肠杆菌的乳糖操纵子。乳糖操纵子由启动子、活化蛋白结合位点、操作子及与乳糖代谢相关的几种酶的结构基因组成（如图7-1）。*lac*启动子包括了上述操纵子中的启动子、活化蛋白（CAP）结合位点、操作子及*lac*Z。该操纵子受到活化蛋白和cAMP的正调控，受阻遏蛋白的负调控。即当培养基中不含乳糖时，*lac*阻遏蛋白与启动子结合，因而使启动子处于关闭状态，该操纵子不能转录。当加入乳糖或是一种半乳糖苷类似物，如异丙基-*β*-*D*-硫代半乳糖苷（IPTG）、硫甲基半乳糖苷（TMG）和邻硝基苯基半乳糖苷（ONPG）时，就可诱导该启动子的表达。因为这几种物质都可以与阻遏蛋白结合，阻止其结合到*lac*启动子上，从而使该操纵子能够被转录。实际操作中人们常用*lac* UV5启动子，它是由*lac*启动子衍生而来的，部分序列有些改变。野生型*lac*启动子要启动转录必须具备两个条件，即要有活化蛋白及cAMP等正调控因子和乳糖或IPTG等解除负调控的物质同时存在。而lac UV5比野生型lac启动子更强，且对分解产物抑制不敏感，可以不需要活化蛋白和cAMP，在仅有乳糖或诱导物IPTG存在时就能够启动转录。

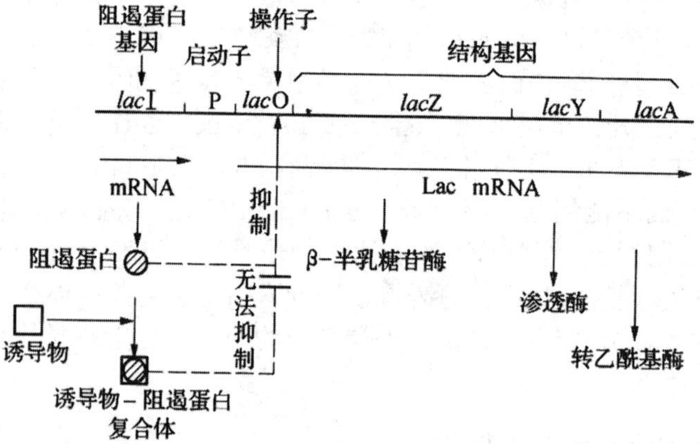

图7-1 lac操纵子的结构及调控示意图

含lac启动子的表达载体目前已有多种，它们最大的特点是带有编码lacZ（β-半乳糖苷酶）的序列。当外源基因插入之后，如果能够保持正确的开放读码框架（ORF），那么就能合成由外，源基因编码的多肽和β-半乳糖苷酶组成的融合蛋白。含lac启动子的表达载体可以被IKFG诱导表达。

pOP203-13是一个含有lac启动子的表达载体（如图7-2）。它来源于pBR 322质粒载体，并插入了强启动子lac UV5及在启动子的下游加入了β-半乳糖苷酶基因（β-gal）的2 1 bp片段和一个EcoR Ⅰ接头，以保证ORF的正确性。这样合成的融合蛋白的N端为β-半乳糖苷酶的前7个氨基酸和由EcoR Ⅰ接头编码的少数几个氨基酸，C端为完整的外源蛋白。

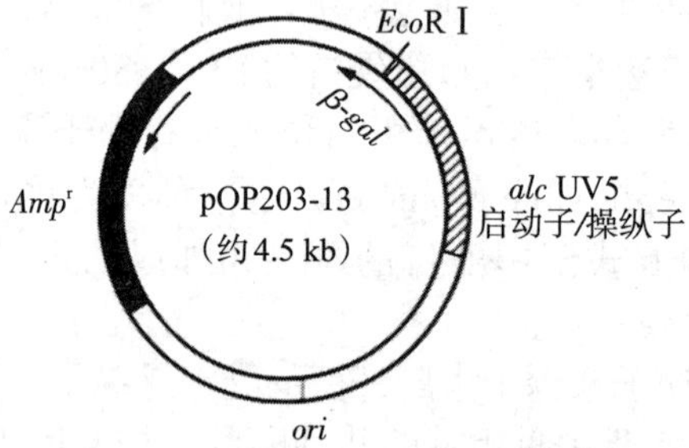

图7-2 pOP203-13贡粒结构

（2）trp启动子。trp启动子来源于大肠杆菌色氨酸操纵子，色氯酸操纵子由启动子、衰减子、操纵基因和色氨酸生物合成过程中所需的5种酶的编码序列构成（如图7-3）。trp启动子包括了其中的启动子、衰减子、操作子及trpE的部分结构基因。在色氨酸操纵子中，其调控主要由阻遏蛋白和衰减子完成的。由trpR基因产生的阻遏蛋白前体只有与色氨酸结合之后才能成为有活性的阻遏蛋白，它可以与操作子结合从而阻止转录的起始。当细胞内没有色氨酸存在时，该阻遏蛋白前体不能与操作子结合，也就不能发挥阻遏作用。另外，色酸操纵子还可受到衰减子的调控。当细胞中色氨酸浓度高时，在衰减子的作用下，操纵DNA可以形成类似终止子的茎环结构。从而只能翻译出一段14肽，称为前导肽。3-β-吲哚丙烯酸

（IAA）是色氨酸的结构类似物，它可以与色氨酸竞争结合阻遏蛋白前体。阻遏蛋白前体与IAA结合后就会失去活性，不能再与操作子结合，从而解除了阻遏蛋白对转录的抑制。因此，使用*trp*启动子时，除去色氨酸或加入IAA均可提高活性，缺失*trp*中的衰减子也可提高转录活性。

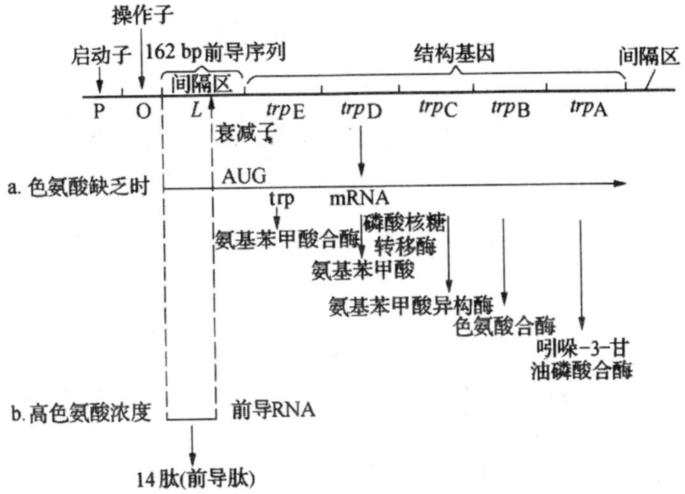

图7-3　*trp*操纵子结构及其调控

含*trp*启动子的表达载体产生表达蛋白的量高于含*lac*启动子的表达载体系统。含*trp*启动子的表达载体可以被IAA（3-*β*-吲哚丙烯酸）诱导表达。

pDR720是一个含*trp*启动子的表达载体，它来源于P51，*trp*启动子在*Sma*Ⅰ位点插入，启动子的下游有3个位点：*Sal*Ⅰ、*Eco*RⅠ和*Sma*Ⅰ，可以插入外源基因（如图7-4）。

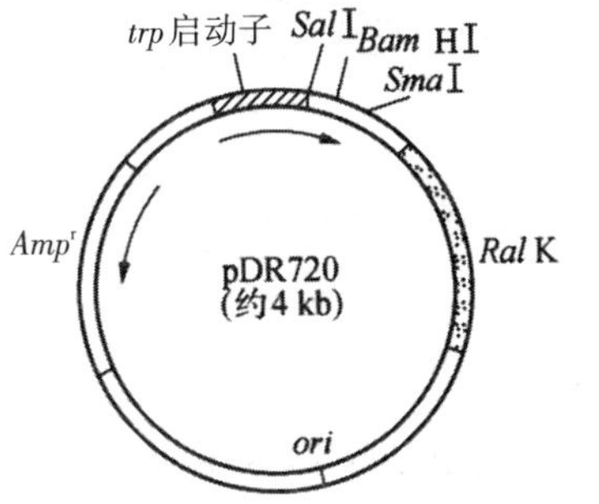

图7-4　pDR720质粒结构

（4）*tac*启动子。*tac*启动子来源于*lac*和*trp*的一组杂合启动子，但比*lac*和*trp*都强得多，它是非常强的启动子。所有的*tac*启动子都可被IPTG诱导，同时受lac阻遏蛋白的调控。含*tac*启动子的表达载体的表达效率很高，且能被IPTG诱导表达。

（4）PL启动子。PL启动子是指λ噬菌体早期左向转录启动子，它控制λ噬菌体左向操纵子（如图7-5）从基因*N*到int的早期转录，它受到*cI*所编码的阻遏蛋白的调控。cI阻遏蛋白可以与PL启动子相结合，阻止基因转录的起始。在实际应用中，人们筛选到一个cI蛋白的温度敏感型突变株（cIts857），它来源于温度敏感型的溶原菌。这个温度敏感型突变株含有一个对温度敏感的突变的等位基因（*cI*857基因），它可整合在大肠杆菌的染色体上，也可以存在于相容性的质粒上。当在28℃～30℃下培养时，该突变体能合成有活性的阻遏蛋白阻碍P_L启动基因的转录；当温度升高到42℃时，该阻遏蛋白失活，从而使P_L启动子启动转录。P_L启动子活性比*trp*启动子的活性高，因而应用十分广泛。

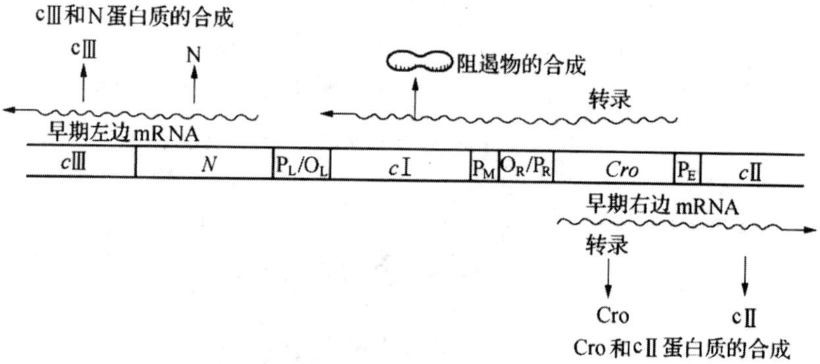

图7-5　λ噬菌体的阻遏物-操纵基因系统

N.抗终止蛋白质；Cro.阻遏蛋白；L.左边；R.右边；*c*Ⅲ、*c*Ⅱ、*c*I.阻遏基因；P.启动子，O.操纵基因

pP_L-λ是一个含有P_L启动子的表达载体，它来源于pBR 322。pBR 322的*Eco*RⅠ/*Bam*HⅠ片段被P_L启动子和N基因取代（如图7-6）。外源基因可插入N基因中的HpaⅠ位点。在29～31℃，P_L启动子处于阻遏状态；当温度升高到42℃时，阻遏蛋白失活，P_L启动子的阻遏状态被解除，可以启动转录。这个载体有两个λ溶原菌受体，其中之一是N99 cI^+，它可以合成cI阻遏蛋白，使载体在37℃时能大量复制；另一个受体是N4830，它含有来源于温度敏感型突变株的cI8577，它能在不同温度下对P_L启动子的活性进行调节。

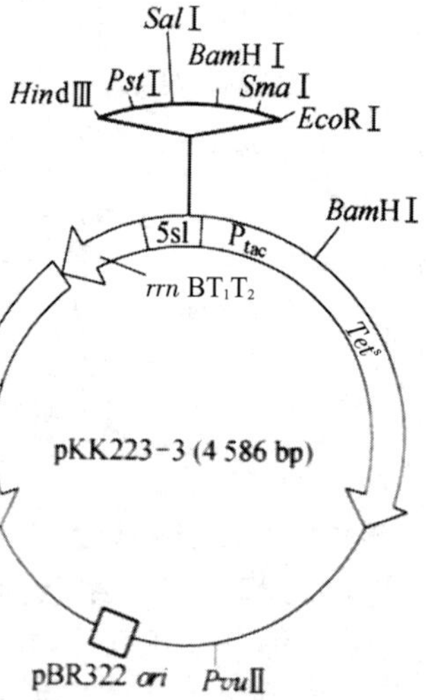

图7-6　质粒pKK223-3结构图

2. 转录终止子

由上游启动子驱动的转录作用，当其通读过下游启动子时，便会使该启动子的功能受到抑制，所以如果在克隆基因编码区的3'末端接上一个有效的转录终止子，便能够阻止转录通

读到下游的启动子从而妨碍下游基因的正常表达。我们还知道，由强启动子驱动的持续转录作用，当其进入复制区之后，便会导致参与质粒拷贝数控制的Rom蛋白质的超量合成，使质粒处于不稳定的状态。除此之外，转录终止子还能增强mRNA分子的稳定性，从而大大地提高蛋白质产物的水平。上述种种原因说明，在表达载体的构建中，在外源基因编码区的下游安置一个有效的转录终止子无疑是十分必要的，尤其是在这个部位串联地接上两个T1和T2转录终止子，转录终止作用非常有效。

3. 翻译起始序列

mRNA分子5'端的结构是决定mRNA翻译起始效率的主要因素，所以在构建表达载体时，需认真选择有效的翻译起始序列（translation-initiation sequence）。遗憾的是，至今人们尚未鉴定出通用有效的翻译起始序列的保守结构，但却发展出了多种可以有效地降低mRNA分子5'末端形成二级结构的实验方法，从而提高了克隆的外源基因的表达效率。这些方法包括：①在核糖体结合位点（RBS）的序列结构中，增加腺嘌呤和胸腺嘧啶脱氧核苷残基含量的比例，诱发特异碱基发生定点突变；②使用翻译耦联系统进行克隆基因表达，等等。

4. 翻译增强子

大肠杆菌和噬菌体中存在着能够显著地增强异源基因表达效率的序列元件，称为翻译增强子（translational enhancer），如T7噬菌体基因10前导序列（简称gl0-L序列）、以大肠杆菌现*atp*E基因为代表的一些mRNA分子5'UTR中的富含U的区段以及直接位于T7噬菌体基因起始密码子下游的下游元件等，均属于此类翻译增强子。尽管翻译增强子的作用机制还不很清楚，但它们的应用的确有助于提高外源基因的表达水平。

5. 翻译终止子

mRNA翻译终止的一个必不可少的条件是必须存在着一个终止密码子。因此在构建大肠杆菌表达载体时，人们通常是安置上全部的3个密码子，以便阻止发生核糖体的跳读（skipping）现象。已知大肠杆菌偏爱使用终止密码子UAA，尤其是当在其后连上一个U而形成UAAU四联核苷酸的情况下，翻译终止的效率便会得到进一步的加强。

（二）常用的表达载体

1. 非融合型表达蛋白载体pKK223-3

此载体可在大肠杆菌中极有效地高水平表达外源基因（如图7-7），它具有一个强的*tac*启动子，这个启动子是由*trp*启动子的-35区、*lac* UV5启动子的-10区、操作子及SD序列组成，*tac* tofl启动子可在lacⅠ宿主菌（如JMl05）中受IPTG诱导表达。紧接*tac*启动子的是一个取自pUC8的多克隆位点（polylinker），便于插入外源基因，从而使外源基因定位在启动子和SD序列后。在多克隆位点下游的一段DNA序列中，还包含一个很强的rmB核糖体RNA的转录终止子，目的是为了稳定载体系统。因为上游强的*tac*启动子控制的转录必须由强终止子抑制，才不至于干扰与载体本身稳定性有关的基因表达。载体的其余部分由pBR322组成：在使用pKK223-3质粒时，应相应地使用一个lacⅠ宿主，如JMl05。一个具有pKK223-3质粒类似结构的载体用于表达*cI*基因时，经IPTG诱导产生的阻遏蛋白占可溶性细胞抽提液中蛋白的18%～26%。

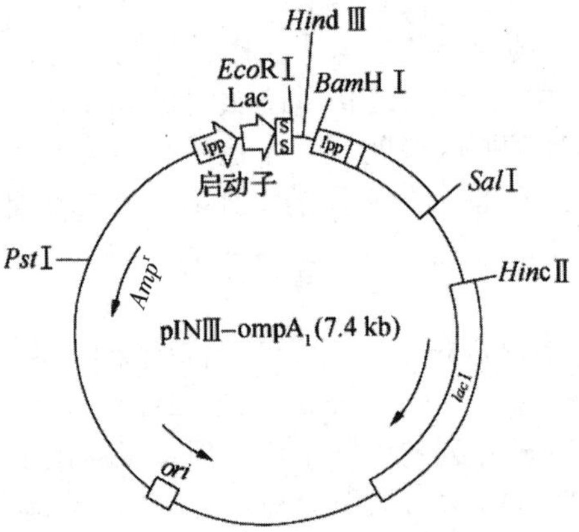

图7-7 分泌克隆载体pINⅢ-ompA1物理图谱

2. **分泌型克隆表达载体pINⅢ系统**

此载体系统是以pBR 322为基础构建的。它带有大肠杆菌中最强的启动子之一，即*Ipp*（脂蛋白基因）启动子。在启动子的下游装有*lac*UV5的启动子及其操作子，并且把*lac*阻遏子的基因（*lac* Ⅰ）也克隆在这个质粒上，这样，目的基因的表达就成为可调节的了。在转录控制的下游再装上人工合成的高效翻译起始序列（SD序列及AUG）。作为分泌克隆表达载体中关键的编码信号肽的序列，是取自于大肠杆菌中分泌蛋白的基因*ompa*（外膜蛋白基因）。在编码序列下游紧接着的是一段人工合成的多克隆位点，其中包括3个单一酶切位点：*Eco*R Ⅰ，*Hind*Ⅲ和*Bam*H Ⅰ。为了使不同密码子阅读框架的目的基因片段都能在克隆位点上和信号肽密码子阅读框架正确衔接，分别合成了适用于所有3种密码子阅读框架的多克隆位点片段。使用这3个多克隆位点片段的载体分别为：piNⅢ-ompA$_1$，piNⅢ-ompA$_2$，piNⅢ-ompA$_3$（如图7-7）。

用这个分泌型载体来表达金黄色葡萄球菌的核糖核酸酶A的基因，不仅产物能分泌到细胞间质中，而且产量达300 mg/L，占细胞总蛋白量的9%。为了进一步提高载体的表达效率，对*Ipp*启动子做了以下修饰：把启动子-35区的DNA序列AATACT改造为TATACT，结果目的基因的表达水平提高到1500 mg/L，占细胞总蛋白量的42%。

3. **融合蛋白表达载体pGEX系统**

pGEX系统由Pharmacia公司构建，由3种载体（pGEX-1λT，pGEX-2T，pGEX-3X）以及一种用于纯化表达蛋白的亲和层析介质（Glutathione Sepharose 4B）组成。载体的组成成分基本上与其他表达载体相似，含有启动子*lac*及*lac*操作子、SD序列、*lac* Ⅰ阻遏蛋白基因等。这类载体与其他表达载体不同之处在于SD序列下游是谷胱甘肽巯基转移酶基因，而克隆的外源基因则与谷胱甘肽巯基转移酶基因相连。当进行基因表达时，表达产物为谷胱甘肽巯基因转移酶和目的基因产物的融合体。这个载体系统具有以下优点：①可诱导高效表达；②载体内含有lac Ⅰ阻遏蛋白基因；③表达的融合蛋白纯化方便；④使用凝血酶素（thrombin）和Xa因子就可从表达的融合蛋白中切下所需的蛋白质和多肽；⑤用*Eco*R Ⅰ从λgtl Ⅰ载体中分离的基因可直接插入pGEX-1λT中（如图7-8）。

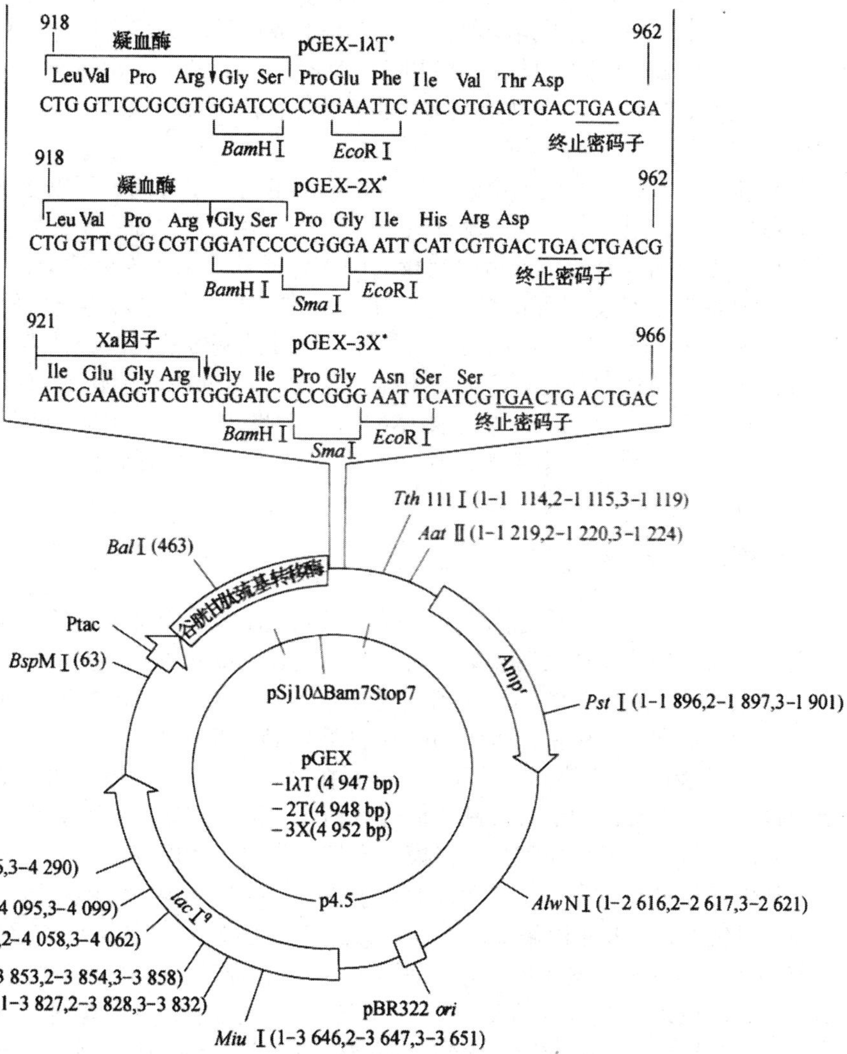

图7-8　融合蛋白表达载体pGEX物理图谱

三、外源蛋白质表达部位

作为革兰氏阴性菌的大肠杆菌，被内膜和外膜隔开形成3个腔（compartment）：胞内、周质和胞外。相应地在大肠杆菌中表达的外源重组蛋白也可定位于胞内、周质空间或胞外培养基。这种外源蛋白表达场所的选择主要取决于目的蛋白的类型、数量和纯化要求，它们有着各自的优势和缺陷。

（一）在胞内直接表达重组蛋白

这是研究最早、采用最多的表达策略，目前已经积累了许多成功的经验。重组蛋白在胞内表达（又称为细胞质表达）时，常常以不溶性蛋白聚集成的晶状物，即包涵体（inclusion body）的形式存在。包涵体的形成是外源蛋白高效表达时的普遍现象，这是由于肽链折叠过程中部分折叠的中间态发生了错误聚合，而不是形成成熟的天然态或完全解链的蛋白。包涵体的形成与引起折叠的中间态的溶解性和稳定性有关，此外，影响包涵体形成的因素还有分子伴侣和折叠酶、蛋白质性质（形成转角的残基数目、平均带电性等）、生长条件（宿主、培养温度、培养基组成、pH）等。

以包涵体的形式表达的重组蛋白的优点是重组蛋白易于分离，可以受到保护而免受胞内蛋白酶的降解作用，同时由于蛋白没有活性，因此不会使寄主细胞受伤害，蛋白的产量比较高。但从包涵体中回收有活性的蛋白质较为困难，通常要采用强变性剂，才能溶解包涵体，溶解后还需要复性才能得到有正确折叠的重组蛋白，从而导致目的蛋白质的终产量相对降低。为了克服包涵体的形成，常用的策略是在表达外源基因的同时，共表达分子伴侣或折叠酶，通常将这些辅助蛋白的基因克隆到相容质粒中或与外源基因构成双顺反子系统实现共表达，这样可以在一定程度上防止包涵体的形成。此外，严格控制发酵条件，如降低发酵温度等，也有一定效果。但迄今为止还找不到一种通用的办法来解决所有蛋白的包涵体形成问题。

（二）重组蛋白分泌到周质

由于外源基因在大肠杆菌胞内表达时易于形成包涵体，而且胞内的折叠组装能力非常有限，人们试图采用分泌途径表达重组蛋白。严格地讲，蛋白质跨内膜定位于周质空间（称为转运，translocation）或穿过细菌外膜到达胞外（称为外运，export或excertion），都可称为分泌（secretion），但在实践中蛋白分泌到胞外的情况在细菌中较少见。

若要使外源蛋白分泌到细胞周质中，需要在其N端融合一段细菌蛋白的疏水性信号肽，融合蛋白跨内膜后由细菌的信号肽酶将信号肽切除，因而周质分泌可获得具有天然一级结构的产物，同时，氧化性的周质间隙可以模拟真核细胞的内质网环境，便于新生肽链折叠成天然结构，从而获得具有完全生物学活性的重组蛋白。此外，周质间隙中蛋白水解酶与胞内相比少得多，可使产物不易被降解，因而周质分泌还可提高重组蛋白的稳定性。

虽然周质分泌具有上述优势，但目前达到工业化生产规模的实例还较少。而且蛋白质从细胞质转运到周质是一种相当复杂的过程，其分子机理目前并不完全清楚，信号肽的存在并不总能保证蛋白质能够有效地通过大肠杆菌细胞内膜转运到周质，因为在蛋白质的跨膜转运过程中，还涉及其他的细胞结构特征。周质分泌最突出的问题是表达量低，一般仅占细菌总蛋白的0.3%～4%，这可能是由于周质空间容量有限以及重组蛋白的不完全跨膜转运所致。此外，当蛋白表达量稍高时也会发生聚集甚至形成包涵体，从而影响重组蛋白的产率和生物活性。

（三）重组蛋白分泌到胞外培养基中

将重组蛋白分泌到胞外不仅可以形成包括链间二硫键在内的正确折叠的空间结构，而且由于胞外的容量非常巨大，可以避免蛋白聚集、形成包涵体等许多胞内表达时的问题；胞外分泌还可使重组蛋白的下游纯化较为简单。正常情况下大肠杆菌的实验室菌种并不将蛋白分泌到培养基中，但目前已发展了几种使外源蛋白分泌到培养基中的系统。目前这些系统主要有细菌素释放蛋白（bacteriocin release protein，BRP）系统和仪溶血素（haemolysin A，HlyA）系统。将外源基因融合在HlyA的N端，利用HlyA能直接从胞内转运到达胞外的特点，将重组融合蛋白分泌到培养基中。这一系统的特点是重组蛋白直接从胞内转运到胞外，不需要周质这一中间状态，此外，分泌信号序列位于外源蛋白的C端，因此，转运后不需要切除。

（四）以融合形式表达重组蛋白

除了直接表达重组蛋白，也可将重组蛋白融合在某些易于高效表达和/或纯化的融合头（fusion partner）的C端。融合表达往往可以获得外源基因的高效表达，减少蛋白酶的降解，并提供特异、简单的纯化方法。通过人工设计的蛋白酶切割位点或化学断裂位点，可以在体外去除融合蛋白N端的融合头。

研究发现，重组的融合蛋白通常具有较好的可溶性。目前较为广泛采用的融合表达系统，如谷胱甘肽转移酶GST、麦芽糖结合蛋白MBP、金黄色葡萄球菌蛋白A等系统，通常都能产生高效表达的可溶性融合蛋白。

四、提高外源基因表达效率的方法

为了在大肠杆菌中合成某种特殊的真核生物的蛋白质以满足商品生产的广泛需求，仅仅停留在检测水平上的表达是远远不够的，所以必须设法提高克隆基因的表达效率。就目前所知，启动子的强度、DNA转录起始序列、密码子的选择、mRNA分子的二级结构、转录的终止、质粒的拷贝数及稳定性和寄主细胞的生理特征等许多因素都会不同程度地影响克隆基因的表达效率，而且大多数都是在翻译水平上发生影响作用的，因而必须从分析这些因素入手，寻找提高克隆基因表达效率的有效途径。

（一）启动子对表达效率的影响

大肠杆菌的启动子区域有两段保守序列，又称为一致序列（consensus sequence），即-35区的5'-FTGACA-3'序列和-10区的5'-TATAAT-3'序列（Pribnow盒）。这两段保守序列中碱基的改变往往引起表达效率的很大变化，对大量启动子的研究结果表明：启动子序列与上述保守序列之间相似程度越高，其表达能力也越强。此外保守序列两侧的核苷酸序列的改变也会影响启动子的活性。大量的研究还表明，-35和-10区之间的距离也是一个重要影响因素。如果间隔为17 bp，启动子表现很强，如果大于17 bp，启动子表现较弱。此外，对特定的外源蛋白来说，并非强启动子就必定有利于对它的表达，有些外源蛋白对启动子有一定的选择性，Surek等发现，表达尿激酶原（pro-UK）时，*tac*启动子最好，*trp*启动子次之，*PL*启动子最差。Shibui等在表达人的cardiodilatin蛋白时使用了两个串联的*tac*启动子，有效地提高了表达效率。

（二）启动子同克隆基因间距离对表达效率的影响

启动子与结构基因间的距离在蛋白质翻译上有巨大作用。进一步的研究还表明：①翻译的起始点和SD序列必须接近到一定程度；②翻译的起始包括活化的30S核糖体亚基和mRNA 5'末端区域间的互作，这时mRNA的5'末端已折叠成特殊的二级结构。基因表达水平的改变是mRNA二级结构的反映。

根据上述原理，可采用构建克隆库的方法来提高克隆基因的表达效率。在库中，将外源基因分别放置在离启动子远近不同的地方。转化后，筛选重组克隆，从中挑选出外源基因表达最强的克隆。具体做法是（如图7-9）：将携带有外源基因的*Eco*RⅠ限制片段与经过*Eco*RⅠ酶切消化好的载体相连接。在载体上距离外源基因5'端的100 bp以内含有质粒上唯一的*Bam*HⅠ切点，用*Bam*HⅠ酶切重组质粒，并以核酸外切酶Ⅲ和S1核酸酶处理后，得到一系列不等长的重组DNA分子，然后将启动子所在的片段从此插入（95 bp的lac启动子），再通过T4噬菌体DNA连接酶将质粒环化。这样就形成一套质粒，它们的启动子距离外源基因的远近不等。

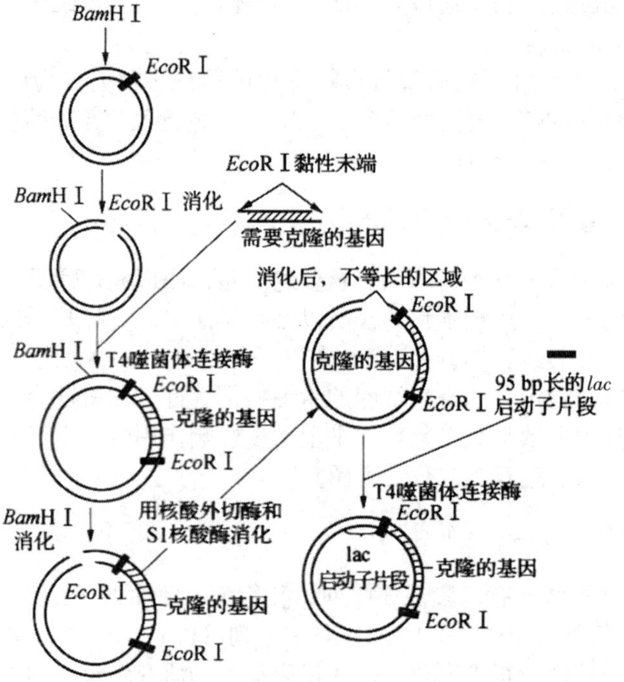

图7-9　改变*lac*启动子和克隆基因间距离的一般方法

（三）翻译起始序列对表达效率的影响

已经鉴定出，在mRNA翻译序列中，除了起始密码子AUG之外，至少还有3种特征性的保守结构。第一种，也是最重要的一种是SD序列，它含有多聚嘌呤序列5'-UAAGGAG-GU-3'的全部或其中的一部分；第二种（至少在多顺反子的mRNA分子中可以见到）是在核糖体的结合位点有一个或数个终止密码子；第三种，编码诸如噬菌体外壳蛋白或核糖体蛋白质的基因，它们的核糖体结合位点含有全部的或部分的pUpUUUpUpU序列（pU为嘌呤）。

实验证明，连接在SD序列后面的4个碱基成分的改变会对翻译效率发生很大的影响。如果这个区域是由4个A（T）碱基组成，其翻译作用最为有效；而当这个区域是由4个C碱基或4个G碱基组成，其翻译效率仅为最高翻译效率的50%或25%。

直接位于起始密码子AUG左侧的密码三联体的碱基组成，同样也会对翻译的效率发生影响。以β-半乳糖苷酶mRNA的翻译为例，当这个三联体碱基组分是UAU或CUU时，其翻译最为有效，而如果是UUC、UCA或AGG代替了UAU或CUU，那么它的翻译水平将下降95%。

（四）转录终止区对克隆基因表达效率的影响

在克隆基因的末端，存在一个转录终止区是十分重要的，其原因有如下几方面：①大量的非必须转录本的合成和翻译，会使细胞消耗巨大的能量；②在转录本上有可能形成一些不利于进行翻译的二级结构，从而降低了翻译的效率；③偶尔会出现启动子阻塞现象（promoter occlusion），也就是说，克隆基因启动子所开始的转录，可能会干扰位于其下游的另一个必要基因的翻译。而转录终止区的存在，可以使上述这几种不利的现象得以避免。因为有人已经发现，有些强启动子的通读会干扰质粒的复制，结果使质粒的拷贝数反而下降。所以，在基因内部的适当位置上存在着转录的终止区，就能够保证使质粒的拷贝数（也就是基因的表达效率）控制在一个正常的水平上。

（五）质粒拷贝数及稳定性对表达效率的影响

细胞体内mRNA分子的多寡是限制蛋白质合成的第一步，因为与核糖体结合的mRNA分子数目的增加，相应地会增加翻译的蛋白质产物的数量。因此增加mRNA分子的数量是提高克隆基因表达效率的方法之一。怎样才能达到这样的目的呢?影响mRNA分子合成速率的因素有两种：一是启动子的强度，二是基因的拷贝数。提高基因的拷贝数（即基因的剂量）最简单的办法是将基因克隆到高拷贝的质粒表达载体上。

但质粒的拷贝数也并非多多益善。根据实验观察，随着克隆基因表达水平的上升，寄主细胞的生长速率便会相应地下降，同时形态上也会出现一些明显的变化，例如细胞纤维化和脆性增加等。如果细菌由于产生出某种突变而失去了重组质粒，或是经过结构的重排使重组基因无法进行表达，或是质粒的拷贝数大大降低，那么这样的突变菌株便会被稀释掉，使克隆的基因无法得到表达。

质粒的稳定性也会影响基因的表达。天然的质粒由于具有一段分配功能区（par区）可以保证质粒在每次细胞周期中都能准确地进行分离，并均等地分配到子代细胞中去。而在pBR 322质粒中这个par区已经丢失了，所以在寄主细胞分裂时，pBR 322质粒只能做随机的分离。尽管pBR 322质粒仍然是高拷贝数的，而且产生无质粒细胞的概率也极小，但是在某种特定的条件下，例如营养缺乏或是在寄主细胞快速生长期间，照样有可能产生出无质粒的细胞。为了避免出现这种情况，一般通过对细胞群体保持抗生素的选择压力，就可以达到目的。

与上述利用par区来防止质粒丢失相反，另一种解决质粒分离不稳定性的途径是对无质粒的细胞进行反选择。其大体步骤包括：使携带目的基因的质粒载体同时也带上编码λ启动子的λ *cI*基因，形成特殊的重组质粒；然后用一种启动子缺陷的λ突变体感染携带着这种重组体质粒的大肠杆菌寄主细胞，使之成为溶原性细菌。在这种溶原性细菌中，重组质粒的丧失伴随着发生λ阻遏物的丧失。也正是由于λ阻遏物的丧失，原噬菌体便被诱发进入溶菌生长周期，从而使寄主细胞裂解死亡，于是达到了对无质粒细胞反选择的目的。

（六）提高翻译水平常用的途径

1. 调整SD序列与AUG间的距离

SD序列和起始密码子AUG之间的距离是影响外源基因表达水平的关键因素之一，此距离过长、过短都会影响真核基因的表达。Marquis人工合成核糖体结合位点（RBS）使SD序列与起始密码AUG的距离为5～9 bp，并分别连入7个不同启动子的下游，测试其表达λ IL-2的水平。结果发现，在同一种启动子的带动下，SD顺序与AUG间的距离不同，IL-2表达水平可相差2～2000倍。这表明根据不同的启动子，调整好SD序列与起始密码AUG的距离，确实可提高外源基因的表达水平。

2. 用点突变的方法改变某些碱基

翻译的起始是决定翻译水平高低的一个重要因素。有资料表明，由于紧随起始密码子下游的几组密码子不同，可使基因的表达效率相差15～20倍。这主要是改善了翻译的起始和mRNA的二级结构。此外，大肠杆菌对64组密码子的使用频率并不相同，存在着偏爱密码子，一些研究显示，在不改变氨基酸编码序列的情况下，将外源真核基因的密码子改变成大肠杆菌的偏爱密码子，可以提高蛋白质的表达水平。

3. 增加mRNA的稳定性

多数情况下，细菌的mRNA的半衰期很短，一般仅为1～2 min，而外源基因mRNA的半衰期可能更短。若能增加mRNA的稳定性，则有可能提高外源基因的表达水平。研究表明，大肠杆菌的重复性基因外回文序列（repetitive extragenic palindromic sequence）具有稳定mRNA的作用，能防止3'→5'外切酶的攻击。因此，在外源基因下游插入此序列或其他具有反转重复顺序的DNA片段可起到稳定mRNA、提高表达水平的作用。

（七）减轻细胞的代谢负荷

外源基因在细菌中高效表达必然影响宿主的生长和代谢，而细胞代谢的损伤，又必然影响外源基因的表达，合理地调节好宿主细胞的代谢负荷与外源基因高效表达的关系，是提高外源基因表达水平不可缺少的一个环节。目前常用的方法有以下几种。

1. 诱导表达

使细菌的生长与外源基因的表达分开。将宿主菌的生长与外源基因的表达分开成为两个阶段是减轻宿主细胞代谢负荷的最为常用的一个方法。一般采用温度诱导或药物诱导。如采用λP_L启动子时，则应用λ*cI*875基因的溶原菌。在32℃时，*cI*基因有活性，它产生的阻遏物抑制了*kPi*启动子下游基因产物的合成，此时，宿主菌大量生长。当温度升高到42℃时，*cI*基因失活，阻遏蛋白不能产生，λP_L启动子解除阻遏，外源基因得以高水平表达。而应用*tac*启动子时，则常用F'*tac*4的菌株或者将*lac* Ⅰ基因克隆在表达质粒中。当宿主菌生长时，*lac* Ⅰ产生的阻遏物与lac操作子结合，阻碍了外源基因的转录及表达，此时，宿主菌大量生长。当加入诱导物（如IPTG）时，阻遏蛋白不能与操作子结合，则外源基因大量转录并高效表达。有人认为，化学诱导比温度诱导更为方便和有效，并且将相应的阻遏蛋白基因直接克隆到表达载体上，比应用含阻遏蛋白基因的菌株更为有效。

2. 表达载体的诱导复制

减轻宿主细胞代谢负荷的另一个措施是将宿主菌的生长和表达质粒的复制分开。当宿主菌迅速生长时，抑制质粒的复制；当宿主菌生长量积累到一定水平后，再诱导细胞中质粒DNA的复制，从而增加外源基因表达水平。质粒pCI101是温度控制诱导DNA复制最好的例子。用此质粒转化宿主菌，25℃时宿主中仅有此质粒10拷贝，宿主细胞大量生长；但当温度升高到37℃时，质粒大量复制，每个细胞中质粒拷贝数可高达1000个。

（八）提高表达蛋白的稳定性，防止其降解

在大肠杆菌中表达的外源蛋白质往往不够稳定，常被细菌的蛋白酶降解，因而会使外源基因的表达水平大大降低。因此，提高表达蛋白质的稳定性，防止细菌蛋白酶的降解是提高外源基因表达水平的有力措施。

1. 克隆一段原核序列，表达融合蛋白

这里的融合蛋白是指表达的蛋白质或多肽N末端由原核DNA编码，C末端是由克隆的真核DNA的完整序列编码，这样表达的蛋白是由一条短的原核多肽和真核蛋白结合在一起，故称为融合蛋白。融合蛋白是避免细菌蛋白酶破坏的最好措施。在表达融合蛋白时，为得到正确编码的表达蛋白，在插入外源基因时，其阅读框架与原核DNA片段的阅读框架一致，只有这样，翻译时插入的外源基因才不致产生移码突变。在融合蛋白被表达之后，必须从融合蛋白中将原核多肽去掉。常用的有化学降解法及酶降解法。一般而言，化学降解法缺乏特异性，且反应条件剧烈（如溴化氰）；而酶降解法特异性较高，但切割效率不高（如牛的血细胞凝集因子Xa）。

2. 采用某种突变菌株，保护表达蛋白不被降解

大肠杆菌蛋白酶的合成要依赖肌苷（ion），因此采用*lon*缺陷型菌株作为受体菌，则使大肠杆菌蛋白酶合成受阻，从而使表达蛋白得到保护。Baker发现大肠杆菌*htp* R基因的突变株也可减少蛋白酶的降解作用。Bull利用*lon*和*htp* R双突变的菌株表达出稳定的生长调节素C。另外，T4噬菌体的*pin*基因产物是细菌蛋白酶的抑制剂，将*pin*基因克隆到质粒中并转化入大肠杆菌中，细菌的蛋白酶便受到抑制，外源基因的表达产物受到保护。有人应用此法，成功地在大肠杆菌中表达了β干扰素。

3. 表达分泌蛋白质

表达分泌蛋白是防止宿主菌对表达产物的降解，减轻宿主细胞代谢负荷及恢复表达产物天然构象的最有力措施。在大肠杆菌表达系统中，蛋白质的分泌，至少要具备3个要素：①有一段信号肽；②在成熟蛋白质内有适当的与分泌相关的氨基酸序列；③细胞内有相应的转运机制。由于原核生物和真核生物蛋白质的分泌机制十分相似，真核生物中的分泌蛋白大多能在大肠杆菌中得到很好的分泌表达，还有一些相对分子质量小的多肽也往往能得到分泌表达。并非任何蛋白质都可以在大肠杆菌中得到分泌表达，这主要是由于受所表达的成熟蛋白质的氨基酸序列和构型的限制。但对原属真核细胞的非分泌蛋白，很难在大肠杆菌表达后再分泌到周质，而最多只能结合到细胞内膜上。因此欲在大肠杆菌中表达分泌外源蛋白时，必须首先考虑目的蛋白被分泌的可能性。其次要考虑到在应用分泌蛋白技术路线时，可能遇到目的蛋白的某些序列被信号肽酶错误识别，以致把目的蛋白切割成碎片进而部分或大部分失去生物活性。因此，要慎用这一技术路线。

五、表达产物的检测

外源基因表达后，需要用有效的手段加以检测。如果表达产物是已知的某种蛋白质，则

可根据其功能活性或用特异的抗血清予以检出，例如蛋白质的聚丙烯酰胺电泳和N末端测序、高效液相层析、免疫电泳、放射免疫测定（RIA）和酶联免疫吸附试验（ELISA）等，都是用完整细胞做检测系统。完整细胞系统的优点是细胞中蛋白质合成体系完好，活力强，如注意操作，其蛋白质合成能反映体内状态，但它有如下缺点：①氨基酸必须透过质膜才能进入细胞，可能影响蛋白质合成；②细胞中存在着氨基酸库，不能真正反映细胞合成蛋白质的能力；③很难改变细胞内的成分，难以在细胞内加入mRNA或其他物质；④完整细胞太复杂，对测定其翻译后的成分，尤其对研究蛋白质合成原理或表达的某一组成测定较困难。因此，如果我们不了解克隆基因的功能及其表达产物的特性，在寄主细胞同时表达大量其他蛋白质的复杂系统中，就很难找到这种新合成的蛋白质。为了解决上述问题，人们发展了一些新的表达检测系统，如微细胞系统和大细胞系统，还有利用无细胞系统来做检测系统，例如无细胞翻译系统。

（一）微细胞系统

微细胞是某些细菌的突变株在培养过程中生成的一些微小的圆形无核细胞。微细胞含有质粒DNA、RNA和蛋白质，没有染色体DNA，但仍保持有细胞壁、细胞膜、核糖体和能量产生系统。因为它只有质粒DNA，所以表达产物比较单纯，用SDS聚丙烯酰胺凝胶电泳法分析重组质粒在微细胞内的表达产物，易于判定外源基因是否表达以及表达产物的分子质量。

（二）大细胞系统

所谓大细胞是指大肠杆菌的UVrA、recA突变株。这个菌株在经低剂量的紫外线照射后，菌体内的染色质DNA降解，而质粒DNA仍可保证正常的功能活性，因此用紫外线照射已导入了外源基因的大细胞，再在含有^{14}C或^{35}S标记的氨基酸的培养基中培养一定时间，就能方便地检出重组质粒编码的蛋白质。通过电泳分析，更可了解表达蛋白质的分子质量。常用的大细胞突变株CSR603，具有良好的表达重组质粒的性能。

（三）无细胞翻译系统

无细胞翻译系统（cell-free translation system）又称体外转录–翻译的偶联系统。因为该系统需要制备无细胞提取物，所以还有人称为溶胞粗制品翻译系统。无细胞提取物的制备过程是先将细胞溶破，用机械、超声波、渗透压或用适当的去污剂等方法，将细胞溶破后高速离心，除去其质膜与细胞核等。该提取液中含有RNA聚合酶、核糖体、tRNA和能量发生系统。常用的体外无细胞翻译系统是兔网织红细胞溶胞制品与麦胚溶胞制品。

1. 兔网织红细胞系统

兔网织红细胞没有细胞核，它合成的蛋白质90%以上为珠蛋白。苯肼使红细胞溶破，造成家兔贫血，从而刺激其骨髓产生网织红细胞。连续给家兔注射少量苯肼4～5 d，于注射苯肼7～9 d后取血，注射后第7 d的血液中网织红细胞所占比例可达90%，第9 d时降至70%～80%，但血细胞总数增为第7 d的2倍。血液以肝素抗凝，离心后，将沉淀的细胞洗涤后，在不断搅动下，用1.5倍体积的水溶破细胞，立即离心，去除沉淀后，即将上清液置于液氮中冷冻分装保存。此溶胞制品活性可保存数年。使用时，在融化前应加入20 μmol氯化高铁血红素，否则制品迅速失活。然后加入K^{+}、Mg^{2+}、氨基酸以及磷酸肌酸与肌酸酶组成的能量发生体系。氨基酸中应有一种含放射性标记的氨基酸。如果加入某种mRNA，因这一体系已有珠蛋白mRNA，外加的该种mRNA与珠蛋白mRNA有竞争作用，此时会同时合成两种蛋白质。反应终止时，可用热的三氯醋酸或氢氧化钠溶液沉淀蛋白质，从而测定其放射性，也可取出一部分保温液，进行SDS聚丙烯酰胺凝胶电泳，电泳后将凝胶作放射自显影。网织红细胞溶胞制品合成蛋白质不会提前终止，但是其缺点是已含有珠蛋白mRNA，可以在该体系中加入微球菌核酸酶和Ca^{2+}，该酶可很快地分解mRNA，除去体系中的珠蛋白mRNA。用网织红细胞系统加入外源性mRNA进行研究时，此法有助于鉴别该外源性mRNA的相应蛋白质与固有的珠蛋白，甚至可以定量。

2. 麦胚系统

用组织捣碎机将麦子捣碎，用筛子或吹风机初选，分出麦胚，然后再将粗制的麦胚加10倍体积的缓冲液与沙子共研磨，23 000 g离心，所得的上清液称为S23。将S23分装，保存于–20℃冰箱中，使用前应进行透析。利用麦胚系统进行蛋白质翻译合成研究时，需加的物质与网织红细胞系统所需的相同。但由于该体系无mRNA，所以必须加入mRNA。该系统的优点是适于研究mRNA、活力强、价格低廉等。但缺点是不同制品的活性差别较大，而且在合成分子质量较大的蛋白质时往往提前终止，而在合成分子质量较小的蛋白质时没有这个缺点。

（四）报告基因测试法

应用CAT、荧光酶等报告基因产物的测试，可以检测各种表达体系对目的基因表达水平的高低。Pothier等（1992）应用CAT测试法对转基因小鼠或动物细胞表达体系进行启动子对表达水平的影响分析。这种对检测转基因小鼠或组织培养细胞系中的CAT报告基因构件表达活性的方法采用新的缓冲系统（0.4 mmol/L PMSF、1 mmol/L二硫苏糖醇、0.15 mmol/L精胺、60 mmol/L KCl、15 mmol/L NaCl）。这一措施明显增加了在制备细胞粗提液过程中CAT酶的稳定性。与其他方法相比，新方法使得CAT检测灵敏度上升100倍。实际灵敏度因不同转基因组织而异。用不同启动子/CAT构件瞬时转移制备的细胞系中，观察到灵敏度又急剧上升（23倍）。这样，在研究强启动子时，CAT表达水平的分析工作可由18 h减少到1 h，并适用于分析弱启动子驱动的CAT表达。此外，还有一些其他检测表达产物的方法，例如非洲爪蟾卵母细胞表达外源基因检测法和其他无细胞系统表达外源基因检测法，等等。

外源基因在原核细胞中的表达产物是否具有生物学活性及其活性的高低，是决定其是否具有实用价值的关键。表达产物的生物活性检测方法则因各个表达产物的特性及生物活性的不同而异，不可能有固定的模式和方法：如β–转化生长因子一般是通过生长抑制实验（growth inhibition assay）和定点刺激–独立生长（stimulation of anchorage-independent growth）实验检测其活性的，而超氧化物歧化酶（superoxide dismulase，SOD）则通过化学发光法、活性测定分光法等多种化学反应与比色相结合测定其活性的。因此，可根据各自表达产物的具体情况采用合适的方法检测其生物活性。

六、表达实例：人生长素基因在大肠杆菌中的表达

人生长激素（hGH）的mRNA最初被翻译成前体激素，它没有天然激素的生物活性，比天然激素在N末端多了一段信号肽。此信号肽有23个氨基酸残基，它与生长激素被分泌到细胞外有关，并在分泌过程中失去，使前体生长素变成有生物活性的天然激素。动物细胞内存

在将前体生长素变为成熟的生长素的加工系统，所以能容易表达有生物活性的生长素。但是，大肠杆菌中缺乏加工前体激素的系统，很难产生有活性的生长素。为此，人们构建了在大肠杆菌中指导合成有活性的生长素的细胞质粒。

已知由垂体获得的hGH cDNA在3'端非编码区和编码区的23～24氨基酸位置有*Hae*Ⅲ位点。用化学合成法合成含有AUG起始密码子和编码1～23 hGH氨基酸残基的DNA接头片段，将这些片段连接在一起成为84 bp的大片段，这个大片段一端为*Eco*RⅠ黏性末端，另一端为*Hin*dⅢ黏性末端。取大肠杆菌pBR 322，用*Eco*RⅠ和*Hin*dⅢ进行双酶切，得到线状的pBR 322，一端为*Eco*RⅠ黏性末端，另一端为*Hin*dⅢ黏性末端。将pBR 322与合成的DNA连接，得到一个含hGH（1～24）氨基酸的重组质粒phGH3，将phGH3转化大肠杆菌可进行扩增（如图7-10）。

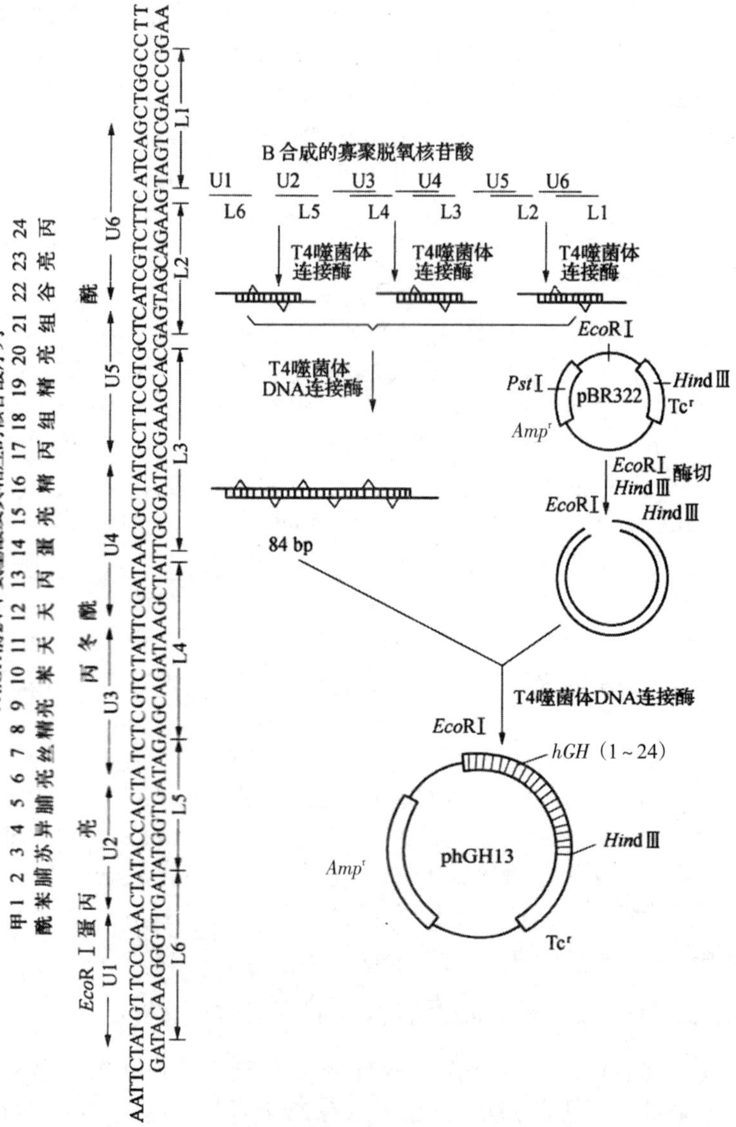

图7-10　hGH前24个氨基酸基因片段的克隆

利用人垂体提取的总mRNA逆转录制备的（双链平端互补）ds cDNA，用限制性核酸内切酶*Hae*Ⅲ处理，纯化得到551 bp的DNA片段，在其3'端加上多聚C尾。克隆551 bp片段，并给其载体pBR 322用*Pst* Ⅰ酶切加上多聚G尾。将处理过的载体片段和*Hae*Ⅲ片段连接，得到重组质粒phGH31，它含有人生长素24～191氨基酸的基因，将它转化大肠杆菌扩增（如图7-11）。

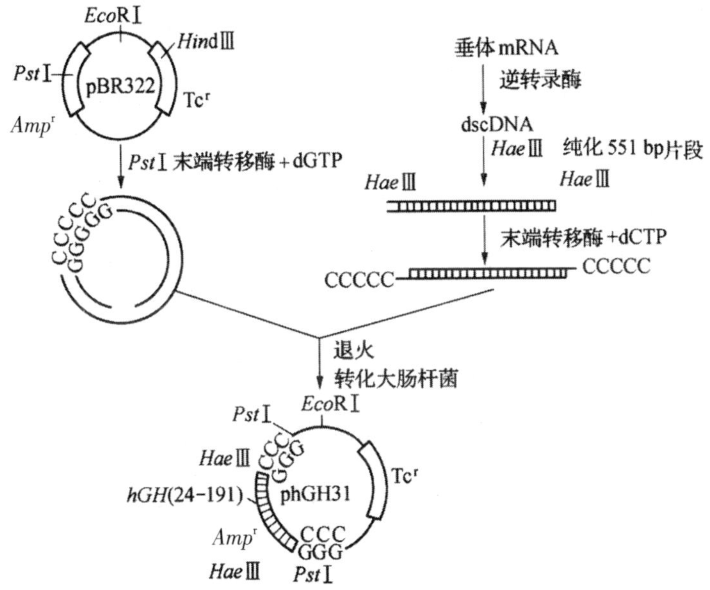

图7-11　*hGH*24-191基因片段克隆

通过对phGH3和phGH31质粒中的*hGHl*-23和*hGH*24-191基因的重组克隆，构建了人生长激素工程菌（如图7-12）。

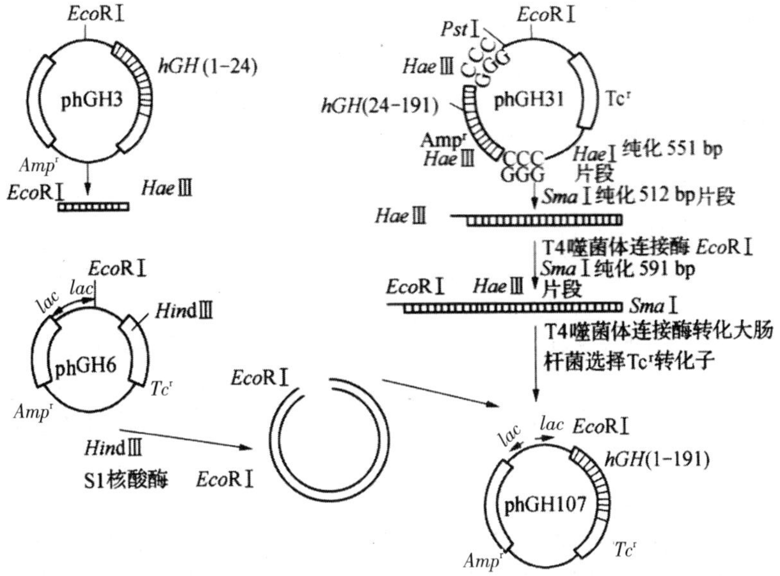

图7-12　人生长激素工程菌的构建

首先将phGH3重组质粒用*Eco*RⅠ和*Hae*Ⅲ进行双酶切，从琼脂糖凝胶电泳分离纯化77 bp的DNA片段，它带有*Eco*RⅠ黏性末端和*Hae*Ⅲ平端，它是hGHl-23氨基酸编码基因。同时用*Hae*Ⅲ酶切重组质粒phGH31，从电泳凝胶中分离551 bp的DNA片段，再用*Xma*Ⅰ酶切，得到一个含*Hae*Ⅲ平端和*Xma*Ⅰ黏端的5.12 bp和77 bp两段DNA片段，再用*Eco*RⅠ和*Sma*Ⅰ酶切，电泳纯化出带有*Eco*RⅠ黏端和*Sma*Ⅰ平端的591 bp DNA片段，这就是*hGH*编码基因。

pGH 6质粒上串联两个乳糖操纵子的启动子（*1ac*），它被用*Hind*Ⅲ、核酸酶S1和*Eco*RⅠ连续酶切，除去抗四环素基因的启动子，而将抗四环素的结构基因留下，得到pGH带*Eco*RⅠ黏端和一个平端的载体。将此载体和591 bp DNA片段连接，得到重组体质粒phGHl07用于转化大肠杆菌，在含有四环素的平板上选择转化子。由于在处理pGH6过程中除去了抗四环素基因的启动子，必须借助*1ac*启动子才能表现抗四环素基因的功能。*hGH*结构基因恰好插在*lac*启动子和抗四环素结构之间，所以选择到的转化子中必然有*hGH*基因的大量转录。

这样获得的转化子通过同位素标记、菌落原位杂交和其他酶切实验都证明，转化子含有外源的人生长激素的编码基因并能正确表达，也就是说，已经构建了在大肠杆菌中可以大量产生人生长激素的工程菌。这是第一次将人类多肽以没有前体的形式在大肠杆菌中直接表达。在适宜的条件下，每个大肠杆菌细胞中含有186 000个hGH分子，为发酵生产人生长激素开辟了一条有效的途径。

第二节　外源基因在真核细胞中的表达

原核表达系统虽然是最为成熟的表达系统，具有周期短、成本相对低廉等优点，但该系统也存在着无法对表达时间及表达水平进行调控、产物纯化困难、翻译后加工修饰体系不完善和表达产物活性较低等缺点。因此，利用真核表达系统表达目的蛋白越来越受到重视。此外，对于大多数的农业生物遗传改良而言，实际上也是针对真核表达系统。目前，基因工程研究中常用的真核表达系统有酵母表达系统、植物表达系统、昆虫细胞表达系统和哺乳动物细胞表达系统。

一、真核生物基因表达与调控的特点

由于真核生物基因组的复杂性，细胞中基因的表达与调控同原核生物相比有很大差别，主要体现在以下几个方面。

（1）基因组DNA的存在形式可影响基因表达。大多数真核生物DNA都以与蛋白质结合的染色质形式存在，难以进入转录状态；而原核生物的DNA一般不与蛋白质形成染色质结构，其基因转录的起始和终止可以在瞬间内做出决定和应答。这说明真核生物基因表达的调控比原核生物要复杂得多。

（2）真核基因的转录和翻译不是耦联在一起的，基因转录在细胞核中进行，而翻译在细胞质中进行。

（3）真核基因表达的调控是多层次的。与原核生物相比，真核生物基因表达的调控更复杂、层次更多，包括DNA水平的调控、转录调控、转录后调控、翻译调控、翻译后调控等。DNA水平的调控包括基因扩增、基因重排、基因丢失；转录水平的调控仍然是基因表

达最重要的一步，涉及众多顺式作用元件、反式作用因子以及它们之间的相互作用。转录后水平的调控包括前体mRNA的加工和mRNA的转运。

（4）基因表达具有组织和细胞类型特异性。真核生物都是多细胞的复杂有机体，不同类型的细胞实行不同的调控程序，不同的分化和发育阶段中产生不同的基因产物。因此，真核生物的发育在时间和空间上是一个精密复杂的调控过程。

（5）不同的真核细胞在基因表达调控中对信号分子的反应不同。真核生物的不同细胞在同样环境条件下，只有一部分或很少一部分细胞的基因表达直接受到某一环境条件变化的影响和控制，其他细胞的基因表达或是间接地受影响，或是基本上不受影响。这一特点保证了真核生物的许多主要器官（或组织）在千变万化的环境下维持正常的功能。

二、真核生物基因表达载体的组成特征

无论是酵母表达载体、植物表达载体，还是动物表达载体，它们都具有真核生物基因表达载体的共同组成元件，如原核DNA序列、启动子和增强子、剪接信号、转录终止信号和*poly* A加尾信号等。

1. 原核DNA序列

真核生物基因表达载体基本上都是在原核细胞和真核细胞之间的穿梭载体（shuttle Vector），必须含有原核生物的DNA序列，其中包括能在大肠杆菌中自身复制的复制子以及便于筛选含重组细菌的抗生素抗性基因和便于目的基因插入的多克隆位点等。

2. 启动子

根据启动子的功能和作用方式的不同，真核基因表达载体的启动子可分为组成型启动子、组织特异性启动子和诱导型启动子等几类。在构建表达载体时要根据实际需要，选用不同类型的启动子。

（1）组成型启动子。组成型启动子在所有组织中都能持续启动基因的表达，表达产物量相对恒定。真核生物基因表达载体中常用的组成型启动子有多种。由于外源基因在受体内是持续地高效表达，易造成物质和能源的浪费，而且又不能从时间和空间上有效地调控目的基因的表达，在应用中存在一定的缺陷。

（2）组织特异性启动子。组织特异性启动子调控下的基因转录一般只发生在某些特定器官（或组织）中，并往往表现出发育调节的特性。例如，在植物雄性不育基因工程中普遍使用的花粉绒毡层特异性表达启动子，可启动特定基因在花粉绒毡层表达导致雄性不育。组织特异性启动子除具有一般的启动子结构外，同时还存在几种控制组织特异性表达的元件，其表达特异性由这些元件的种类、数目及相对位置等共同决定。以植物为例，常用的有根、茎、叶、花、果实和种子等组织特异性启动子。

（3）诱导型启动子。诱导型启动子在某些特定的物理、化学或生物刺激下，可以大幅度提高基因的转录水平。与组织特异性启动子相比，诱导型启动子有着独特的优点：可根据需要在受体特定的发育阶段、组织（或器官）或生长环境下，让其接受诱导信号，诱导目的基因的表达；也可解除诱导，让目的基因表达停止，也就是说可以快速诱导转化基因转录的“开”与“关”。以植物为例，根据诱导信号的不同，诱导型启动子可分为光诱导、热诱导、创伤诱导、激素诱导、真菌和共生菌诱导表达基因启动子等。

在动物或昆虫等表达系统中已构建了多个诱导表达系统，如tet-on型四环素诱导系统、tet-on型四环素阻遏系统、糖（肾上腺）皮质激素诱导系统、雌激素诱导系统、蜕皮激素诱

导系统以及地塞米松诱导型四环素抑制型基因表达系统等。

一般来说，一个理想的可诱导表达系统需要符合以下要求：①特异性，即系统除了受到主要诱导影响的作用外，不受其他内源因素的影响；②非干扰性，即该系统成分不能对细胞通路有干扰；③可诱导性，即该系统在非活化状态下本底活性最低，而在活化状态下能快速产生高水平的基因表达；④诱导剂的生物利用率高，能快速渗透入各组织；⑤诱导剂能快速被各组织清除使该系统很快恢复非活化状态；⑥剂量依赖性，即系统的反应与诱导剂的浓度成正比，以便进行定性定量分析。

（4）杂合启动子。构建杂合启动子是获得新启动子的一个重要途径，常采用以下两种策略：一是用启动子序列与增强子序列构建杂合启动子，如由SV40早期启动子和人工型T淋巴细胞病毒LTR中的增强子序列（R-U5片段）组成的SR-a启动子、由鸡β-肌动蛋白启动子和CMV增强子序列构成的杂合启动子；二是将启动子与数个转录激活因子结合位点串联成杂合启动子，且这些位点与转录激活因子的结合受细胞外小分子药物的调控，可用作基因的诱导表达。例如，在蜕皮激素诱导表达系统中，负责目的基因转录的启动子由热休克蛋白启动子核心序列和5个E/GRE元件组成；tet-off四环素阻遏系统的启动子由CMV启动子的核心序列和7个tet阻遏蛋白结合位点组成。这些启动子在诱导前后活性可相差4个数量级。

3. 增强子

增强子对异源启动子控制下的外源基因也具有增强转录的作用。因此，启动子和增强子的联合应用可大大提高外源基因的转录水平。绝大多数的增强子受细胞类型的限制，在不同的细胞系中有很大不同，因此，需根据宿主细胞的类型选择不同的增强子以促进目的基因的高效表达。

4. 终止子

不同来源的终止子对外源基因的表达有很大影响，它不仅决定外源基因的转录活性，也决定mRNA在细胞中的稳定性，从而影响mRNA的翻译。真核基因mRNA在细胞中的平均寿命通常只有几个小时，因此，保持mRNA在细胞中的稳定性非常重要。研究表明，将*Npt-*Ⅱ基因和35S启动子与不同来源的终止子序列组成一组嵌合基因后转移到烟草细胞，不同来源的终止子序列对*Npt-*Ⅱ基因表达活性相差数十倍。

5.内含子

真核生物中存在大量的断裂基因。在过去很长一段时间内，内含子被认为是基因中多余的无用的部分。现在的研究已经表明，内含子可通过增加活性mRNA含量水平来促进基因的表达。内含子增强基因表达的作用最初是由Callis在转基因玉米中发现的。Tanaka将蓖麻过氧化氢酶基因的内含子插入*gus*后，可以使*gus*表达活性在水稻细胞中提高90倍。对植物转基因的研究表明，内含子对基因表达的增强作用主要发生在单子叶植物。对转基因动物的研究表明，克隆基因的基因组DNA比cDNA表达水平高。

6. *poly* A加尾信号

mRNA 3'末端的*poly*A尾巴可防止外切核酸酶对mRNA 3'末端的降解，增加mRNA稳定性。此外，在翻译过程中，*poly*A可起到“翻译增强子”作用。研究表明，去除*poly*A位点，mRNA表达水平可降低至1/10。*poly*A加尾信号需要3部分：①多聚腺苷酸化信号序列5'-AAUAAA-3'；②剪切位点和加尾位点YA；③下游保守序列，如U-rich或（G+U)-rich。

7. 选择标记基因和报告基因

选择标记基因是表达载体的重要组成元件，通常编码一种正常细胞中不存在的酶，对转化细胞的生长和分化一般不发生影响。

在选择压力下，选择标记基因虽然可使少量的转化细胞从未转化的细胞中分离出来，但选择标记基因的应用也有其自身无法克服的缺陷。例如，当一个转化细胞中已含有一个抗性基因作为标记基因时，在导入第二个外源基因时，要选用不同的选择标记基因，而实际被应用的选择标记基因是非常有限的。此外，从健康及安全角度来看，选择标记基因及其产物被使用时可能是有毒的或过敏的。因此，在转基因中，将选择标记基因去掉，有利于提高转基因的食用安全性和对环境的安全性，也可对同一个受体细胞进行多次转基因操作。目前已经发展了一些去除选择标记基因的转化技术，如位点特异性重组系统、选择标记基因的组织特异性表达、共转化、通过转座子使转入的基因在基因组内重新定位和靶基因替换等。

报告基因主要起报告和识别作用，它的表达产物对受体细胞无毒性，可反映外源基因在受体细胞中的表达水平。植物表达载体中常用的报告基因有冠瘿碱基因、*gus*、*cat*等。

三、真核表达的受体系统

按照宿主细胞的不同，常用外源基因的真核受体系统可大致分为酵母、植物、昆虫和哺乳动物细胞等受体系统。

1. 酵母受体系统

酵母是一类单细胞的真核生物，其生长代谢与原核生物很相似，而在基因的表达与调控方面类似于高等的真核生物，是最理想的真核生物外源基因表达系统之一。由于酵母兼有微生物和真核生物的双重特性，这一特性使其具有其他真核表达系统所没有的优势：①遗传背景简单，基因表达调控的机制比较清楚，基因操作相对容易；②不含毒素和特异性病毒，对人体和环境安全；③具有蛋白质翻译后的加工和修饰系统，当使用酵母信号肽时，蛋白产物能被正确折叠和加工，并分泌到培养基中；④酵母能在简单培养基中迅速生长，成本低廉，可用成熟简单的酵母发酵工艺对临床和工业上有用的重要蛋白进行工业化生产。

2. 植物受体系统

与其他真核受体系统相比，植物受体系统具有如下特点。①细胞具有全能性。一个转基因受体细胞经过诱导和分化后可再生成一棵转基因植株，再通过自交纯化可形成转基因后代株系。②能进行光合作用，培养条件非常简单，生产成本低廉。③植物细胞具有外源蛋白加工及修饰能力，其表达产物具有与高等动物细胞的表达产物相一致或接近的免疫原性和生物学活性。④植物受体系统有更好的灵活性与实用性。首先，植物可利用组织特异性调控序列将外源蛋白定位到特定的亚细胞结构或植物组织，以简化蛋白产物的加工程序；其次，可通过诱导性调控元件与发育特异性调控序列使外源蛋白在特定的生长阶段表达，减少外源产物对转化植物的伤害及消耗；再次，还可以通过分泌性信号序列将外源蛋白产物分泌出植物体，如利用植物根系分泌表达外源蛋白，可减少外源蛋白对植物生长的影响；最后，通过转基因植物的杂交技术等可以实现多价转基因植物疫苗的生产。⑤具有稳定的外植体来源。根据外植体的不同，植物中已发展了以下几种受体系统：愈伤组织再生系统、直接分化再生系统、原生质体再生系统、胚状体再生系统和生殖细胞受体系统。各种再生系统各有其优缺点，在植物转基因中，应根据实验目的和目的蛋白的特性选择合适的再生系统。

3. 昆虫细胞受体系统

与其他真核表达系统相比，昆虫杆状病毒表达系统具有以下几个方面的优点。①表达水平高。外源蛋白的表达量最高可达到细胞总蛋白的50%。②在同一细胞内能同时表达多个基因。这可采用不同的重组病毒同时感染同一受体细胞或在同一转移载体上同时克隆两个以上外源基因的策略，表达产物可加工成具有活性的异源二聚体或多聚体。③表达产物的翻译后加工与高等生物相似，可使表达产物在结构及功能上接近天然蛋白。昆虫细胞一方面可为高表达的外源蛋白在细胞内的正确折叠、二硫键的搭配及寡聚物的形成提供良好的环境；另一方面又具有完整的翻译后加工能力，包括糖基化、磷酸化、酰基化、信号肽切除及肽段的切割和分解等。④无内毒素污染，生物安全性高。但是，昆虫细胞受体系统也存在缺点，如无法进行连续性表达、糖基化方式与哺乳动物细胞存在一定差异、表达产物的纯化和多元表达等方面的技术还不够理想等。

4. 哺乳动物细胞受体系统

与其他真核受体系统相比，哺乳动物受体系统具有明显的优势：①转录产物和翻译产物能被适当加工和修饰形成正确的折叠构型，从而表现出与天然产物相似的生物活性；②表达产物能够转运到细胞膜表面或分泌到胞外。缺点是外源基因在哺乳动物细胞的表达水平低，获得高表达细胞株所需的时间长，细胞大规模培养的成本高。

哺乳动物细胞表达系统常用的宿主细胞有CHO、COS、BHK、SP2/0、NIH3T3等，不同的宿主细胞对蛋白表达水平和蛋白质的糖基化有不同的影响，因此在选择宿主细胞时应根据具体情况而定。

四、优化外源基因在真核细胞中表达的策略

将特定的外源基因构建在表达载体中并转入真核受体细胞，并不是遗传转化的最终目的。理想的转基因生物往往需要外源基因在特定部位和特定时间内高水平表达，产生人们期望的表型性状。但是，转化基因在受体细胞内往往会出现表达效率低、表达产物不稳定甚至基因失活（或沉默）等不良现象。针对上述问题，构建高效表达的转化载体是首先要考虑的措施之一。

1. 转录水平的优化

转录水平的调控是最经济、最有效的一种基因表达调控方式。要使转基因在受体细胞中高效表达，可通过使用合适的启动子、增强子和内含子来提高细胞中mRNA的含量。

（1）选择合适的启动子或构建复合式启动子。启动子在决定基因表达方面起关键作用，选择合适的启动子或改进其活性是增强外源基因表达首先要考虑的问题。在构建表达载体时应选择合适的启动子类型。例如，在进行植物抗性基因工程时，最好采用各种逆境诱导型启动子；开展植物营养基因工程时，最好采用产品器官特异性的表达启动子。也可以对现有启动子适当改造，构建高效的复合式启动子。

（2）正确利用增强子。大多数增强子具有组织特异性，在构建表达载体时，使用宿主细胞相应组织部位的增强子可激活外源基因的转录，提高表达效率。

（3）正确使用内含子。内含子与基因的表达水平有很大关系，可通过增加活性mRNA的含量促进基因的表达，构建表达载体时，可根据外源基因的不同，有选择性地插入内含子序列。此外，将顺式作用元件和反式作用因子在同一载体中表达，也是一种提高外源基因转录水平的方式。

2. 翻译水平的优化

为了增强外源基因的翻译效率，构建载体时一般要对基因进行相应的修饰，主要有以下3个方面。

（1）添加5'-UTR和3'-UTR。真核基因的5'-UTR和3'-UTR对基因的正常表达是必需的，

该区段的缺失常常导致mRNA稳定性和翻译水平的显著下降。例如，烟草花叶病毒126 000蛋白翻译起始位点上游，有一个由68 bp组成的Ω元件，这一元件为核糖体提供了新的结合位点，能使翻译活性提高数十倍。目前，许多表达载体的外源基因的5'-端添加了Ω翻译增强序列。

真核基因3'-UTR能通过促进前体mRNA的加工和增加mRNA的稳定性而提高基因的表达。但不同基因的3'-UTR增进基因表达的效率有所不同，使用时应注意选择。

（2）优化起始密码周边序列：虽然起始密码子在生物界是通用的，但是不同生物来源的基因各有其特殊的起始密码周边序列。Kozak详细研究真核基因起始密码子ATG周边序列，总结出翻译效率最高的起始密码子周边序列为ACCATGG（Kozak序列），特别是–3位的A和＋4位的G对翻译效率非常重要。例如，将一个细菌几丁质酶基因原来的起始密码周边序列5'-UUUAUGG-3'改造为5'-ACCAUGG-3'，其在烟草中的表达水平提高了8倍。因此，在构建表达载体时，应对外源基因起始密码子的周边序列加以修饰改造，使之成为Kozak序列。

（3）对基因编码区加以改造，使用受体细胞偏爱密码子。不同生物甚至同种生物的不同蛋白质的基因对简并密码子的使用具有一定的选择性。因此，在不改变外源基因编码精氨酸序列的前提下，对外源基因进行改造，选用受体细胞偏爱的密码子，可提高基因表达量。例如，苏云金芽孢杆菌的野生型杀虫蛋白基因在植物中的表达量非常低，美国Mon.Santo公司在不改变毒蛋白氨基酸序列的前提下，对杀虫蛋白基因进行了改造，选用植物偏爱的密码子，增加GC含量，去除原序列中影响mRNA稳定的元件，结果在转基因植株中毒蛋白的表达量增加了30 ~ 100倍。

3. 防止外源基因的失活

位置效应是引起基因沉默的一个重要因素，在构建表达载体时，可以通过连接核基质结合区或转移完整的功能域来消除。

（1）连接核基质结合区，减少位置效应。MAR作为真核细胞染色质中的一种边界元件，在转基因中的应用正逐渐凸显其重要性。当将MAR置于目的基因的两侧，构建包含MAR-gene-MAR结构的表达载体，在转基因生物中由于两侧的MAR将外源基因及其调控元件限定在一个独立的染色质环上，使外源基因的表达不受周围染色质的影响，从而提高目的基因的表达水平。

（2）转移完整功能域，提高基因表达。在遗传转化过程中，为了实现转基因的高效表达，有必要构建和转移基因完整的功能域，使被转移的基因表达结构包含一切必要的调控元件，以实现不依赖于不同整合位点的有效表达。由于多数基因的LCR和MAR调控元件未分离出来，因此一种行之有效的办法是利用大片段DNA作为基因表达载体。近几年发展起来的可转移的人工染色体（TAC和MAC）就是用于转移基因完整功能域的有效工具。

4. 多基因策略

在转基因研究中，多数情况下是将单一的外源基因转入受体细胞。但有时由于单基因表达强度不够或作用机制单一，尚不能获得理想的转基因个体。如果把两个或两个以上的能起协同作用的基因同时转入受体细胞，将会获得比单基因转化更为理想的结果。这一策略在提高基因表达、培育抗病、抗虫等抗逆性转基因植物或代谢途径工程中已得到应用。例如，研究者将外源凝集素基因和蛋白酶抑制剂基因同时转入棉花，得到了含双价抗虫基因的转化植株。将控制类胡萝卜素合成的多个基因转入水稻，转基因水稻胚乳因为合成和积累类胡萝卜素而变成金黄色，即所谓“黄金稻”。

第八章　基因组与改造

第一节　基因组剖析

一、基因组序列复杂性

基因组的类型非常广泛，包括原核生物（prokaryote）基因组、真核生物（eukaryte）核基因组及细胞器（如线粒体和或叶绿体）基因组。原核生物基因组又包括真细菌和古细菌等不同类型基因组。所有细胞形态的生物都以DNA为遗传信息载体，生命多样性的基础在于基因组DNA含量与组成的差异。

（一）C值与C值悖理

C值是指一个单倍体基因组中DNA的总量，一个特定的种属具有特征的C值。不同生物基因组DNA含量差异很大，如最小的原核生物支原体基因组小于10^6 bp，某些植物和两栖类的基因组大于10^{11}bp。

生物的复杂性与基因组的大小并不完全按比例增加。在进化上，鱼类和两栖类比哺乳类低，其中有些鱼类和两栖类比哺乳类的C值高。哺乳类的C值在3×10^9 bp左右，而两栖类的C值在1×10^8 ~ 1×10^{11} bp。有一种蕨类低等植物Psilotum nudum（whiskfern），其基因组大小为2.5×10^{12} bp，相当于模式植物拟南芥基因组的3000倍，但蕨类植物的复杂性远远不及高等被子植物。这种看来有点反常的现象称为C值悖理（C value paradox），是复杂生物基因组的一个普遍特征。

（二）序列复杂性

基因组中单拷贝的DNA序列称为单一序列，多拷贝的DNA序列称为重复序列，不同序列的DNA总长称为复杂性（complexity）。复杂性代表了一个物种基因组的基本特征，可通过DNA复性动力学描述。

（三）基因组的序列组成

由DNA复性动力学给出的重复序列并不代表两种单一重复序列。实际上每组重复序列都含有不同的序列成分，它们的复杂性处于DNA复性动力学可区分的同一范围，拷贝数不尽相同。快速复性组分代表了高度重复序列，居间复性组分代表了中度重复序列。

二、原核生物基因组

原核生物基因组相对较小，可采用鸟枪法快速测序。近年来已有许多细菌与古细菌基因组顺序发表，使我们得以了解原核生物基因组的详细结构。

（一）原核生物基因组的物理结构

大多数原核生物基因组大小不到5 Mb。传统的观点认为典型的原核生物基因组为单个环状DNA，位于细胞内染色较淡的核质区（nucleoid）。这种现象确实在大肠杆菌以及许多已研究过的细菌中存在，但随着原核生物基因组研究的深入，我们在微生物前基因组时代所持有的观点正在发生改变。

（二）原核生物基因组的遗传组成

原核生物基因组十分紧凑，基因间很少间隔，大肠杆菌基因组中非编码序列仅占11%。原核生物基因组缺少间隔序列可能有利于基因组的快速复制与繁殖。

三、真核生物基因组

生物复杂性的程度大体上可以根据细胞分化类型的数目加以判定。当人们比较已经测序的简单和复杂的多细胞真核生物基因组及其基因组成时才惊讶地发现，基因复杂的结构与生物复杂性的关系竟然如此令人迷惘。人类及小鼠基因组大范围的研究确证：人类基因组编码蛋白质的基因约22 000个，小鼠约23 000个；线虫基因组蛋白质编码基因19 000个，果蝇约15 000个，单细胞真核生物酵母的基因数约为6000个；人类蛋白质基因总数只比线虫多出3000个；成年人体细胞数目为2×10^{14}个，线虫10^3个，相差1000亿倍，这两者在细胞的分化类型上也存在天壤之别。显然仅仅从蛋白质编码基因数量上无法回答多细胞真核生物复杂性产生的主要原因，基因组的整体结构，基因表达产物多层次多维性的加工修饰以及编码顺序的调控毫无疑问在塑造生物表型中发挥了极其重要的作用。

人类基重组由两部分组成：核基因组和线粒体基因组。这是典型的真核生物基因组的组成模式。基因组中主要的部分以染色体形式存在于细胞核中，较小的部分位于线粒体中。植物细胞还有叶绿体，也具有独立的基因组。

第二节　基因组改造

一、基因组概述

基因组（genome）是指单倍体细胞中的全套染色体或单倍体细胞中的全部基因。可是基因组测序的结果发现基因编码序列只占整个基因组序列的很小一部分。因此，基因组应该指单倍体细胞中包括编码序列和非编码序列在内的全部DNA分子。说得更确切些，核基因组是单倍体细胞核内的全部DNA分子。线粒体基因组则是一个线粒体所包含的全部DNA分子；叶绿体基因组则是一个叶绿体所包含的全部DNA分子。

人类基因组计划是一项规模宏大的科学计划，旨在测定组成人类染色体（指单倍体）中所包含的30亿个核苷酸序列的碱基组成，从而绘制出人类基因组图谱，并且辨识并呈现其上的所有基因及其序列，进而破译人类遗传信息。人类基因组计划是人类为了解自身的奥秘所迈出的重要一步，是继曼哈顿计划和阿波罗登月计划之后，人类科学史上的又一个伟大工程。截至2005年，人类基因组计划的测序工作已经基本完成（92%）。其中，2001年人类基因组工作草图的发表（由公共基金资助的国际人类基因组计划和私人企业塞雷拉基因组公司各自独立完成，并分别公开发表）被认为是人类基因组计划的里程碑。

人类基因组计划分为以下几个阶段。

（1）遗传图谱的绘制。遗传图谱主要是用遗传标签来确定基因在染色体上的排列。1994年9月，完成了包含3000个（原计划为600～1500）标签分辨率为1 cM（1%重组率）的遗传图谱的绘制。

（2）物理图谱的绘制。物理图谱是通过序列标签位点对构成基因组的DNA分子进行测定，从而对某基因所相对的遗传信息及其在染色体上的相对位置做线性排列。1998年10月，完成了包含52 000个（原计划为30 000个）序列标签位点的物理图谱的绘制。

（3）序列测定。通过测序得到基因组的序列，是一般意义上的人类基因组计划。2003年4月，基因序列中的98%（原预计为95%）获得了测定，精确度为99.99%。

（4）辨别序列中的个体差异。每一个人都有唯一的基因序列，因此，人类基因组计划发布的数据不可能精确地反映单独个体的基因序列。它只是很少量匿名捐赠人基因组的组合。人类基因组计划只是为未来鉴定不同个体间基因组差异做一些基础的框架性工作。当前的主要工作在于鉴定不同个体间包含的单核苷酸多态性。

（5）基因鉴定。以获得全长的人类cDNA文库为目标。至2003年3月，已获得15 000个全长的人类cDNA文库，人类基因组计划最开始的目标是不但以最小的错误率检测出人类基因的所有30亿个碱基对，还要从如此海量的数据中确认出所有的基因及其序列。这一部分计划正在进行中，尽管目前的数据显示在人类基因组中只有20 000～25 000个基因，远远低于大多数科学家先前的估计。

（6）基因的功能性分析。今天，人类DNA序列已经存储在数据库中，任何人都可以通过互联网下载。美国国家生物技术信息中心和位于欧洲和日本的姊妹组织储存着整个基因序列，其中包含已知序列，假设基因和蛋白质。其他组织像加州大学圣塔克鲁斯分校和ENSEMBL提供附加数据，注释、观察和检索数据的有力工具。用已开发的计算机程序来分析数据，因为未经过译码的数据基本上没有用处。而这一过程将要耗费大量的时间。对未加工的DNA数据，其中已知基因的位置的标注被称为注释序列（annotation），对注释序列进行分析工作属于生物信息学的范畴。如果只由有经验的生物学家对海量的数据进行标注，经常是非常缓慢的，所以一些特定的对DNA序列进行判别的计算机程序正被越来越多地应用在基因排序工程中。当前，分析注释序列的最佳技术是利用DNA序列和人类语言之间并行性的统计模型，采用类似于计算机科学中形式文法的概念。但是，使用自动标注的注释的准确度仍然不够理想。而且计算机程序的自动判定会复制已有注释中的错误，从而使错误越来越多。对于这些错误的纠正是一个非常巨大的工程。这一阶段的另一个目标是研发出更快更有效的方法来进行DNA测序和序列分析，并把这一技术加以产业化。已获得开发的技术包括高通量寡聚核苷酸的合成、DNA微阵列、标准化和消减化cDNA文库、真核（酵母）全基因组敲除技术、大型化双杂交定位。

人类基因组计划已开始由结构基因组学向功能基因组学过渡、转化。后基因组计划就是人类完成人类基因组计划（结构基因组学）以后的若干领域，实际上是指完成测序后的进一步计划，其实质内容就是生物信息学与功能基因组学。其核心问题是研究基因组多样性，遗传疾病产生的原因，基因表示调控的协调作用，以及蛋白质产物的功能。在后基因组时代，如果要在已完成基因组测序的物种之间进行整体的比较、分析，希望在整个基因组的规模上了解基因组和蛋白质组的功能意义，包括基因组的表达与调控、基因组的多样化和进化规律，以及基因及其产物在生物体生长、发育、分化、行为、老化和治病过程中的作用机制都必须发展新的算法以充分利用超级计算机的超级计算能力。

GenBank（http：//www.ncbi.nlm.nih.gov/Genbank）是美国国立卫生研究院维护的基因序列数据库，汇集并注释了所有公开的核酸序列。GenBank由位于马里兰州Bethesda的美国国立卫生研究院下属国立生物技术信息中心建立，与日本DNA数据库（DNA data bank of J apan，DDBJ）及欧洲生物信息研究所的欧洲分子生物学实验室核苷酸数据库（European molecular biology 1aboratory，EMBL)，都是国际核苷酸序列数据库合作的成员。

在人类基因组计划中，还包括对5种生物基因组的研究：大肠杆菌、酵母、线虫、果蝇和小鼠，称之为人类的5种“模式生物”。在基因组研究领域的进展可以参见网址http：//www.nc bi.nlm.nih.gov，上面列了哺乳类、鸟类、两栖类、鱼类、昆虫、植物、真菌、细菌等众多物种的基因组测序信息，几乎涵盖了各类常见的和典型的生物物种。有了这些物种的基因组数据，人们可以更深入地了解各个物种的遗传奥秘，以及比较分析其进化关系。基因组间的相互比较已经导致一些惊人的生物学发现。如果某特定的DNA序列或DNA基序在某进化树分支上所有的物种中都出现，则称该序列在这些物种间是保守的。某DNA序列的进化保守性提示拥有这些序列的物种具有相应的自然选择优势。同时也提示，其具有重要功能，这可能是蛋白质编码序列或调控区域。在两个进化树上距离较远，相关而又不处于同一进化分支中的物种间鉴定出相似序列（包括许多基因)，促成了新理论的产生，该理论认为这些序列是通过水平基因转移而获得的。尽管这些基因看起来是从古细菌向真细菌进行转移，而这种现象在细菌间尤其显著。

二、基因组与蛋白质组技术

随着人类基因组计划的实施和推进，生命科学研究已进入了后基因组时代。在这个时代，生命科学的主要研究对象是功能基因组学，包括结构基因组研究和蛋白质组研究等。功能基因组学是利用结构基因组所提供的信息和产物，发展和应用新的实验手段，通过在基因组或系统水平上全面分析基因的功能，使得生物学研究从对单一基因或蛋白质的研究转向多个基因或蛋白质同时进行系统的研究。这是在基因组静态的碱基序列弄清楚之后转入对基因组动态的生物学功能学研究。研究内容包括基因功能发现、基因表达分析及突变检测。采用的手段包括经典的减法杂交、差示筛选、cDNA代表差异分析及mRNA差异显示等，但这些技术不能对基因进行全面系统的分析，新的技术应运而生，包括cDNA微阵列（cDNA microarray)、DNA芯片（DNA chip)、基因表达的系统分析（serial analysis of gene expression，SAGE)，及生物信息学等。上述基因组技术都是从细胞中mRNA的角度来考虑的，其前提是细胞中mRNA的水平反映了蛋白质表达的水平。但事实并不完全如此，从DNA、mRNA到蛋白质，存在3个层次的调控，即转录水平调控、翻译水平调控和翻译后水平调控。从

mRNA角度考虑，实际上仅包括了转录水平调控，并不能全面代表蛋白质表达水平。实验也证明，组织中mRNA丰度与蛋白质丰度的相关性并不好，尤其对于低丰度蛋白质来说，相关性更差。更重要的是，蛋白质复杂的翻译后修饰、蛋白质的亚细胞定位或迁移、蛋白质-蛋白质相互作用等则几乎无法从mRNA水平来判断。蛋白质作为生理功能的执行者，其本身的存在形式和活动规律，如翻译后修饰、蛋白质间相互作用及蛋白质构象等问题，仍依赖于直接对蛋白质的研究来解决。因此，要对生命的复杂活动有全面和深入的认识，必然要在整体、动态、网络的水平上对蛋白质进行研究，于是就发展了蛋白质组学。

（一）生物芯片

生物芯片（biochip）的概念来自计算机芯片，发展至今不过10多年，但进展神速。迄今已有许多公司从事生物芯片相关工艺、设备及检测手段和软件的发展。

生物芯片是指采用光导原位合成或微量点样等方法，将大量生物大分子，如核酸片段、多肽分子甚至组织切片、细胞等生物样品有序地固化于支持物（如玻片、硅片、聚丙烯酰胺凝胶、尼龙膜等载体）的表面，组成密集二维分子排列，然后与已标记的待测生物样品中靶分子杂交。而后通过特定的仪器，如激光共聚焦扫描或电荷耦联摄影像机（CCD）对杂交信号的强度进行快速、并行、高效的检测分析，从而判断样品中靶分子的数量。由于常用玻片/硅片作为固相支持物，且在制备过程模拟计算机芯片的制备技术，所以称之为生物芯片技术。

根据芯片上的固定的探针不同，生物芯片包括基因芯片、蛋白质芯片、细胞芯片、组织芯片，另外，根据原理还有元件型基因芯片、通道型基因芯片、生物传感芯片等新型生物芯片。如果芯片上固定的是肽或蛋白质，则称为肽芯片或蛋白质芯片；如果芯片上固定的分子是寡核苷酸探针或DNA，就是DNA芯片。由于基因芯片（genechip）这一专有名词已经被业界的领头羊Affymetrix公司注册专利，因而其他厂家的同类产品通常称为DNA基因芯片（DNA microarray）。这类产品是目前最重要的一种，有寡核苷酸芯片、cDNA芯片和Genomic芯片之分，包括两种模式：一是将靶DNA固定于支持物上，适合于大量不同靶DNA的分析；二是将大量探针分子固定于支持物上，适合于对同一靶DNA进行不同探针序列的分析。

生物芯片的原理大致相同，下面以基因芯片为例进行说明。

基因芯片（gene chip）又称DNA芯片、DNA微阵列（DNA microarray），它是指采用原位合成或显微印刷技术，将数以万计的DNA探针分子固定于支持物的表面上，产生的二维DNA探针阵列。基因芯片与标记的样品进行杂交后，可通过检测杂交的信号来实现对生物样品快速、高效地检测或诊断。基因芯片技术应用了3种关键技术：微阵列制作技术、探针杂交技术和扫描分析处理技术。

（二）生物信息学

随着包括人类基因组计划在内的生物基因组测序工程的里程碑式的进展，由此产生的包括生物体生老病死的生物数据以前所未有的速度递增，目前已达到每14个月翻一番的速度。同时随着互联网的普及，数以百计的生物学数据库如雨后春笋般迅速出现和成长。原始的生物信息资源挖掘出来后，生命科学工作者面临着严峻的挑战。数以亿计的ACGT序列中包含着什么信息?基因组中的这些信息怎样控制有机体的发育？基因组本身又是怎样进化的?

生物信息学应运而生，人类从此进入了以生物信息学为中心的后基因组时代。

生物信息学（bioinformatics）是一门新兴的交叉学科，包括了生物信息的获取、处理、存储、发布、分析和解释等在内的所有方面，综合运用数学、计算机科学和生物学的各种工具，来阐明和理解大量数据所包含的生物学意义。具体地说，生物信息学是把基因组DNA序列分析作为源头，找到基因组序列中代表蛋白质和RNA基因的编码区，同时，阐明基因组中大量存在的非编码区的信息实质，破译隐藏在DNA序列中的遗传语言规律。在此基础上，归纳、整理与基因组遗传信息释放及其调控相关的转录谱和蛋白质谱的数据，从而认识代谢、发育、分化、进化的规律。

生物信息学是利用应用数学、信息学、统计学和计算机科学的方法研究生物学的问题。目前的生物信息学基本上只是分子生物学与信息技术（尤其是因特网技术）的结合体。生物信息学的研究材料和结果就是各种各样的生物学数据，其研究工具是计算机，研究方法包括对生物学数据的搜索（收集和筛选）、处理（编辑、整理、管理和显示）及利用（计算、模拟）。

和生物信息学密切相关的主要学科领域有基因组学、蛋白质组学、系统生物学和比较基因组学等。

生物信息学在短短十几年间，已经形成了多个研究方向。目前主要的研究方向有序列比对、基因识别、基因重组、蛋白质结构预测、基因表达、蛋白质反应的预测，以及建立进化论的模型等。

（三）蛋白质组学

1. 蛋白质组学的概念及产生

在后基因组时代，生物学的中心任务是认识基因组的功能。基因虽是遗传信息的源头，而功能型蛋白是基因功能的执行体。基因组计划的实现并不能提供认识各种生命活动直接的分子基础，解决办法之一是直接研究基因的产物——蛋白质，即某一物种、个体、器官、组织乃至细胞的基因组所表达的全部蛋白质。对应于基因组，人们称后者为蛋白质组。由于基因功能主要是通过其表达蛋白质来实现的，要了解基因的全部信息，必须深入研究不同基因编码的蛋白质，因此蛋白质组学在生命科学研究中已具有重要的地位。

蛋白质组是由Marc Wilkins于1994年在意大利Siena的一次2-DE（two-dimensional gel electrophoresis）电泳会议上首次提出的。根据Wilkins等的定义，“蛋白质组”一词的英文是proteome，是由PROTE ins和genOME两个词组合而成，意思是proteins expressed by a genome，即基因组表达的蛋白质。蛋白质组是高度动态的，研究以基因组编码的所有蛋白质的组成及其变化规律，分析不同转录条件下蛋白质表达的复杂性。现阶段，蛋白质组研究的相关技术已基本配套并达到实用化水平；蛋白质组分析已作为专门的技术体系广泛用于生命科学众多领域，尤其是热点领域的研究，它是基因组计划由结构走向功能的必然与必需，是生命科学由分析走向综合的必经之路，是连接微观分子系统、运行机制与宏观生物系统、生命活动的桥梁。

蛋白质组学对应于基因组学，并回答基因组学不能解决的几个难题：①基因组中的基因是否被转录、翻译及相应时间；②基因产物表达量的变化；③翻译后修饰；④ORF（开放阅读框）的预测；⑤基因敲除或基因表达的生物学效应；⑥蛋白质的半衰期及在蛋白质复合物中的定位；⑦药物效应、细胞周期、发育、老化、各种应激反应及涉及多基因疾病的现象。

2. 蛋白质组学及其技术

蛋白质组研究的重要优势在于能够从整体水平上分析不同条件下蛋白质谱的变化。与以往蛋白质化学的研究不同，蛋白质组研究的对象不是单一或少数的蛋白质，它着重的是全面性和整体性，需要获得体系内所有蛋白质组分的物理、化学及生物学参数，如等电点、分子质量、表达量等。蛋白质组学是对蛋白质多样性的系统性研究，目的在于细致描述结构、功能和对个体生物学系统的控制。

目前，蛋白质组研究的三大基本支撑技术为双向电泳技术、计算机图像分析与大规模数据处理技术及生物质谱技术，蛋白贡组研究的技术路线如图8-1所示。利用双向聚丙烯酰胺凝胶电泳（2D-PAGE）来分离复杂的蛋白质组分，并利用专门的计算机软件对所得的图像进行数据采集和分析。然后采用氨基酸组成分析、微量蛋白质序列分析、生物质谱分析等技术将从胶上回收的蛋白质斑点进行精细的鉴定，获得有关蛋白质性质、表达变化及翻译后加工等方面的大规模信息。

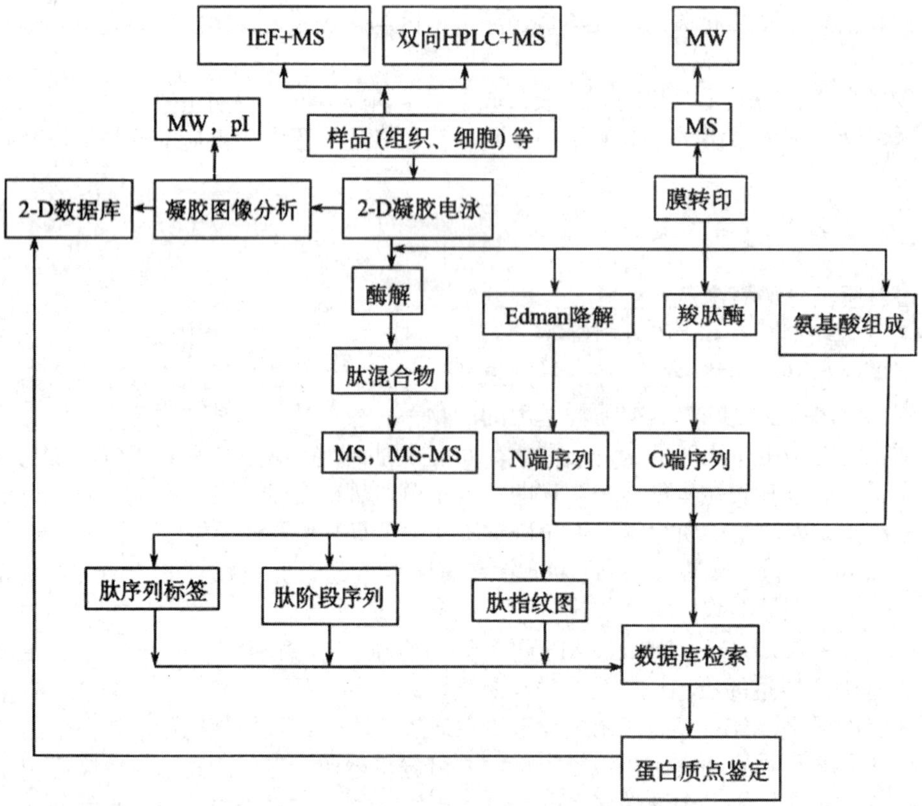

图8-1　蛋白质组研究的技术路线流程图

三、基因组改造

随着基因组计划的完成和后基因组计划的实施，人们对生命的理解更加全面深入，包括对生命基本功能的改造也深入基因组水平，下面分别对不同对象的基因组改造进行介绍。

（一）微生物基因组工程

基因工程技术的问世使得人们可以自由地对基因DNA进行操作，微生物的基因工程主要是利用质粒载体进行基因的克隆及分子水平的解析等工作。但是，质粒载体所能操作的DNA的大小十分有限，且它们独立存在于染色体之外，比染色体更易从细胞中脱落。因而，染色体工程（chromosome engineering）或基因组工程（genome engineering）技术应运而生。这是一类以操作整个染色体或相当大的染色体区域为目标的技术，它们的操作对象往往是100 kb以上的庞大片段，在某种程度上染色体工程与基因组工程具有相同的含义，大致包括以下3种技术：①构建巨大的人工染色体并将其导入细胞的技术；②在细胞内使染色体的结构发生严重缺失、逆位、中断等重大变化的技术；③使整个染色体脱落或扩增的技术。

上述技术大多数是以酵母Saccharomyces cerenisiae为模型开发而来的。我们知道，真核生物的细胞中存在数条线性染色体；而原核生物细胞的染色体则为环形且只有1条。真核生物与原核生物之间在染色体的结构、复制及分配机制上都存在明显差异，但是这似乎并不影响在酵母S.cerevisiae中开发的基因组工程技术在包括若干种原核生物在内的其他微生物中的应用。

（二）植物基因组工程

植物可以通过自然或者人工杂交，利用自身固有的遗传机制制造出具有各种组合基因组成的个体和系统。从一个较宽的范围来看，基于基因重组的种属分化、占植物中占70%以上的多倍体的形成都可以看成是依据植物固有机制的基因重组遗传学产物。

在植物的染色体工程方面，很久以前就已经出现了一些染色体操作，如利用秋水仙碱进行染色体加倍、基于药物培养的染色体减半、利用交配或使用变异体制备异倍体等。此外，还可以通过反射线或γ射线照射使染色体片段化，并从中筛选出含有目标片段染色体或出现转座、易位、重复、缺失等现象的系统。上述方法从广义上理解都因属于染色体工程的范畴。植物具有遗传可塑性，而且各种异倍体、多倍体及变异系统均有生存的能力，因此在目前的广义染色体工程的研究与应用中，它们有着更为广阔的实用化前景。

随着分子生物学的发展，10余年间，科学家们也针对以植物为对象的、直接用工程学手段对染色体和基因组操作的方法做了大量的研究与开发。下面我们按方法与目的的不同，介绍染色体和基因组的工程学操作。首先，最容易让人想到的染色体水平的工程手段是显微镜水平的解析。利用光密度来测定其中的DNA或染色体含量可以对植物的中期染色体或间期细胞核进行定量化。特别是显微镜在采用其他染色分离方法很难进行解析的染色体形态识别、不同生物物种的基因组大小测定等方面显示出巨大的威力。相反的，对于那些基因组过于庞大而难以进行解析的植物，可以在显微镜下用激光将多余的部分烧毁而只保留感兴趣的染色体或染色体区域，或者用细微的玻璃针回收必要的部分，这样就能够针对目标区域进行解析。

上述手段大多应用于研究工作中，今后随着细胞工程研究的进一步发展，这些手段有望被改进及精炼，它们将发展成为重要的染色体和基因组动态分析技术。

在染色体和基因组研究方面，近年来进展最为迅速的领域是基因组解析工作。针对模型植物拟南芥、水稻及一些代表性的谷类和豆类植物，科研人员构建了多种基因组文库。这其中特别是克隆100 kb以上DNA分子的BAC（bacterial artifical chromosome）和PAC（P1 phage artifical chromosome）文库，以及克隆数百kb至1 Mb DNA分子的YAC（yeast artificial chromosome）文库，在基因组和染色体工程上它们是不可缺少的素材。随着上述文库构建方法的确立和水稻、拟南芥等全基因组测序工作的基本完成，科学家们正在努力构建基因的所有染色体区域的DNA克隆文库。

首先，我们要明确这些DNA片段克隆来源于哪条染色体的哪个区域，及其中包含怎样的基因，然后尝试利用它们进行构建人工染色体，将异源染色体组导入植物细胞及改造异源染色体等工作。应该说这些尝试都带有染色体工程或基因组工程的意味。对于哺乳动物和鸟类，科学家们已构建了人工染色体，确认了这些人工染色体可以导入细胞并在细胞中作为染色体存续下去。但在这些试验中，染色体的导入与保持都仅限于特定的细胞，我们可能需要更多的时间来研究，使他们在通常的细胞或胚胎干细胞（embryonic stem cell）中保持稳定并经历生殖细胞阶段从而传递给下一代。从这个意义上讲，在人工染色体构造、导入细胞内存续方面，染色体结构与数目更易改变且可以从单一体细胞再生个体的植物似乎更适合于这些技术的应用。

构建植物人工染色体的原理与构建动物人工染色体相同，在这里我们无须赘述，基本必需的元件包括各种生物物种的特异高效着丝粒序列，构建所需的100 kb以上的YAC克隆、保护染色体末端的端粒序列，以及可以确认针对酵母或植物细胞导入事件的选择性标记。在酵母细胞中将上述元件组合在一起，就可以构建人工染色体，科学家们还在尝试通过特异着丝粒序列的导入，在水稻或拟南芥中构建人工染色体。在水稻方面，目前构建的人工染色体的大小约为400 kb，这些人工染色体可以在酵母中稳定存在，但将这些人工染色体导入水稻中却相当困难，加强这方面的研究十分有必要，从这个意义上讲，我们至少还要期待下面一些技术的进一步发展：①利用lipofectomin或其他微粒无伤包埋巨大DNA分子技术；②通过光镊等传递系统或高效的内吞作用（endocytosis）将DNA分子导入细胞内的技术。

除上述技术外，在植物方面，基因工程与细胞工程手段正在有机地结合起来。例如，在构建BAC文库时，可以使用植物基因导入用的Agrobacterium系列的BiBAC vector直接组装基因组片段。将具有该文库中的各种巨大DNA，即染色体片段的克隆导入不能完成直接交配的植物物种的细胞，再规模地研究这些染色体片段可以赋予植物怎样的新性状，这被称为基因重排（shuffling）技术。植物染色体及基因组工程技术的最大障碍是细胞壁的存在，如果有朝一日能够冲破细胞壁的阻碍，就可以说是找到了提高植物可塑性的钥匙。

（三）动物基因组工程

1. 真核细胞染色体的基本结构

染色体必须具有3个基本要素：①染色体DNA复制必需的DNA序列（自主复制序列ARS）；②与染色体末端稳定作用相关的端粒；③与细胞分裂时染色体分配功能相关的着丝粒。20世纪80年代，在出芽酵母中科学家们陆续解明了以ARS为代表的这些基本要素的结构，并将它们组合起来，构建了酵母人工染色体（yeast artificial chromo some，YAC）。人工染色体类似于真正的染色体，在细胞中独立地复制、分配和保持稳定，是不受基因插入引起的突变及位置效应影响的理想载体。在哺乳动物细胞中，对端粒和着丝粒功能序列的解析近年来进展相当顺利，还出现了人类人工染色体及微小染色体技术。

2. 着丝粒机能与DNA序列

着丝粒（centromere）位于细胞分裂期人染色体上的主缢痕区，沿着它的两个外侧可形成着丝点（kinetochore）结构。着丝点与纺锤体微管结合，通过与驱动蛋白家族的CENP-E和动力蛋白Dynein等微管马达蛋白的相互作用控制染色体的运动。对染色体的正确分配而言，分裂期控制点（check point）机制和姐妹染色单体分离的时间调控是至关重要的，负责此项任务的蛋白群集中在着丝粒/着丝点区域。此外，仅就现在掌握的情况而言，有CENP-A、-B、-C、-F、-H、-I及hMis6、hMis12等14种以上的成分集中在该区域。在DNA组分方面，着丝粒区域中含有以171 bp为基本单位串联而成的α-卫星DNA区域，这个家族分布于包含X和Y性染色体在内的所有人染色体的着丝粒区域中，可以形成数百碱基的巨大区域。

3. 由端粒的片段化功能而形成的微小染色体的结构

端粒序列（TTAGGG的重复序列）位于染色体的末端，如果将该序列插入染色体中，就会引起相应的部位发生染色体的片段化（末端化）。因此，科学家们致力于研究如何采用topdown的方式将端粒序列随机插入天然的人类染色体中使染色体缩短，从而构建仅具备基本要素的散小染色体。稳定的散小染色体必须包含alphoid DNA区域，这暗示着alphoid DNA可以与着丝粒的功能相关。最初利用这种方法构建微小染色体需要对数目庞大的细胞株进行解析，但如果将人类染色体导入高频发生同源重组的鸡DT40细胞，就可以发生位置特异性的着丝粒序列插入及重组，这使得微小染色体的实用性有了飞速的提升。现在我们已经能够通过与其他染色体的重组将大型的人类基因片段插入微小染色体上，并可以更进一步通过与ES细胞或体细胞克隆技术的组合，将微小染色体导入小鼠、牛等动物个体。微小染色体包含作为染色体所必需的基本要素，它的结构比较简单，但对于确定哪些序列各自负担着怎样的染色体基本功能而言，仍显得过于巨大。

4. 含有着丝粒与端粒的人类人工染色体

以酵母人工染色体（YAC）为模型，科学家们开始研究如何以bottom up的方式通过组合各种必需要素构建人类人工染色体。YAC载体上的酵母着丝粒序列和酵母端粒序列等在哺乳动物细胞中不能发挥作用。于是，科学家们利用酵母细胞内的重组反应将人的染色体alphoid DNA约100 kb的片段及着丝粒序列、耐药性基因等整合到YAC载体上，并将精制后的这种YAC DNA导入人HT1080细胞。虽然不含有任何已知的复制起始序列，但在导入细胞中的YAC DNA上可以形成一种有功能的着丝粒结构，YAC DNA可以不需要整合到宿主染色体上，而作为人工染色体在细胞分裂中保持稳定。进一步研究表明，单独的一个YAC分子并不能形成人工染色体，当YAC扩增至约30拷贝时，它们的末端会彼此相连从而形成一个巨大的稳定的人工染色体。这些研究证实，特定的alphoid序列具备形成功能着丝粒结构的功能。

5. 不含端粒的环状人工染色体

线状染色体的末端必须具有端粒结构，但如果限制于体细胞分裂，环状染色体则不一定需要端粒。科学家们以大肠杆菌环状人工染色体（bacterial artifical chromosome，BAC）和环状YAC为蓝本，整合alphoid序列作为着丝粒，成功构建了结构更为简单的环状人类人工染色体。利用这种环状人工染色体和合成的复制alphoid DNA，科学家们证明了对于着丝粒的形成，alphoid序列上的CENP-B蛋白结合序列是必需的。此外，与利用YAC构建线性人类人工染色体的思路基本相同，科学家们还以BAC为蓝本，通过组合alphoid序列和端粒序列，并用限制性酶处理端粒部分使之开环后，成功构建了细胞导入型人工染色体。有报道进一步证实，将这些线状或环状人工染色体的前体DNA与其他基因同时导入细胞，可在人工染色体上高效地完成基因重组，而这些基因具有组织特异性的固有表达能力。

（四）CRISPR-Cas系统——基因组改造新技术

日本大阪大学（Osaka University）的科研人员们曾经在1987年发表过一篇论文，不过这篇论文在当时并没有引起太多人的注意。他们当时正在对一种细菌编码的碱性磷酸酶（alkaline phosphatase）基因进行研究，他们在工作中发现，在这个基因编码区域的附近存在一小段不同寻常的DNA片段，这些片段是由简单的重复序列组成的，而且在片段的两端还存在一段不太长的特有的序列。关于这样一个重复序列，他们当时在论文中是这样评价的——“我们目前也不太清楚这些序列的生物学意义”。如今科学家们利用这个小片段找到了一种可以对多种生物的基因组进行遗传改造的工具，而且这种方法操作起来非常简单。

许多科学家在各种细菌和古细菌（archaea）中也陆续发现了很多成簇的、规律间隔的短回文重复序列（clustered regularly interspaced short palindromic repeat sequences，CRISPR序列，即20多年前日本科学家发现的那个序列）和CRISPR相关基因（CRISPR-associated genes，Cas gene）。研究发现，这些CRISPR序列与很多病毒或者质粒的DNA序列是互补的，说明CRISPR本身是一种防御系统，用以保护细菌和古细菌细胞不受病毒的侵害。在这些生物基因组中的CRISPR位点能表达与入侵病毒基因组序列相匹配的小分子RNA。当微生物感染了这些病毒中的一种，CRISPR RNA就能通过互补序列结合病毒基因组，并表达CRISPR相关酶，也就是Cas，这些酶都是核酸酶，能切割病毒DNA，阻止病毒完成其功能。

虽然有很多CRISPR-Cas系统需要多种蛋白质的参与，但是在很多细菌的胞内都只需要一种内切酶（endonuclease）——Cas9。Cas9内切酶在向导RNA的指引下能够对各种入侵的外源DNA分子进行定点切割，不过主要识别的还是保守的间隔相邻基序（proto-spaceradj acent motifs，PAM基序）。如果要形成一个有功能的DNA切割复合体，还需要另外两个RNA分子的帮助，它们就是CRISPR RNA（crRNA）和反式作用CRISPR RNA（trans-acting CRISPR RNA，tracrRNA）。不过最近有研究发现，这两种RNA可以被“改装”成一个向导RNA（guide RNA，gRNA）。这个sgRNA足以帮助Cas9内切酶对DNA进行定点切割。将CRISPR/Cas系统用于其他非细菌细胞需要满足两个条件：其一是Cas酶，用于切断靶标DNA，如目的基因中的DNA片段；其二是称为向导RNA（gRNA）的RNA分子，这种分子能通过互补结合靶标。研究报道称，在多种类型的细胞和生物体内，这种RNA介导的Cas9酶切作用能够正常地行使功能，在完整基因组上的特定位点完成切割反应。这样就可以方便地进行后续的基因组改造工作了。细胞通常会通过两种方式对发生双链断裂的DNA进行修复，这两种方式分别是同源重组修复机制（homologous recombination，HR）和非同源末端连接修复机制（non-homologous end joining，NHEJ），但在修复的过程中细胞有可能会对修复位点进行修饰，或者插入新的遗传信息。最近有多项研究都表明，RNA介导的Cas9系统可以被用于对人类和小鼠细胞及细菌或斑马鱼胚胎进行基因组改造的工作。

这种基因组改造技术还可以被应用于合成生物学（synthetic biology）、基因定向干扰或者多重基因干扰（即基因网络干扰）和基因治疗等领域。接下来的研究难点是如何克服脱靶效应（off-target effect），如何提高基因组改造的效率和特异性，以及如何将这项技术应用于更多的物种等方面。所以我们也需要将这种Cas9平台与其他的基因组改造技术，如巨核酶技术（meganucleases）、锌指核酶技术（zinc-finger nucleases）及TALEN（transcriptionactivator-like effector nuclease）技术等进行深入和全面的对比。

第九章　基因工程的应用

第一节　植物基因工程的应用

一、植物基因工程技术流程

植物有其独特的细胞结构、生长发育与产量和品质的形成规律。植物基因工程在载体选择、外源基因表达策略、转化方法、植株再生途径、转化株系纯化与表型检测等各个技术环节均有其独特性。植物基因工程的基本技术流程如图9-1所示。

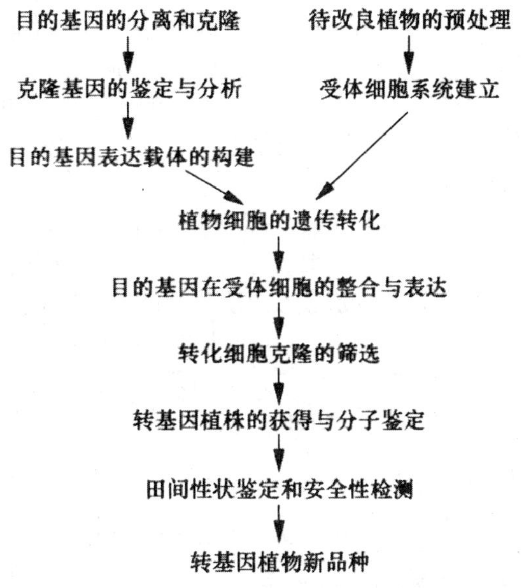

图9-1　植物基因工程技术流程图

（一）植物基因工程策略的制定与目的基因选择与克隆

首先，要确定基因工程的目标，再调研、分析目标性状形成的分子机制，制定基因工程策略并选择基因。例如，植物特定次生代谢物的合成既受其合成途径中限速酶的控制，也受控制整个合成途径调节基因的控制，选择调节基因的基因工程对该次生代谢物合成的途径工程效果较好；植物在逆境胁迫下可启动信号传导途径，激活特定防御基因的表达，引发脯氨酸和甜菜碱合成、超氧歧化酶的表达提高等多种防御反应，应用信号传递途径中DREBIA、MAPK、RNA解旋酶等重要调节蛋白，通过控制或强化这些蛋白在植物中的表达，可使植物抗性得到综合改良，其效果比分别控制脯氨酸、甜菜碱合成或保护酶的编码基因效果好得多。其次，根据具体基因，设计其最优的表达方式，如组成型表达、诱导型表达、生育期特异性表达或器官特异性表达。根据不同的策略分别选择合适的启动子。此外，还要选择外源基因在细胞中表达的部位。

（二）载体选择与表达载体的构建

植物基因工程常用的有Ti质粒转化载体，在功能基因组学研究中可选择TAC载体实现大片段转化，如果是开展基因敲除研究基因的功能则采用定位整合载体等，根据具体的目标选择相应的载体。

根据所采用载体，结合载体上多克隆位点和目的基因限制性酶切位点的对应分析来制定合适的载体构建技术策略。对于农杆菌介导的Ti载体，多采用二元转化载体。具体构建一般采用酶切连接的方法，也可采用Gateway技术体系，通过BP和LR反应，获得表达载体。

（三）受体细胞系统的建立

成功的植物遗传转化取决于良好的植物受体系统和转化方法的选择和应用。

1. 植物遗传转化受体系统必须具备的条件

植物遗传转化受体系统应具备以下条件：①高效稳定的再生能力；②较高的遗传稳定性，接受外源基因后其细胞分裂和分化应不受影响，并能稳定地将外源基因遗传给后代；③具有稳定的外植体来源；④对选择抗生素敏感？便于转化细胞的后续筛选；⑤对农杆菌介导的遗传转化而言，外植体还须对农杆菌侵染敏感；⑥具有遗传改良价值。

2. 植物遗传转化外植体选择原则

在受体系统满足上述条件的基础上，遵循以下原则选择外植体：①选择幼嫩的组织或器官，如近根部区、茎尖区、生长点区的组织、器官，或刚发芽的无菌实生苗叶片、子叶、胚轴等；②选择繁殖能力强的外植体，如胚是受精后发育而成的合子，具有很强的分生能力；③选择萌动期的外植体，代谢活跃、休眠萌动的细胞具有更强的生长潜能，更容易培养成功；④选择遗传纯合、稳定性好的外植体，不宜采用F1等遗传杂合体作为外植体。

总体来看，关于外植体的选择主要采用胚、幼穗、顶端分生组织、幼叶、幼茎等为宜。

（四）植物的遗传转化

迄今已报道的植物转基因方法多达数十种，其中较为成功的是农杆菌介导法、基因枪法以及花粉管导入法。目前大多数植物，特别是双子叶植物已经建立了农杆菌介导的转化方法，对于少数应用农杆菌介导法比较困难的植物，可采用基因枪法；对于花器比较大的植物，如棉花、黄麻和红麻等，可采用花粉管直接导入法。

（五）外植体选择培养

1. 基于组织培养的转化外植体选择培养与抗性植株再生

无论是农杆菌转化法还是基因枪法，经过转化的外植体都需要经选择组织培养获得抗性转基因植株，所不同的是农杆菌转化法还须同时采用抗生素杀死农杆菌。因此，以下仅以农杆菌介导的遗传转化为例阐述外植体的选择培养。

（1）基本培养基的选择。转化外植体能否再生成植株在很大程度上取决于培养基。转基因外植体的选择培养和植株再生系统一般是以外植体的组织培养再生系统为基础，经适当调整而形成的。其中，基本培养基的选择是基础。

迄今世界上已研制出的基本培养基可归纳为四种基本类型。第一类是富集元素培养基，MS培养基是该类培养基的典型代表，其特点是：①无机盐浓度高，元素间的比例合适，缓冲性能好；②营养丰富，不需加入有机成分；③微量元素种类齐全，浓度较高。第二类是硝酸钾含量较高的培养基，有B5、N6、SH培养基等，其特点是：①硝酸钾含量高；②铵态氮含量低；③含有较高的盐酸硫胺素。第三类是中等无机盐含量的培养基，如H、Nitsch、miller和Blaydes培养基等，这类培养基的特点是：①大量元素无机盐浓度约为MS培养基的一半；②微量元素种类减少而含量高；③维生素种类比MS培养基多。第四类是低无机盐培养基，其特点是：①无机盐含量很低，一般为MS培养基的1/4左右；②有机成分含量也很低。这类培养基多数用作生根培养基。

基本培养基的选择原则如下：①不同植物所适宜的基本培养基有所不同，但同一物种的不同组织器官的基本培养基一般相同；②MS培养基是大多数植物的通用培养基；③无机盐浓度是基本培养基类型的重要因素，是培养基类型选择的重要参数；④应根据供试植物的分类地位、生理特性、繁殖、栽培条件和品种类型选择培养基。例如，有的植物易吸收硝态氮，而受铵态氮抑制，则培养基应选择硝态氮的类型。也可以查阅有关的参考文献来确定特定植物一般采用的基本培养基。

（2）诱导培养基、选择培养基、再生培养基和生根培养基等调整。

所采用诱导培养基、选择培养基、再生培养基和生根培养基一般是在基本培养基的基础上，对蔗糖浓度、有机成分的种类特别是激素构成进行适度调整而建立的，以达到诱导脱分化、杀死非转化细胞、诱导外植体再分化成芽和生根等不同的目的，这是转基因组织培养再生系统成功的关键。

培养基成分调整的原则是：①有机成分主要是种类的变化，每种成分含量的变化不大；②蔗糖浓度是培养基的重要影响因素，应该在确定基本培养基的基础上重点考虑；③提高磷酸根的水平可抵消IAA对芽的抑制作用，促进芽的分化；④水解酪蛋白能加强激动素的分化作用；⑤生长素的主要功能是促进细胞分裂、诱导愈伤组织和生根，各种生长调节剂的活性强度依次为：2.4-二氯苯氧基乙酸（2.4-D）、三氯苯氧乙酸（2，4，5-T）、萘乙酸（NAA）、萘氧乙酸（NOA）、吲哚丁酸（IBA）和吲哚乙酸（IAA）；⑥细胞分裂素主要是促进细胞分裂，改变顶端优势，促进芽的分化等，常用的几种细胞分裂素的活性强度从强到弱依次为：玉米素（ZT）、6-苄氨基嘌呤（6-BA）、2-异戊烯酰嘌呤（2-iP）和激动素（KT）；⑦细胞分裂素和生长素的比例是激素使用的关键，当生长素的浓度明显高于细胞分裂素则促进细胞脱分化诱导愈伤组织，反之促进细胞分化；⑧细胞分裂素和生长素的种类对不同植物的敏感性不同，因此，激素种类的选择应以植物的种类而异。

（3）选择培养基中抗生素的选用。与常规的组织培养植株再生不同的是，农杆菌介导的转基因过程中需把转化外植体中农杆菌以及非转化细胞杀死，而让带有目标基因的转化细胞培养再生出植株。因此，需在选择、再生和生根培养基中加入特定抗生素。对于基因枪法而言，则不需抑制农杆菌这一环节。

常用杀死农杆菌的抗生素有羧苄青霉素（carbenicillin，Carb）、头孢霉素（cefotaxine，Cef）及羧噻吩青霉素（timentj.n）等，一般在500 mg/L左右的浓度下抑制农杆菌生长或杀死农杆菌，在实际应用过程中应在抑制或杀死农杆菌的前提下尽量降低使用浓度。

用于抑制或杀死非转化细胞分化的抗生素取决于转化载体上的标记基因和报告基因，对于双子叶植物而言，多数情况下使用新霉素磷酸转移酶（NPTⅡ）基因，则使用卡那霉素；单子叶植物对潮霉素敏感，其表达载体上一般带有潮霉素抗性基因，相应地使用潮霉素来抑制或杀死非转化细胞。

2. 不依赖于组织培养的转基因植株再生和选择

通过花粉管或病毒侵染等基因转化途径，不需要经过组织培养，可直接获得转基因种子。由于没有选择压力，大多数种子可能是非转基因的，所以需对所收获的种子进行潮霉素或卡那霉素等抗生素浸种萌发来筛选，能耐受潮霉素或卡那霉素的种子可能为转基因种子。

（六）转基因植株的分子检测

经选择培养基培养再生出的抗性植株中往往有一部分是发生“逃逸”的假阳性植株，因此，须首先用目标基因特异性引物进行PCR来淘汰假阳性植株。对于PCR检测阳性植株，可进一步进行Southern杂交确定外源基因插入的拷贝数，利用Northern杂交分析检测外源基因转录水平，还可利用Western杂交检测外源基因表达、合成相应蛋白的水平。

（七）转基因植株的农艺性状鉴定与安全性检测

在分子检测鉴定转基因植株及外源基因整合方式和表达状况的基础上.对转基因植株进行自交，并从后代转化株系中选择具有目的表型性状的植株或株系，分析外源基因表达对植物农艺性状等表型的影响，并对转化株系进行初步的安全性试验。

二、植物基因工程的应用

基因工程在植物上的研究与应用始于20世纪70年代，1983年，首次将外源基因成功转入烟草和胡萝卜，此后植物基因工程研究和应用迅速展开并取得了重要进展：一是建立并完善了以农杆菌介导法和基因枪法为主的多种转基因方法；二是开展基因工程研究的植物种类不断增多，已在烟草、玉米、小麦、水稻、大豆、番茄、马铃薯、油菜、棉花等140多种植物上开展基因工程研究与应用，部分转基因植物已在生产上应用推广，截至2006年3月，已有408种转基因植物商业化生产；三是涉及的基因或改良的性状越来越多，包括抗病、抗虫、抗逆、抗除草剂、高产优质、耐贮藏、耐运输、雄性不育等。转基因植物生物反应器的研制也取得了重要的进展；四是基因工程安全性问题得到高度重视并在技术上不断改进，基因工程实用化程度不断提高，部分转基因植物已经商业化。植物基因工程的应用十分广泛，归纳起来主要有以下几方面。

（一）在植物遗传改良中的应用

1. 植物对生物性逆境（biotid stress）的抗性基因工程

（1）植物抗病毒基因工程。病毒常常造成农作物大幅度减产，基因工程在植物抗病毒育种上已有成功的应用。①外壳蛋白基因工程，其原理来源植物交叉保护，即预先感染了温和病毒的植物可在一定程度上对温和株系病毒亲缘关系相近的强毒株系病毒的侵染产生抗性。1986年，美国Beachy研究组率先将烟草花叶病毒外壳蛋白基因用于培养抗病毒的烟草和番茄，转基因植株在一定程度上降低了TMV的系统侵染。此后，用同一策略进行了大量的研究，已将TMV、黄瓜花叶病毒（cucumber mosaic virus，CMV）、苜蓿花叶病毒（alfalfa mosaic virus，AIMV）、马铃薯病毒X（potato virus X，PVX）等10个组近20种病毒的外壳蛋白转化植物，转基因植株大多数获得了高水平的抗性。但是这一策略还是不能获得完全抗性，大多数转基因植物只是表现为推迟发病。②卫星RNA介导的病毒抗性。卫星RNA（satellite RNA）是一种在复制和包装时需要依赖其他病毒的小分子RNA，可干扰或抑制辅助病毒的复制。将卫星RNA转入植物可能是植物获得抗病毒性状的一条途径。研究表明，虽然卫星RNA显示出一定的抗病毒能力，但它的应用存在一定的安全隐患。③其他如复制酶基因，运动蛋白（movement protein，MP）基因、核酶基因等可能在抗病毒侵染中也有效，如PVX的*ORF*1基因或其5'末端在烟草中的表达使其抗PVR（potato vlrus R）的能力比外壳蛋白在烟草中表达强10倍左右。

（2）植物抗真菌或细菌基因工程。细菌或真菌性病害是导致作物大幅度减产和品质降低的重要病害。抗真菌或细菌基因工程是基因工程在植物上应用的重要领域，从策略上主要包括：①几丁质酶、溶菌酶、凝集素、硫堇（Thionine）、核糖体失活蛋白（Ribomme-inactive proteins，RIP）等结构基因的超表达，可一定程度提高转基因植物抗病水平；②病原菌激发子基因、植物应答病原菌的防御反应信号传导途径中的MAPK激酶、激发子受体蛋白、Xa21等R基因、病程相关蛋白1（Pathogenesis-related proteinl，PR-1）、WRKY、AP2/EREBP（ethylene responsive element binding protein）等转录因子基因的超表达可显著提高植物对细菌或真菌病害的抗性；③次生代谢物合成途径的关键酶基因，例如从葡萄幼果中分离的白藜芦醇合成酶基因在烟草、水稻、大麦等作物中超表达，可显著提高转基因作物的抗病水平。

（3）植物抗虫基因工程。虫害也是导致农作物减产的主要原因，全世界每年因虫害损失达数千亿美元，而每年用于化学杀虫剂的总金额在200亿美元以上，且已导致严重的环境污染和害虫的抗药性。植物抗虫基因工程为解决虫害问题带来了希望，所用的基因主要有以下4种。①苏云金芽孢杆菌（Bacillus thuringiensis，Bt）的毒素蛋白（Bttoxin）基因。苏云金芽孢杆菌在芽孢形成过程中产生大量的伴孢晶体，由具有特异杀虫活性的结晶蛋白组成，即杀虫晶体蛋白（Insecticidal crystal proteins，TCPs）或δ-内毒素。当它进入敏感昆虫的消化道后，在中肠的特殊pH条件下释放出有活性的毒性蛋白，细胞代谢失衡，从而导致昆虫幼虫死亡。天然的Bt毒蛋白转化植物后在植物中的表达也不高，将天然Bt毒素蛋白N端的29～607个氨基酸残基以外的部分切除，并加上强启动子，使它在转基因植株中表达量增加，提高抗虫效果。为了进一步提高表达量，Perlak等在保持基因氨基酸序列不变的前提下，采用植物偏爱密码子人工合成全长cry IAa，该基因在转基因棉花中表达量比原来提高了50～100倍，能有效地杀死对Bt蛋白不敏感的昆虫。迄今全世界共获得了近80种转Bt基因植物，已在玉米、棉花、马铃薯、番茄等作物上经过审定进行了大规模商业化生产。我国转Bt基因的中棉29和中棉38等多个抗虫棉品种，已被批准商业化生产，在全国推广种植。Bt毒素蛋白基因是目前世界上使用最广泛、最有应用潜力的抗虫基因，但存在着抗虫谱较窄以及长期选择压力导致的昆虫抗性问题。②来源于高等植物的蛋白酶抑制剂（proteinase inhibitor）类抗虫基因。包括豇豆胰蛋白酶抑制剂、马铃薯蛋白酶抑制剂、水稻巯基蛋白酶抑制剂等。蛋白酶抑制剂基因一般为60～120个氨基酸的多肽，能与昆虫消化管内的蛋白消化酶相互作用，形成酶—抑制剂复合体，阻断或减弱消化酶的蛋白水解作用，使昆虫得不到足够的营养而死亡。③淀粉酶抑制剂基因，能抑制昆虫对淀粉的水解作用。④外源凝集素基因，可与昆虫肠道上的糖蛋白相结合，影响营养物质的吸收而导致死亡。将麦胚凝集素的*Lec*D基因转入玉米，对欧洲玉米螟有良好的抗性，但该基因的表达产物是否对人体有副作用还有待证实。

2. 抗非生物性逆境（abiotic stress）基因工程

植物基因工程在作物的抗旱、抗寒和耐盐等研究上取得了一定的进展，所用的基因有两种类型。第一类是结构基因，其表达产物可直接提高植物对逆境的抗性，主要有甘露醇（mtlD）、胱氨酸（P5CS）、脯氨酸、甘氨酰甜菜碱（betA、codA）、海藻糖（TPSl、otsA、otsB）等生物合成相关基因以及鱼的抗冻蛋白（AFP）基因、抗坏血酸氧化酶等保护酶基因、Na/H逆向运输蛋白基因等。如用大肠杆菌海藻合成酶基因复合体OTSBA转化烟草、马铃薯、番茄、拟南芥和苜蓿等，可使转基因植物抗旱水平得到提高。第二类是植物应答逆境的信号传递途径中的调节基因，如从拟南芥中分离的*DREB*l A基因、拟南芥C重复脱氢反应结合因子Ⅰ（*CBF*Ⅰ）基因，它们的表达产物是转录因子，可控制一大批下游的与抗旱、低温胁迫和盐胁迫有关的基因的表达，从而引起防御反应，其遗传转化和表达可实现植物抗性的综合遗传改良。

3. 植物抗除草剂基因工程

除草剂的使用可大大降低劳动强度，是现代农业不可缺少的一部分，但除草剂对作物有一定的危害。通过基因工程提高作物抗除草剂水平，可解决除草剂对作物的危害问题。利用的基因有两类：一类是修饰改造除草剂作用靶蛋白基因，另一类是除草剂解毒基因。例如，从抗草甘膦植物中分离的突变5-烯醇丙酮酰莽草酸-3-磷酸合成酶（EPSPS）基因的超表达可提高植物对草甘膦的抗性；编码草丁膦乙酰转移酶的*bar*基因和*pat*基因的超表达可提高作物对草丁膦的抗性；将从抗磺酰脲类和咪唑啉酮类除草剂的拟南芥突变体中分离的乙酰乳酸合成酶（ALS）及烟草突变株分离的SURB-Hra基因导入番茄、甜菜、油菜、苜蓿、玉米、亚麻等植物，都获得了耐除草剂植株。抗除草剂转基因植物是最早进行商业化应用的转基因植物之一，已有玉米、棉花、大豆、油菜和甜菜等作物转抗除草剂基因品种进行商业化生产。

4. 作物高产基因工程

提高作物产量是农业科研的永恒主题，它的形成取决于单位面积上适宜的个体数量以及个体的源、库、流的协调运转和累积，是一个十分复杂的性状。依据对植物代谢途径及其调控机理的认识，通过对影响代谢产物分配的主要因素及其与作物产量关系的分析，已经确立了一些遗传修饰的分子靶标，主要是参与淀粉合成、植物光合作用、氮素吸收和同化、水分利用等植物生理生化代谢过程的酶及其调节因子。

通过转化植物淀粉合成途径中关键酶或调节基因，可在一定程度改变淀粉的合成乃至产量。例如：对1，6-二磷酸腺苷葡萄糖焦磷酸化酶（AGPase）的遗传修饰可提高ADP-葡萄糖含量，进而使玉米籽粒和马铃薯块茎中淀粉合成和积累增加；马铃薯块茎中质体ATP/ADP转运蛋白的过量表达可提高块茎中淀粉的含量；腺苷酸激酶是维持各种腺苷酸平衡的关键酶，它可催化ATP、AMP和ADP间的转化，通过对质体腺苷酸激酶基因修饰，降低该酶的活性，可提高马铃薯块茎中腺苷酸含量，使块茎中淀粉含量和块茎产量比对照分别增加60%和39%。玉米shrunken2基因编码的葡萄糖焦磷酸化酶的一个大亚基。对负变构效应物正磷酸盐不敏感，该基因在小麦中表达可使小麦产量比对照提高38%。

提高光合速率是提高作物产量潜力的重要途径，特别是随着水稻、小麦等作物的库器官容量越来越大，来源相对不足，提高后期功能叶片的光合能力、延缓衰老对于提高产量而言显得更为重要。长期以来，人们一直希望能将C_4植物高光合相关基因导入C_3植物以提高其光合效率。C_4光合途径的关键酶有磷酸烯醇式丙酮酸羧化酶（PEPC）、NADP-苹果酸酶（NADP-ME）和丙酮酸乙磷酸双激酶（PPDK）等，超表达玉米PEPC的转基因水稻植株能显著减弱氧气对光合的抑制作用，产量可提高35%。超表达玉米PEPC的转基因水稻在高光强下，光合速率可提高20%，羧化效率提高57%，CO_2补偿点降低32%。在高光强下，核酮糖-1，5二磷酸羧化酶加氧酶（RubiSCO）活性变化不明显，但碳酸酐酶（CA）诱导活性增加1.8倍，显示光合特性的显著改善。ppdk基因转入水稻，高表达的植株光合速率比对照提高35%，气孔导度和CO_2浓度提高，提高植株产量并增强了其抗逆性。Rubissco是固定CO_2反应的限速酶，改进该酶的活性尤其是对CO_2的亲和性，能提高植株的光合速率，Rubisco的基因工程改良可能也是实施作物光合性能遗传改良的重要途径之一。

但是，产量毕竟是光合速率和呼吸速率的平衡、叶面积大小、分布及其动态变化、同化产物向产量器官转运等多个因素、多个环节互作及其长时间积累的结果，改变光合速率对产量潜力的贡献到底有多大，还有待针对具体的材料进行评估。

5. 资源利用效率的基因工程改良

植物吸收氮的多少和氮利用效率高低对产量有重要影响，参与高等植物氮同化代谢的酶主要有谷氨酰胺合成酶（GS），谷氨酸合酶（GOGAT）和谷氨酸脱氢酶（GDH）等，这些酶是开展基因工程改良植物氮素应用，提高氮素利用效率的重要靶标。研究表明，超表达GS1基因的小麦叶片，GSl活性增强，氮在体内尤其在籽粒中积累增多，根部和籽粒干重也提高，展示出小麦氮同化代谢遗传改良的良好前景。超表达各种GDH基因的转基因植物，不仅生长量提高，而且对胁迫的耐性也增强，显示出一定的应用潜力。此外，还可分离与鉴定作物对P、K等元素高效利用的有关基因并开展基因工程，以提高作物对上述养分的利用效率。

6. 产品的延熟与保鲜

利用基因工程技术可延长蔬菜和水果的保存期，它主要根据水果和蔬菜采前的生理变化，以S腺苷蛋氨酸（SAM）水解酶、1-氨基环丙烷-1-羧酸（amino-cyclopropane-1-carboxyli e acid，ACC）合成酶、ACC氧化酶、ACC脱氨酶和多聚半乳糖醛酸酶、果胶酸盐裂解酶等为靶标进行基因工程修饰来进行，其中以ACC合成酶和ACC氧化酶基因研究较多。

7. 品质的改善

通过基因工程可以实现农产品碳水化合物的组成和结构、蛋白质氨基酸的构成、脂肪中饱和脂肪酸和不饱和脂肪酸的含量的改变，以改善品质。

（1）碳水化合物品质的改善。改变直链淀粉和支链淀粉组成的基因工程已在水稻等作物中有成功的报道，水稻胚乳中淀粉的合成由蜡质基因（waxy，Wx）编码的淀粉粒结合淀粉合成酶（granulebound starch synthase，GBSS）所控制，反义Wx基因导入不同的粳稻品种中，证明转基因水稻成熟种子中的直链淀粉含量有不同程度的下降；反义Wx基因导入籼型杂交稻保持系龙特甫B等3个高直链淀粉含量的亲本中，结果表明多数转基因水稻的直链淀粉含量出现不同程度的降低，最低下降至7%左右。

（2）改善食物中氨基酸的组成，增加蛋白质的含量。植物蛋白的全价性较差，一般都缺乏半胱氨酸、蛋氨酸、赖氨酸等，影响植物蛋白质的应用价值。通过基因工程的手段，将上述氨基酸含量较高的贮藏蛋白或控制上述氨基酸合成的重要基因在植物中超表达可显著提高植物蛋白中必需氨基酸的含量。例如，水稻10kb富硫醇溶蛋白基因cDNA（PLG）在马铃薯中的超表达使转基因植株含硫氨基酸量明显提高。谷蛋白A在水稻中的反义表达可降低谷蛋白含量，相应地提高醇溶蛋白的含量。富含甲硫氨酸的四棱豆2S清蛋白基因的超表达，也可提高转基因植物蛋白中甲硫氨酸的含量。

在植物中赖氨酸是通过天冬氨酸途径合成的，并伴随异亮氨酸、甲硫氨酸和苏氨酸的合成。控制这条途径的关键酶是天冬氨酸激酶（AK）和二氢吡啶羧酸合酶（DHPS）。天冬氨酸和二氢吡啶是赖氨酸合成的反馈调节因子。在细菌中赖氨酸的合成途径与植物的非常相似，但是DHPS对赖氨酸的反馈抑制调节不敏感。利用此优点，导入连接有质体导肽的细菌dhps基因，可使转基因植物中的赖氨酸含量明显提高。

（3）提高和改善食物中油脂含量。植物油脂中不饱和脂肪酸的含量是其品质的重要标志，利用基因工程技术已成功地培育出油酸含量由原来的25%增加到85%的转基因大豆新品系和含油量比普通油菜提高25%的“超油1号”“超油2号”油菜新品种，其中“超油2号”含油量为52.8%，是目前世界上含油量最高的甘蓝型油菜。美国DuPond公司通过反义抑制和（或）共同抑制油酸酯脱氢酶，开发出高油酸含量（含80%以上油酸）的大豆油，大大高于普通大豆的24%，且具有良好的氧化稳定性。

（4）提高植物中利于人体保健的成分含量。日本正在开发低糖含量的新水稻，作为糖尿病患者的专用水稻。日本研究人员在1998年培育出可降血压的转基因番茄，可减少血清胆固醇含量、防动脉硬化的转基因水稻。欧洲科学家已培育出米粒中含丰富VitA和铁的转基因水稻。Zeneca公司和伦敦大学的研究小组成功开发出高番茄红素的转基因番茄。此外，富含必需氨基酸的马铃薯、淀粉含量高出8倍的烟草和番茄、高蔗糖含量的玉米、硬脂酸高20倍的油菜和芜菁都已被成功开发。

玉米黄质（Zeaxanthin）是一种重要的类胡萝卜素，但是在食物中含量很少。Romet等用编码玉米黄质环氧酶的正义和反义基因转化两种不同的马铃薯，使玉米黄质氧化得到抑制。两种方法（反义和共抑制）均使马铃薯块茎的玉米黄质含量得到了提高，幅度为4～130倍。而且大多数转化植株的类胡萝卜素总量也得到了提高，某些植株的叶黄素含量降低。Maciej Stobiecki等将编码二氢黄酮醇4-还原酶（DFR）的DNA片段导入马铃薯，得到的转基因植株块茎中花青素含量增加，花葵素衍生物含量增加4倍。这些物质有抗衰老的功能。

目前，人们对食品饮料中低热量的甜味剂的要求不断提高。甜蛋白是一种高甜度、低热量，又不易为细菌所利用的特殊蛋白质，并且还是一种味觉增进剂，因此是一种很有发展前途的食品添加剂，具有很高的经济价值。1999年，Sawaeka等通过农杆菌介导法将甜蛋白thaumatin Ⅱ基因导入黄瓜，在转化黄瓜植株的果实中，thaumatin Ⅱ基因得到表达，使其甜味提高。

8. 雄性不育系的培育

植物雄性不育性是指由于生理上或遗传上的原因造成植物花粉败育，而雌蕊正常，仍能接受外来花粉的特性。植物雄性不育系开发和应用是开展杂种优势利用的重要前提，常规的雄性不育系选育周期长、效率低，应用基因工程可加快雄性不育系选育进程。迄今为止，应用基因工程创造雄性不育材料的策略有：①利用Bamase等外源细胞毒素基因破坏花药绒毡层；②利用HSP70等热激分子伴侣基因通过控制线粒体的数量来创造雄性不育材料；③应用反义RNA技术创造植物雄性不育；④提早降解胼胝质产生雄性不育；⑤扰乱线粒体与细胞核之间的信息交流创造植物雄性不育。所有这些策略都是通过有关基因在花药绒毡层的定位表达，阻断花粉的发育导致雄性不育，一般采用特异性表达启动子，如烟草花药绒毡层特异性表达启动子TA29、花粉特异性启动子psl等。

基因工程在创建雄性不育材料中存在的问题主要有：①育性不够稳定；②受组织培养和遗传转化技术的限制，难以获得理想的转化株；③需要建立相应的恢复系和保持系。

9. 植物观赏性状遗传改良

花色是园林植物重要观赏性状，基因工程在植物花色遗传改良上具有十分重要的应用价值，20世纪80年代以来，基因工程技术在改良部分观赏植物株型、花色、花型、花香及延长瓶插寿命等方面取得了重要进展。

花色主要由类黄酮（flavonoids）、类胡萝卜素（carotenoids）和甜菜碱（betalains）三类物质决定，通过控制上述花色有关物质合成的关键酶基因工程，可实现花色的遗传改良。例如，*CHS*基因在矮牵牛上的反义表达使花色由紫红色变为粉红色并夹有白色；将类黄酮-3',5'-羟基化酶（F3'5'H）基因转入玫瑰和香石竹获得蓝色花。通过基因工程改变同源异型基因的表达方式，可有目的地改变花型。目前，用于形态改良所克隆并得到成功转化植株的基因有AG类基因、天然MADS盒基因、*ipt*、*aux*、*tins*、*iaa*和*rol*等。在延长瓶插寿命方面，已发现乙烯合成酶mRNA丰度与乙烯增加是一致的，在转化ACC氧化酶基因的转基因植株中，无论是以正义还是反义取向引入，均导致花的寿命明显高于非转基因植株，内源乙烯的积累急剧下降。至今，已在香石竹、月季、百合、天竺葵、龙胆等植物上建立了延缓衰老的转化体系。

（二）作为药物生产的反应器

植物生物反应器具有以下优点：①植物细胞完全具备真核生物蛋白质合成途径，与动物细胞非常相似，仅在蛋白质糖基化修饰上有微小差别；②生产的药物蛋白可以在植物中积累到很高水平，而且转基因植物分泌单克隆抗体的生物功能与通过杂交瘤技术生产的非常相近；③转基因植物生产药物蛋白可以避免人或动物病原体（如艾滋病和肝炎病毒等）的污染；④植物生物反应器高效，生产过程简便，不像传统生物反应器生产药物蛋白需要昂贵的设备。此外，在植物中表达抗体还可增强作物的抗病毒能力、提高产量以及改良其他农艺性状等。

利用转基因植物作为生物反应器的产物包括脂类化合物、碳水化合物、工业用酶、药用蛋白、次生代谢物、人和动物的疫苗等。

三、基因工程与常规育种相结合进行作物遗传改良

由于植物转基因技术的基因型依赖性，当前基因工程对于特定的物种而言还仅限于部分基因型，加上外源基因的随机插入和组织培养过程对植物变异的诱发，使转基因再生植株或株系难以达到综合性状的全面优化，转基因株系还需要通过常规育种来加以应用。

植物转基因育种已广泛地应用到回交（Backcrossing，BC）育种。把供体的目标性状通过回交第二轮回交导入受体的育种方法称为回交育种。轮回亲本综合性状优良，但尚缺1～2个有利性状，非轮回亲本恰好具备这1～2个有利性状。这1～2个有利性状称为目标性状（Target character）。回交育种方法主要应用于需要将一个或几个优良性状转移到在该性状上需要改良的优良品种，只是在个别性状上有缺陷，需要改良。回交程序如图9-2所示。

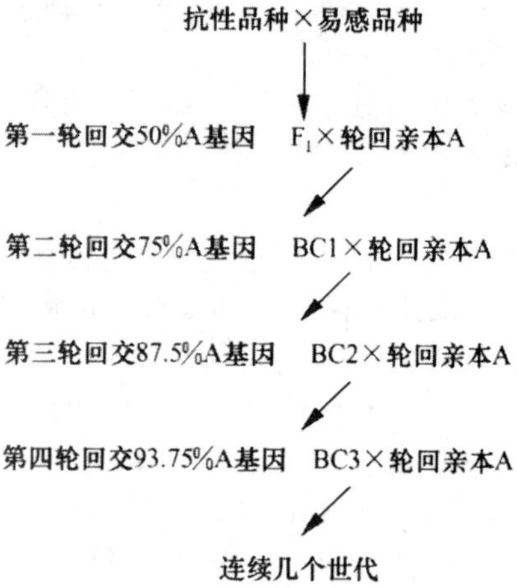

图9-2 回交育种的基本程序

在回交转育的过程中，回交后代的单株选择通过两种方法来跟踪筛选目标基因：一是利用载体上与目标基因连锁的标记基因或报告基因来选择；二是利用目标基因及其启动子、终止子特异性序列作为探针或设计PCR引物，保证用作回交的材料以及回交后代入选的材料中均含有目标基因。由于标记基因或报告基因的安全性问题，目前人们一般采取标记删除的技术将转基因植物中的标记基因或报告基因予以删除，而且标记基因可能在回交过程中不再与目的基因连锁，而独立于目标基因进行遗传。在这些情况下可采取第二种筛选方法。此外，利用分子标记辅助也可以保证用作回交的材料具有目的基因。

第二节　微生物基因工程的应用

一、重组微生物工程菌与人类药物生产

基因工程产品约有2/3是用于人类疾病治疗和预防性的药物，它给制药工业带来了革命性的变化。据估计，人用蛋白药物的全球市场，每年可达200亿美元，而且还在持续增长。在这种巨大利益的驱使下，世界各大制药公司相继投入巨资用于这些重组蛋白药物的研究开发。虽然利用动物细胞也可生产这些药物，但生产效率极低，不能满足人们的需求。相比之下，微生物是生产蛋白药物的最好生物反应器。目前，应用微生物发酵所生产的基因工程产品的主要种类有细胞因子、抗体、疫苗和寡核苷酸药物，主要对象是防治肿瘤、心脑血管疾病、传染病、哮喘、糖尿病、遗传病、类风湿性关节炎、脑卒中等。此外，基因工程药物也用于降低外科手术出血、促进伤口的愈合和防止器官移植的排斥反应等。

（一）重组人胰岛素生产

胰岛素是由人和动物的胰脏β-胰岛细胞合成的蛋白质，最早发现于1922年，翌年便开始在临床上作为药物使用。迄今为止，胰岛素仍是治疗胰岛素依赖型糖尿病的特效药物。胰岛素的获得可从人胰脏及猪、牛胰脏提取和化学合成。在20世纪80年代之前，商品化的胰岛素

主要从猪胰脏提取。猪与人的胰岛素只在B链第30位氨基酸残基上存在差异，前者为Ala，后者为Thr，但两种胰岛素的生理功效完全一致。然而由于氨基酸序列上的微小差异，猪胰岛素的长期使用会在患者体内产生一定程度的免疫反应，更为严重的是患者体内抗猪胰岛素抗体的诱导产生还可能对患者剩余的正常β-胰岛细胞功能以及内源性胰岛素分泌造成负面影响。因此，人们将猪胰岛素在体外用酶促方法转化为人胰岛素，但工艺路线相当耗时，且需要一整套复杂的纯化方法，导致最终产品成本升高。1982年，美国Ely LiLi公司使用重组大肠杆菌生产人胰岛素，这是第一个上市的基因工程药物。5年后，Novo公司又开发了利用重组酵母生产人胰岛素的新工艺。这种由重组菌合成的人胰岛素无论是在生理功能还是在血浆药物动力学方面，均与天然的猪胰岛素无任何区别，但这种重组人胰岛素制剂却显示出无免疫原性以及注射吸收较为迅速等优越性，因而广泛用于糖尿病的治疗。

（二）重组人生长激素生产

人生长激素（human growth hormone，hGH），又称促生长素（somatotropin），具有调节生长与发育的功能，对多种人类疾病（如垂体性侏儒症、特纳综合征、组织坏死等）都具有良好的治疗效果。临床观察表明，患生长激素缺陷的儿童发育异常，到成年身材矮小，俗称侏儒（dwarf）。但若是定期地给这些患儿注射hGH，他们便能够长到接近正常人的标准身高。因此hGH是治疗垂体性侏儒症的特效药。此外，还可用于烧伤、骨折、创伤、出血性溃疡、特纳综合征、组织坏死、肌肉坏死、肌肉萎缩、骨质疏松以及过度肥胖等疾病的辅助治疗。最近，科学家发现，长期小剂量注射重组人生长激素可以全方位延缓机体各系统的衰老，使人的寿命平均增长20年，这一研究成果无疑为重组人生长激素开拓了更为美好的市场前景。

在所有的脊椎动物体内几乎都存在生长激素，不同动物的生长激素在一级结构以及空间构象上呈现出相当高的同源性，但具有明显的种属特异性，即动物源的生长激素对人体是无效的，只有人类自身的生长激素才具有临床治疗功能，这与胰岛素的使用情况完全不同。在重组人生长激素（rhGH）问世之前，hGH的来源都是从死人脑垂体中提取。这种制备方法不仅材料来源困难，无法大量生产，而且一个令人意想不到的不幸结果是，接受这种hGH治疗的患儿中，有许多人传染上了来自尸体的致命病毒。所以在重组DNA技术问世不久，科学工作者便积极地从事rhGH的开发研究。在1985年，这种由*E.coli*生产的hGH已成为得到美国政府许可生产和使用的第二种基因工程药物。目前，rhGH可工业化规模生产，且其产品安全可靠，具有明显的社会、经济效益。

（三）重组人干扰素生产

干扰素（interferon，IFN）是最先发现的细胞因子，早在1957年英国医生Isaacs和Lindemann发现流感病毒处理的细胞产生一种因子，可抵抗病毒的感染，干扰病毒的复制，因而命名为干扰素。根据其来源和结构，可将IFN分为IFN-α、IFN-β和IFN-γ三大类型，它们分别由白细胞、成纤维细胞和激活的胸腺衍生淋巴细胞（T细胞）以及天然杀伤细胞（natural killer cell，NK）产生。这3种IFN共有的生物学效应有：抑制病毒复制、保护细胞抵抗其他胞内寄生物的危害、抑制某些正常细胞或转化细胞的增殖、调节细胞的分化、增强Ⅰ型组织相容性抗原的表达以及激活天然杀伤细胞等。除此之外，IFN-γ还单独具有如下的生物学效应：诱导或增强Ⅱ型组织相容性抗原的表达、调节其他细胞因子受体的表达活性、诱导细胞因子（诸如白细胞介素Ⅰ、肿瘤坏死因子、集落刺激因子）的合成、激活巨噬细胞活性以及在白细胞介素Ⅱ刺激淋巴细胞增殖和IgG免疫球蛋白产生之间起协调作用。人体细胞在正常生理条件下，一般以极微量的基底水平表达IFN。病毒和一些双链RNA分子能促进IFN-α和IFN-β合成；抗原、细胞分裂素、白细胞介素1和白细胞介素2等均可刺激IFN-γ合成，但另一些白细胞介素成员（如白细胞介素4和白细胞介素10）又能抑制其产生。20世纪70年代的IFN是从人白细胞中提取的，当时提取1 g纯天然IFN的费用相当于1.5 t黄金的价格。由于被感染的细胞只产生极少量的IFN，无法给研究工作和临床使用提供足够的产品，使干扰素的研究工作长期受阻。其次，天然IFN的效力不足，使用上还存在着局限性，迫切需要发展效力更高的具有新的生物学功能的重组干扰素。因此，人-VIFN基因工程的头一个目的就是把IFN基因克隆在*E.coli*细胞中表达，以制备大量纯化的IFN。1989年，美国FDA批准重组人IFN-α上市，就在当年这种干扰素的市场销售额已达1.5亿美元，但各型重组人干扰素产品价格已降到不足原来的千分之一。目前，除*E.coli*生产重组人IFN外，各型干扰素基因也已在枯草芽孢杆菌、链霉菌以及酵母菌中获得高效表达，产品投放市场的年产值高达6.05亿美元。

（四）重组人抗体及其片段生产

抗体（antibody）是存在于血清中的免疫球蛋白（immunoglobulin，Ig），它是脊椎动物受到抗原（antigen）刺激时，由其免疫系统产生的一类糖蛋白，在高等动物自身免疫系统中具有多种生理功能。此外，抗体还被广泛应用于生命科学研究的各个领域，包括生物分子尤其是蛋白或多肽的定性分析（如蛋白质印迹技术、微量扩散试验、组织免疫学技术）、定量分析[如放射免疫分析（RIA）、酶联免疫吸附分析（ELISA）等]以及利用免疫亲和层析技术分离生物大分子。在临床上，抗体在免疫诊断、肿瘤治疗以及感染性疾病（如流感、乙肝等）的预防中更显示出巨大的应用前景。因此，抗体及其衍生物的工业化生产具有重要的社会意义和经济价值。

基因工程抗体兴起于20世纪80年代早期，虽然起步较晚，基础较差，但一开始就受到人们的广泛重视，其原因主要有3个方面：①它在临床医学上具有巨大的应用潜力；②由于抗体的分子结构已经十分清楚，由单碱基变换引起的蛋白质分子中单一氨基酸取代反应，而使蛋白质的功能活性（如抗原特异性、亲和性以及引发效应物功能的相互作用位点等）发生变化，或者用与抗体完全无关的各种不同的蛋白质结构域取代效应物区，产生出具有新效应物功能的重组的单克隆抗体，这样便获得了最简单的工程抗体（engineered antibodies）；③人肿瘤细胞株分泌的抗体数量要比类似的小鼠肿瘤细胞株的水平低得多，通常使用的单克隆抗体都是鼠源蛋白质，但两者在氨基酸序列结构之间仍存在着不少差别，所以当向病人体内注射小鼠单克隆抗体之后，便会迅速地产生出抗小鼠抗体的人抗体，亦称为人抗鼠抗体（human anti-mouse antibody，HAMA），并最终把它当作外源蛋白质清除体外，此即所谓的异源蛋白质的免疫排斥问题，致使小鼠单克隆抗体的实际应用价值受到限制，必须通过更换互补决定区，使动物抗体的特异性转变成为一种人免疫球蛋白，使其在人体内不会产生免疫原性，亦即动物抗体的人源化（humanized antibody），这是目前最复杂的工程抗体。因此，基因工程抗体是蛋白质工程研究的重要领域，它更进一步地拓展了单克隆抗体尤其是新型单克隆抗体的应用前景。

二、重组微生物工程菌与疫苗生产

自从200多年前人们发现预先接种过牛痘的人能够抵御天花感染的现象，并据此提出免疫的概念之后，疫苗（vaccine）就已被广泛地用来预防多种传染病的传播。疫苗的发明和应用，是现代医学最伟大的成就之一，可以说疫苗是目前在医学上最有潜力的防御物质。注射或口服疫苗可以激活免疫系统，诱导产生对致病物质的抗体，从而保护疫苗接受者免受疾病侵染。如果以后再遇到同样的致病物质侵入，那么免疫系统仍会被激活，使感染的致病物质中或失活或致死，这样病原物质的繁殖受到抑制，致病性降低或消失。

人类免疫系统主要分为两大类，即体液免疫和细胞免疫。所谓体液免疫也就是通过形成抗体而产生的免疫能力，抗体是由血液和体液中的B细胞产生，主要存在于体液中，它可与入侵的外来抗原物质相结合，使其失活。过去几十年中，疫苗的研究工作主要都是针对体液免疫的。典型的疫苗主要是灭活的和减毒的致病物质，即病原物在培养、纯化后，或者被灭活，或者降低其毒性，前提是不能够丧失引起免疫反应的能力。现在，人类已经在蓑碍麻疹、白喉、百日咳、破伤风、天花、脊髓灰质炎等病症的有效疫苗方面取得了长足的进步。

此外，传统的疫苗生产方式也存在着一些局限性：①有些致病物无法在培养基上生长，所以有很多疾病没有办法获得疫苗；②动物和人类的病毒需要在动物细胞中培养，其操作成本极高；③培养的动物和人类病毒其生长速度和产量一般都较低，这使得疫苗生产成本很高；④需要对实验室以及参加实验的操作人员采取保护措施，以保证他们不被致病物质污染；⑤疫苗中的致病物质在疫苗生产过程中有可能没有完全杀死或充分减毒，这会导致疫苗中含有高毒性致病物质，进而使得疾病在更大的范围内传播；⑥减毒菌株有可能会发生突变，因此必须要连续不断地对减毒菌株进行毒性检测，以保证该菌株不变成强致病性菌株；⑦有些疾病（如艾滋病）用传统的疫苗防治收效甚微；⑧绝大多数的现行疫苗的有效期都很短，并且常常需要冷冻保存，这就增大了在广大的、尚未电气化的农村推广使用疫苗的难度。

针对传统疫苗存在的问题，迫切需要发展新的疫苗生产途径。借助重组DNA技术，有可能突破传统疫苗生产中存在的许多技术限制问题，开拓出新型的抗病疫苗，如各种亚基疫苗、合成肽疫苗以及重组病毒活疫苗等。但直到进入20世纪90年代，人们才在许多研究工作，特别是对艾滋病的研究工作中发现细胞免疫同样是十分重要的，甚至在某些疾病（如癌症等）的治疗中，细胞免疫比体液免疫更加重要。随着科学家们对细胞免疫的日益重视，这方面的研究也在不断深入。1996年，两位澳大利亚科学家Doherty和Zinkemagel由于发现了细胞免疫及免疫系统在对抗病毒感染过程中的主要组织相容性（MHC）抗原而分享了当年的诺贝尔生理学和医学奖。从此，新一代疫苗的设计思想有了很大的改变，那就是要尽可能同时调动细胞免疫和体液免疫两个系统以获得最佳效果，人们不再像以前那样只是注重体液免疫即抗原-抗体反应了。安全性的主要原则是删除致病基因，保留病原物质引起免疫反应的能力。在这种情况下，可以用基因工程产生的病原物质生产活体疫苗，而不用考虑基因突变的问题。

基因工程疫苗（gene engineering vaccine）是指用重组DNA技术克隆并表达保护性抗原基因，利用表达的产物（多数是无毒性、无感染能力，但具有较强的免疫原性）或重组体本身制成的疫苗，主要包括基因缺失活疫苗、亚单位疫苗、核酸疫苗以及蛋白工程疫苗4种。

三、重组微生物工程菌与食品、饲料工业

食品工业与民众的生活及健康息息相关，因此应用基因工程技术提高食品的产量，改进食品的质量，其重要性是不言而喻的。迄今，科学工作者已对基因工程技术在食品工业的应用做了广泛的研究，所涉及的主要内容包括乳制品的发酵、单细胞蛋白质的生产以及酿酒工业等。

（一）重组工程菌与干酪生产

市场上供应的全部干酪（cheeses），几乎都是利用乳酸链球菌使乳制品发酵（dairy fermentations）生产的，乳酸链球菌和黏酪链球菌（Streptococcus cremoris）是两种最主要的乳制品发酵的引子培养物（starter culture）。但在利用这两种链球菌进行干酪发酵生产中存在3个方面的问题：①在发酵中，使用的原本具有良好性能的引子培养物，会突然变质生产出不合格的劣质产品；②引子培养物易遭受噬菌体的感染，给干酪生产造成严重的经济损失，这一问题困扰乳制品发酵工业已长达半个世纪之久；③干酪工业生产中排放的废物对环境的污染问题。因此，对乳制品发酵工业来讲，选用稳定的、抗噬菌体感染的引子培养物工程菌株和筛选干酪生产后的废物处理的菌种，对提高干酪加工产量和品质以及保护环境都具有重要的意义。

干酪工业生产中的废物是乳清，它是生产出凝乳块之后的液体残余物，其中碳水化合物含量甚高，很容易被微生物所利用。若将其直接排放到河流中，将会消耗大量的氧，使大量的水生生物因缺氧窒息而死亡，造成严重的环境污染。但乳清中含有4%～5%的乳糖、少量的蛋白质和大量的矿物质及维生素，具有潜在的利用价值，白白扔掉是一种资源的浪费。解决的办法之一是将乳糖降解成葡萄糖和半乳糖，随后这两种糖便能被酿酒酵母发酵，生产出酒精和单细胞蛋白质。这种降解过程需要β-葡萄糖苷酶，但至今酿酒酵母不能在乳糖中生长，还得加入β-葡萄糖苷酶才能产生出水解物。为了克服这个问题，已经把一种克鲁维酵母的β-葡萄糖苷酶基因和乳糖透性酶基因转移到酿酒酵母中，虽然仍需改进表达这种酶的方法，但经过遗传变异的酵母，最终能够用乳清做底物，在处理这种主要的污染物质过程中可生产出燃料酒精、饮用酒精和生物饮料。

（二）重组工程菌与单细胞蛋白质生产

微生物蛋白产品又称为单细胞蛋白质（single-cell protein，SCP），是指干燥的微生物细胞，包括藻类、细菌和酵母等，或是指纯细胞培养物的总蛋白提取物。微生物菌体中的粗蛋白含量在细菌中一般为干重的40%～80%，酵母菌为35%～60%，丝状真菌为15%～50%。其氨基酸组成除含硫氨基酸不足外，其他的氨基酸含量都比较丰富，总量稍低于鱼粉而优于大豆。若在微生物蛋白中补充甲硫氨酸、维生素B_{12}和钙，则可获得与鱼粉同样的营养效果。例如，以玉米作为猪饲料时，蛋白质效价（动物增重量/蛋白质消耗量）只有0.15，而添加1%和5%酵母时的效价可分别增至0.73和22.11。现在市场上供应的SCP，是用发酵罐等大容量细胞培养装置生产的，可作动物饲料的蛋白质来源，或是作为人类食品的添加剂。因此，一般把SCP分为人类食品级和动物饲料级两个不同的质量层次。

人类利用单细胞蛋白质作为食物或是食品添加剂已有漫长的历史。在早期，人们从湖泊中捞取藻类作为食物，直到今天，在世界的某些贫穷落后的地区，仍有人利用单细胞蛋白质补充食物供应的不足。不过从总体上看，单细胞蛋白质从未成为人类食品或动物饲料的主要

来源。近代第一种有意义的单细胞蛋白质，是德国人在第一次世界大战期间生产的。他们利用生长在以糖浆为碳源、铵盐作氮源的培养基中的莱茵衣藻，作为炸药和香肠的增稠剂。而如今人们之所以重新重视开发单细胞蛋白质作为人类食品的来源，是出于如下几个方面的考虑：①全球范围内人口的不断增加，食物供给日渐不足，迫切需要开发新的食品来源；②许多微生物都具有高含量的蛋白质，一般均可高达细胞干重的60%～80%；③单细胞蛋白质含有高水平的甲硫氨酸、赖氨酸和维生素以及基本的矿物质，这使得SCP比某些植物及动物源的食品更富营养价值。因此，单细胞蛋白质对于解决人类面临的粮食短缺问题，蕴含着极大的潜力，尤其是可以为动物饲料提供重要的蛋白质添加剂。

当然，实践告诉我们，广泛而普遍地食用单细胞蛋白质也存在一些明显的问题。①高核酸含量的单细胞蛋白质，对于一些代谢失调症的患者的身心健康，可能有潜在的危险性。②单细胞蛋白质中可能存在着一些毒性物质，它可能是微生物从培养基质中吸收的，如重金属等，也可能是由微生物自己产生的，如真菌毒素（mycotoxin）。为此需花巨资对单细胞蛋白质做质量控制分析，以生产出安全合格的产品。③在某些食用单细胞蛋白质的个体消化道系统中，微生物细胞有可能出现不能消化单细胞蛋白质或是变态反应（allergicreaction）。④在价格方面，单细胞蛋白质要比其他来源的蛋白质（如大豆粉、）更为昂贵。由此可见，天然的单细胞蛋白质作为食品或添加剂并不理想。

现代基因工程技术的发展，使科学工作者能够按预期的要求对生产单细胞蛋白质的细菌进行修饰与改造。此种改造的头一个目的是使目标细菌获得超量表达某种特定蛋白质力，即单基因可表达出占细胞总蛋白50%的特定蛋白质。其办法是将目的基因的编码置于强启动子的控制之下，插入在高拷贝的质粒载体上，再导入适当的寄主细胞。由于质粒的拷贝数可高达500个左右，因此克隆在这样质粒载体上的目的基因，自然便可表达超量的蛋白质。另一个目的是改善单细胞蛋白质的营养质量。这主要应用基因定点突变对原有的氨基酸密码子进行定点改造，使之拥有人体必需的而天然单细胞蛋白质缺少氨酸及甲硫氨酸等。今天我们完全有办法对大量的氨基酸成分按设计的要求进行改造。总之，富有营养价值的、用作人类食品或动物饲料蛋白质添加剂的单细胞蛋白质的生产具有良好的发展前景。

（三）重组工程菌与酿酒工业

酵母菌在酿酒（brewing）和面包烘烤（baking）业中有重要的用途。在所有的与生物技术有关的生产部门中，历史最悠久、规模最宏大的两项产业，当属酿酒工业和面包烘烤业。

酿酒酵母是酿酒工业中使用的一种重要的发酵微生物。现在已能应用DNA重组技术培育出新的酿酒酵母菌株，用以改进传统的酿酒工艺，并使之更加多样化。我们知道，大麦淀粉的产物麦芽汁是由单糖、二糖、三糖和多糖组成的混合物。酿酒酵母可以发酵多数的这类糖化物，但不能发酵被称为糊精的多糖。另一种有关的酵母菌株称面包酵母，它所分泌的酶则可以将糊精切割成葡萄糖，因而淀粉可被完全发酵成为酒精，不过这种酵母菌株生产的啤酒味道不好。为了克服这个缺点，把面包酵母基因组中编码a-1，4-葡萄糖苷酶的DEX基因引入酿酒酵母细胞，产生出一种新的酵母菌株，它可以将绝大多数糊精发酵成酒精，制成碳水化合物含量低的、味道好的优质啤酒。如果把能够降解具极高分子质量的分支糊精（branched dextrin）的淀粉酶基因也导入酵母，则可进一步改良啤酒的质量。

（四）重组工程菌与氨基酸生产

氨基酸具有极其广泛的用途，在食品工业中用作助鲜剂（味精）、营养补充剂和抗氧化剂；在饲料工业中用作材料添加剂，以提高饲料的营养价值，促进鸡多产蛋与猪的生长；在治疗上，各种氨基酸混合液用于手术后或烧伤等病人注射以补充蛋白质营养，许多氨基酸及其盐类或其衍生物还用来治疗各种疾病；在化工工业上，用谷氨酸可分别制成对皮肤无刺激性的洗涤剂、保持皮肤湿润的润肤剂、质量接近天然皮革的聚谷氨酸人造皮以及人造纤维和涂料；在农作物病害防治上，利用氨基酸可制造具有特殊作用的农药用于杀菌。1965年，发酵法生产味精的成功，带动了氨基酸的研究开发。近年来，国内外市场对氨基酸的需求逐年强劲增长，世界市场总需求量至少为200万吨。由于氨基酸需求量大，价格贵，世界各大氨基酸生产国的厂商积极发展氨基酸生产技术，抢占世界市场，竞争十分激烈。

氨基酸的大规模工业化生产主要有蛋白质降解和微生物发酵两种方法。微生物发酵生产氨基酸通常使用棒状细菌，主要包括棒状杆菌属（Corynebacterium）以及短杆菌属。这两种细菌都是不产生孢子、不能游动、短杆形状以及生物素依赖型的革兰氏阳性菌，其中最重要的是谷氨酸棒状杆菌（Corynebacterium glutamicum），在最佳培养条件下，这个菌种能在几天内将100 g/L的葡萄糖转化为50 g/L的谷氨酸。此外，谷氨酸棒状杆菌的突变株还可用于其他*L*-氨基酸的大规模生产。

用于大规模发酵生产氨基酸的高产菌株一般通过两种方法获得。一是利用传统诱变技术改良棒状细菌的野生株，这种方法随机性很大，但依靠简便灵敏的筛选模型可从野生菌中分离出大量高产突变株，其中相当多的突变株目前仍在发酵工业中广泛应用。另一种方法是利用DNA重组技术构建高产工程菌，相对传统诱变技术而言，其优点是：①能特异性地高效表达氨基酸生物合成途径中的限速步骤控制基因；②能将氨基酸的生物合成控制在细菌的最佳生长阶段；③能将棒状杆菌有效的氨基酸生物合成和分泌系统移植到易于培养控制，且生长迅速的其他细菌（如大肠杆菌）中。

从理论上来讲，氨基酸工程菌的构建有下列几种策略。①借助于基因克隆与表达技术，将氨基酸生物合成途径中的限速酶编码基因导入生产菌中，通过增加基因剂量和（或）更换表达调控元件，强化其表达。导入的限速酶基因既可以是生产菌自身的内源基因，也可以是来自非生产菌（如大肠杆菌）的外源基因。②采取类似的方法，强化表达氨基酸输出系统的关键基因，或者降低某些基因产物的表达速率，最大限度地解除氨基酸及其生物合成中间产物对其生物合成途径可能造成的反馈抑制。③将一种完整的氨基酸生物合成操纵子导入另一种氨基酸的生产菌中，构建能同时合成两种甚至多种氨基酸的工程菌。

世界上第一个氨基酸基因工程菌构建于1980年，是产苏氨酸的重组大肠杆菌，随后又对该工程菌进一步改造，使其苏氨酸产量高达86.4 g/L。与此同时，高产苏氨酸的棒状杆菌基因工程菌的构建也获得成功，产率达到33 g/L以上。目前，已经报道的可用于氨基酸生产的重组棒状杆菌工程菌可产异亮氨酸、色氨酸、苯丙氨酸和赖氨酸等。

（五）重组工程菌与维生素生产

维生素（vitamin）是维持细胞生长和正常代谢所必需的微量有机化合物，其作用大都是作为辅酶（或辅基）分子的结构成分参与生物体内的代谢反应，也有少数维生素具有一些特殊的生理机能。人和哺乳动物所需的维生素大都不能自身合成，须从食品中摄取。人体缺乏维生素，则发生代谢障碍，表现出病症，严重者会导致死亡。微生物一般也能合成自身需要的维生素，个别不能自身合成维生素者，则成为其生长限制因子。因此，在微生物培养和发酵生产时，往往需要补充某些维生素作为生长因子，例如培养产谷氨酸或赖氨酸的棒状杆菌时，需加入生物素。

四、重组微生物工程菌与环境保护

随着工农业生产的发展、人口的增长，人类活动对环境的污染不断增长，尤其是现代大工业的出现，在极大地改变人类物质生活条件的同时也带来了新的环境问题。例如大规模的工业生产，把大量埋于地下的矿藏开采出来投入环境，每年都推出成千上万种人工合成的化合物，工业生产和消费过程中排放的废料、农田中冲淋流失的农药等，已直接或间接地危害着人类及其他生物的正常生存与发展，威胁到工农业生产本身的可持续发展。目前，环境污染已成为世界各国共同面临的一项迫切需要解决的重大课题，世界各国都在寻求通过立法来解决环境污染的问题，而且各国政府在废物处理方面也都开始积极推行和鼓励三“R”政策，即消除（remove）、再循环（recycle）和再生（regeneration），科学家为此进行了不懈的努力，寻求控制并治理环境污染的技术，其中微生物降解废物的方法被认为是一种安全有效而成本低廉的最有效途径。

从环境中一旦筛选出具有降解污染物的功能菌株后，接下来的工作就是分离克隆目的基因。在特定选择压（污染物）下分离的菌株，其遗传组成中应当具备降解该污染物的基因，但复杂有机物分子的降解通常需要多种酶同时作用，因此生物降解基因的分离往往涉及整个代谢途径中多个关键酶基因的克隆与鉴定。自20世纪70年代初Chakravarty报道在假单胞杆菌中发现降解樟脑的质粒以来，相继发现了许多脂肪烃、芳香烃、多环芳烃（以及它们的氧化产物）、萜烯、生物碱、氯代芳烃和聚氯联苯的降解都受质粒编码的基因控制，这些质粒称为降解质粒（degradative plasmid或catabolic plasmid）。已报道的降解质粒大都来自假单胞菌属，且都有一个自身转移的重要特性。也有一些降解基因在染色体上，某些微生物中这些基因还可能同时存在于质粒和染色体上。

受质粒控制的有机污染物的降解菌株选育与染色体控制的降解菌株育种方式不同，降解质粒可以通过接合进行种内、种间转移；或降解基因片段转座造成突变质粒；也可将质粒作为外来基因的载体，按人们的意愿，把不同降解能力的基因克隆，构建新的杂种质粒，导入合适的受体。目前，通过质粒转移、突变质粒筛选、遗传工程技术应用，在清除石油污染、农药有毒废物降解微生物育种方面均有不少成功的报道，为获得商业上有足够吸引力的工程菌提供了可喜的前景。

参考文献

[1] 常重杰．基因工程[M]．北京：科学出版社，2018．
[2] 范桂枝．基因工程原理与技术[M]．北京：化学工业出版社，2015．
[3] 金由辛．RNA分离与鉴定实验指南——RNA研究方法[M]．3版．北京：化学工业出版社，2008．
[4] 龙敏南，楼士林，杨盛昌，章军．基因工程[M]．3版．北京：科学出版社，2014．
[5] 李立家．基因工程[M]．北京：科学出版社，2017．
[6] 刘志国．基因工程原理与技术[M]．2版．北京：化学工业出版社，2011．
[7] 马建岗．基因工程学原理[M]．3版．西安：西安交通大学出版社，2013．
[8] 马文丽．基因测序实验技术[M]．北京：化学工业出版社，2012．
[9] 彭银祥，李勃，陈红星．基因工程[M]．北京：华中科技大学出版社有限责任公司，2010．
[10] 屈伸，刘志国．分子生物学实验技术[M]．北京：化学工业出版社，2007．
[11] 申煌煊．分子生物学实验方法与技巧[M]．广州：中山大学出版社，2010．
[12] 孙明．基因工程[M]．2版．北京：高等教育出版社，2013．
[13] 王关林，方宏筠．植物基因工程[M]．北京：科学出版社，2018．
[14] 王永飞，马三梅．转基因植物及其应用[M]．武汉：华中科技大学出版社，2007．
[15] 王禄山，高培基．生物信息学应用技术[M]．北京：化学工业出版社，2008．
[16] 吴乃虎．基因工程原理[M]．北京：科学出版社有限责任公司，2016．
[17] 徐晋麟，陈淳，徐沁．基因工程原理[M]．2版．北京：科学出版社，2013．
[18] 邢万金．基因工程：从基础研究到技术原理[M]．北京：高等教育出版社，2018．
[19] 杨金水．基因组学[M]．3版．北京：高等教育出版社，2013．
[20] 赵寿元，乔守怡．现代遗传学[M]．2版．北京：高等教育出版社，2008．
[21] 张惟材，朱力，王玉飞．实时荧光定量PCR[M]．北京：化学工业出版社，2013．
[22] 张献龙，唐克轩．植物生物技术[M]．北京：科学出版社，2005．
[23] 张惠展．基因工程[M]．4版．上海：华东理工大学出版社，2016．
[24] 张应玖．基因工程[M]．北京：科学出版社，2011．
[25] 朱玉贤，李毅，郑晓峰．现代分子生物学[M]．3版．北京：高等教育出版社，2007．